全国盐碱地水产养殖典型案例

农业农村部渔业渔政管理局
中国水产科学研究院东海水产研究所 组编

U0255238

中国农业出版社
北 京

图书在版编目（CIP）数据

全国盐碱地水产养殖典型案例 / 农业农村部渔业渔政管理局，中国水产科学研究院东海水产研究所组编. --北京 ：中国农业出版社，2024. 8. -- ISBN 978-7-109-32196-0

Ⅰ. S96

中国国家版本馆 CIP 数据核字第 2024TQ5105 号

全国盐碱地水产养殖典型案例

QUANGUO YANJIANDI SHUICHAN YANGZHI DIANXING ANLI

中国农业出版社出版

地址：北京市朝阳区麦子店街 18 号楼

邮编：100125

责任编辑：王金环　肖　邦

版式设计：王　晨　　责任校对：张雯婷

印刷：北京中兴印刷有限公司

版次：2024 年 8 月第 1 版

印次：2024 年 8 月北京第 1 次印刷

发行：新华书店北京发行所

开本：700mm×1000mm　1/16

印张：20.75　　插页：4

字数：350 千字

定价：128.00 元

本书编委会

主　　任：刘新中

副主任：袁晓初　方　辉

委　　员：曾　昊　吴珊珊　郑汉丰　赵　峰　来琦芳　么宗利

主　　编：曾　昊　吴珊珊　么宗利　来琦芳

副主编：周　凯　卫宇星　高鹏程　孙　真　李　燕　王亚楠

参　　编（按姓氏笔画排序）：

于修兰　王　冲　王　军（上海）　王　军（山东）

王　浩　王　强　王　婷　王永利　王志忠　王晓宁

王培培　王富平　王瑞玲　白富瑾　包海岩　邢会民

朱长波　刘　群　刘　磊　刘双海　刘丽东　刘金礼

刘建朝　孙　闯　孙乃波　孙绍永　李　艳　李　斌

李永仁　李永建　李吉涛　李金友　李建立　杨丽卓

杨建新　杨思雨　吴　桃　佟春光　张　韦　张　洁

张　琦　张小军　张子军　张忙友　张宏祥　张英旗

张益军　张朝阳　陈志龙　陈丽新　岳　强　周以平

宗兆良　赵志刚　赵鸿涛　郝满义　胡伯林　胡鹏飞

钟文慧　姜巨峰　贺　培　贾　磊　徐　伟　徐　丽

徐　镇　徐玉龙　徐晓丽　郭　盛　郭永军　郭财增

崔张佳卉　葛文龙　葛晓亮　景胜天　臧国莲

前言

党的十八大以来，习近平总书记多次强调要树立大农业观、大食物观，农林牧渔并举，多途径开发食物来源，构建多元化食物供给体系。盐碱地水产养殖，是践行大食物观、有效开拓渔业养殖空间的重要举措，是治理盐碱地、提供后备耕地资源的有效手段。近年来，各地各单位深入贯彻落实习近平总书记关于开展盐碱地综合利用，保障国家粮食安全的重要指示精神，宜渔则渔、以渔治碱，加快推广盐碱地水产养殖成熟模式，盐碱地水产养殖取得积极进展，涌现了一批先进典型。为了更好地推介盐碱地水产养殖典型案例，农业农村部渔业渔政管理局组织开展了《全国盐碱地水产养殖典型案例》汇编出版工作，以期为推进盐碱地水产养殖产业发展提供参考借鉴。

编　者

2024 年 8 月

目 录
CONTENTS

华北盐碱池塘脊尾白虾-梭鱼高效生态养殖

一、基本情况

华北氯化物型盐碱水资源分布广泛，主要集中在河北、山东、天津等地区。根据当地渔业部门的不完全统计，河北、山东、天津等地区盐碱水域面积共计约 8.67 万公顷[①]。受滨海中度盐碱地土壤类型影响，盐碱水质类型大多属于氯化物型，水体富含 K^+、Na^+、Ca^{2+}、Mg^{2+} 四种阳离子和 Cl^-、CO_3^{2-}、HCO_3^-、SO_4^{2-} 四种阴离子，存在离子成分复杂、高碱度、高 pH 等特点，影响直接利用。

本案例主体为华北氯化物型盐碱水池塘脊尾白虾-梭鱼高效生态养殖模式，主要在河北沧州、山东东营、天津等地氯化物型盐碱水域开展高效生态养殖。中国水产科学研究院海水池塘生态养殖创新团队经过深入调查和研究，针对该地区高碱度、高 pH、离子组成复杂等特点的滨海型盐碱地水质条件，引入环境适应能力强、耐受盐碱范围广、经济价值高的海水养殖新品种-脊尾白虾"黄育1号"，突破养殖关键技术，构建脊尾白虾-梭鱼盐碱水池塘高效生态养殖模式，实现每公顷总产值 150 000 元，有效利用了盐碱水资源，实现科技助力乡村振兴，产生良好的经济和社会效益。

2019 年起中国水产科学研究院黄海水产研究所与河北沧州市水产技术推广站、南大港港盛养殖有限公司等单位合作开展盐碱地池塘脊尾白虾-梭鱼高效生态养殖模式构建，为盐碱地池塘渔业综合利用提供了技术支撑。示范地点位于河北沧州南大港港盛养殖有限公司，盐碱水池塘 6.67 公顷，用于构建脊尾白虾-梭鱼高效生态养殖模式并开展示范养殖。

---

① 亩为非法定计量单位，1 亩=1/15 公顷，下同。——编者注

二、主要做法

(一) 盐碱地池塘设置

核心示范点4个养殖池塘（图1-1），面积共6.67公顷，水深2米，养殖水源为盐碱地地表渗出水，池底平坦，底质为泥质，每个池塘配备2台增氧机、1台自动投饵机。

图1-1　盐碱地池塘

(二) 脊尾白虾种苗放养

脊尾白虾抱卵亲虾驯化放养：当池塘自然水温达到14℃以上时，将抱卵亲虾按照盐度降幅3~5/天进行淡化，淡化至盐度10稳定1~2天，按照15~30千克/公顷放养至盐碱水养殖池塘。

脊尾白虾虾苗驯化放养：当池塘自然水温达到18℃以上时，将健康虾苗按照盐度降幅3~5/天进行淡化，淡化至盐度10稳定1~2天，按照30万~60万尾/公顷密度放苗。

(三) 梭鱼鱼苗放养

梭鱼鱼苗（规格30~40克/条）于4月中旬池塘水温达到16℃以上，按照12 000~15 000条/公顷的密度放苗。

(四) 水质改良调控

针对氯化物型盐碱水质类型，通过测定盐碱水水质指标（盐度、pH、K^+、Na^+、Ca^{2+}、Mg^{2+}、Cl^-、SO_4^{2-}、碳酸盐碱度）进行综合水质调控，前期施肥肥水，中后期利用光合细菌、芽孢杆菌等调控养殖水体pH，使其达到盐碱地水产养殖用水水质标准。

（五）饲料及养殖管理

投喂梭鱼配合饲料，日投喂量为池内存鱼总重量的 2%～4%。投饵时要做到"四定"，即定时、定量、定点、定质。每日 09：00 投喂占全天饲喂量的 40%，16：00 时投喂量占 60%。

养殖期间控制池塘水质理化指标：pH 7.5～9.6，溶解氧大于 5 毫克/升，盐度 10～15，透明度 25～40 厘米，碳酸盐碱度保持在 10 毫摩尔/升以下。脊尾白虾 3 个月可长至商品规格，捕大留小，年底集中收获；梭鱼长至 300～400 克/条进行收获（图 1 - 2）。

图 1 - 2　脊尾白虾-梭鱼收获

三、主要成效

脊尾白虾对盐度、pH、碳酸盐碱度等耐受能力强，适宜在华北氯化物型盐碱水域开展养殖。近三年来，在山东、河北、天津等地区年示范养殖 66.67 公顷以上，滨海型盐碱水池塘养殖每公顷产脊尾白虾约 1 500 千克、梭鱼约 4 500 千克，每公顷产值达 15 万元，增加了盐碱水域新的养殖对象，促进了渔民增收，有效拓展了水产养殖空间，综合效益明显。

四、经验启示

我国是盐碱水资源较多的国家，且逐年上升，由于盐碱水质的复杂性和多样性，合理有效地开发利用这一非常规水资源，已成为我国面临的紧迫而艰巨的任务。2021 年 10 月，习近平总书记在山东考察时强调，开展盐碱地综合利用对保障国家粮食安全、端牢中国饭碗具有重要战略意义。2019 年，国家十部委联合印发《关于加快推进水产养殖业绿色发展的若干意见》中提出"加强盐碱水域资源开发利用，积极发展盐碱水养殖"。2022 年，农业农村部印发《"十四五"全国渔业发展规划》提出"加强低洼盐碱荒地渔业开发利用，选择适宜品种，推广节水、治碱水产养殖"。2022 年，山东省印发了《山东省盐碱地生态渔业发展规划（2022－2030 年）》，为科学利用盐碱水资源，提高渔业生产能力提供了政策保障。发展以渔业利用为基础的盐碱水渔业，不仅不与农业争夺水土资源，而且可以有效拓展渔业发展空间、形成新的生产力，提高农民收入，促进乡村振兴，对于缓解水资源危机和改善恶劣盐碱水土生态环境也具有重要意义，是利国、利农、利民的重要举措。

　　建议通过调研摸清华北滨海氯化物型盐碱水分布情况和盐碱水渔业开发利用现状，分析当前面临的主要问题、发展机遇与挑战；结合国内外盐碱地渔业产业发展趋势，基于盐碱水渔业发展潜力和优势，通过调查评估华北盐碱水渔业资源，系统提出"耐盐碱品种培育＋高效养殖技术建立＋绿色养殖模式构建"发展思路，探讨华北盐碱地渔业产业发展潜力，提出盐碱水渔业发展的未来研究方向，建立盐碱水资源渔业综合利用技术体系，为促进盐碱水渔业发展的科学性、长效性和持续性，保障国家粮食安全提供科技支撑。

中国水产科学研究院黄海水产研究所　李吉涛

2 华北盐碱地池塘-稻田渔业综合利用

一、基本情况

河北省唐山市曹妃甸区、丰南区、乐亭县和滦南县现有水稻种植面积 2 万多公顷，水稻种植区多为轻中度盐碱地。受土壤特性影响，洗田、灌田排放水多为盐碱水，与淡水养殖用水相比较，水体富含 K^+、Na^+、Ca^{2+}、Mg^{2+} 四种阳离子和 Cl^-、CO_3^{2-}、HCO_3^-、SO_4^{2-} 四种阴离子，并存在个别离子缺失、高碱度、高 pH、含盐量高等问题，长期直接排放，不仅浪费水资源，同时也对生态环境造成一定程度的影响。

盐碱地池塘-稻田渔业综合利用是一种以合理利用盐碱地稻田废弃的洗盐排碱水，以凡纳滨对虾、中华绒螯蟹、大宗淡水鱼等适宜盐碱水养殖对象为主导，产出高效、资源再利用、环境友好的生态绿色生产模式。近年来，在中国水产科学研究院东海水产研究所科研人员的指导下，曹妃甸区五农场开展盐碱地池塘-稻田渔业综合利用模式的中试示范（图 2-1）。通过稻田种植水稻和养殖中华绒螯蟹，洗盐排碱水汇集到池塘养殖凡纳滨对虾的综合

图 2-1 池塘-稻田渔业综合利用模式整体布局

利用模式，能够起到防止土壤返盐返碱、实现水稻稳产，充分利用洗盐排碱水、减少排放，同时促进水产品增产。

2016年起，中国水产科学研究院东海水产研究所与唐山市水产技术推广站、曹妃甸区五农场等单位合作开展盐碱地池塘-稻田渔业综合利用模式的构建，为盐碱地废弃洗盐排碱水综合利用提供技术支撑。示范点位于曹妃甸五农场。稻田洗田和灌田用水主要来自滦河，盐碱地种植水稻，稻田和沟渠养殖中华绒螯蟹，稻田洗盐排碱水汇集到对虾养殖池，用于凡纳滨对虾养殖。稻田10.93公顷，池塘和沟渠2.13公顷。

二、主要做法

（一）稻田设置

示范点稻田保水性强，地势平坦，灌水方便，水源充足。每年3月初进水泡田、洗田，水面漫过稻田5厘米。4月上旬排出洗田水，汇集到凡纳滨对虾养殖池塘。4月下旬开始稻田深松作业，深耕稻田40厘米左右，并每公顷使用450千克有机肥肥底，平整稻田确保田块高度差不超过3厘米。

种植过程中每月定期检测水质1次，检测pH、溶解氧、盐度、电导率、总碱度、总硬度、Ca^{2+}、Mg^{2+}、K^+、Na^+、CO_3^{2-}、HCO_3^-、Cl^-、SO_4^{2-}、高锰酸盐指数、氨氮、亚硝酸盐氮、硝酸盐氮、总氮、活性磷酸盐、总磷等指标。5月底开始，稻田每15天排水1次，并同时进水补充，排水量为稻田总水量的50%，排水汇集到凡纳滨对虾养殖池塘。

（二）中华绒螯蟹养殖

在稻田和进排水渠外围修补中华绒螯蟹防逃网，防逃墙材料采用塑料薄膜。3月下旬选择活力强、肢体完整、规格整齐（200只/千克）的中华绒螯蟹苗种，均匀投放到稻田及稻田间沟渠。投苗密度15 000只/公顷。

蜕壳期管理：在中华绒螯蟹蜕壳前5～7天，稻田环沟内泼洒生石灰水5～10克/米³，增加水中钙质。蜕壳期间，要保持水位稳定，一般不换水。

（三）凡纳滨对虾养殖

1. 池塘设置

核心示范点2个养殖池塘（图2-2），面积共0.8公顷，水深2.0米，养殖水源为稻田洗盐排碱水，池底平坦，底质为泥沙，每个池塘配备1台增氧机。4月下旬排干池塘，使用生石灰（1 500千克/公顷）化浆后全池泼洒。

图 2-2 池塘与稻田

2. 苗种驯化及放养

当池水水温稳定在 20℃以上时（5月下旬），选择规格整齐、体色透明、体表光洁、反应敏捷、活力强的虾苗，经过盐碱水驯化后投放，放苗密度 450 000 尾/公顷。

3. 水质改良调控

针对洗盐排碱水 pH 较高以及前期水体清瘦和中后期蓝藻容易暴发的特点，采用前期测水施肥、中后期微生物法（利用光合细菌、乳酸菌以及芽孢杆菌等）调控养殖水体 pH。

4. 饲料及投喂管理

日投喂量为池内存虾总重量的 1%～2%，根据天气情况和饵料残留情况适当调整投喂量，06：00、11：00、17：00 和 21：00 各投喂 1 次，早晨、中午和傍晚投喂量为日投喂量的 30%，夜晚投喂量为日投喂量的 10%。每 10 天测量 1 次虾苗规格，及时调整投喂量。

三、主要成效

以 2021 年为例，核心示范点种植的水稻总产量 114 800 千克，平均单位产量 10 500 千克/公顷，总效益 29 960 元，平均单位效益 2 740.2 元/公顷。中华绒螯蟹总产量 6 888 千克（图 2-3），平均单位产量 630 千克/公顷，总效益 243 380 元，平均单位效益 22 260.4 元/公顷。凡纳滨对虾总产量 3 300 千克，平均产量 4 125 千克/公顷，总效益 47 480 元，单位效益 59 350元/公顷。池塘-稻田渔业综合利用的养殖示范，能够起到水稻稳产、促进水产品增产、充分利用资源、提高经济效益、促进渔业增效、促进渔民增收的作用。

图2-3 中华绒螯蟹收获

四、经验启示

在盐碱地水源条件较好的地区开展池塘-稻田渔业综合利用模式，既能解决洗田、灌田排放水水资源浪费问题，又能改良水质和盐碱地土壤土质，更能起到生态环保作用，有效带动当地老百姓创业、就业。据估计，示范点带动新增创业、就业岗位 10 000 多个，人均收入可提高 3 000 元/年。池塘-稻田渔业综合利用是一种"保粮增收、以渔促稻、提质增效"的盐碱地综合利用模式，能够成为唐山盐碱地区农业产业调结构、转方式的提速点和"宣传单"，全面助力乡村振兴。近年来，这一模式在五农场示范推广，形成了针对整个五农场的弃水回用工程，实现了区域洗盐排碱水的有效利用，有效保护了盐碱耕地。

盐碱地池塘-稻田渔业综合利用模式适宜在华北地区滨海型盐碱地水稻种植区示范推广，建议制定相关的标准规程。

中国水产科学研究院东海水产研究所　么宗利　来琦芳　卫宇星
唐山市水产技术推广站　刘建朝
唐山市曹妃甸区五农场　刘双海

3

西北盐碱地大口黑鲈
棚塘接力养殖

一、基本情况

宁夏石嘴山市平罗县位于宁夏回族自治区平原北部，引黄灌区下游；东邻毛乌素沙漠，与内蒙古自治区鄂托克前旗相连；西有天然屏障贺兰山，至中岭与内蒙古阿拉善盟阿拉善左旗接壤；南邻贺兰县；北与石嘴山市大武口区、惠农区接壤。南北最长 55 千米，东西宽约 84.5 千米，总面积 2 086.13 千米^2。黄河由南自北贯穿县境，长 49 千米，占地 2 200 千米^2。目前，拥有盐碱地水产养殖面积约 0.67 万公顷，水土类型以硫酸盐型为主。2018 年，平罗县农业农村局通过招商引资，引进宁夏泰嘉渔业有限公司投资 1 500 万元在平罗县国家农业科技园区生态水产园区内建设黄河重点保护经济鱼类水产种质资源场，基地占地 46.67 公顷，建有亲本培育池、苗种培育池 25.33 公顷，苗种繁育车间 1 600 米^2，育苗设施温棚 10 000 米^2，配套检测室、智能监控室、循环水养殖流水槽等设施。主要承担黄河鲤、黄河鲇等盐碱土著鱼类保护繁育以及盐碱地棚塘接力养殖和"以渔降盐治碱"渔农综合利用模式的实验示范（图 3-1）。

图 3-1 盐碱地棚塘接力养殖整体布局

中国水产科学研究院东海水产研究所隶属于农业农村部，非营利性公益机构，2013年起与公司合作，为盐碱地渔业开发利用提供技术支撑。

二、主要做法

宁夏地区作为西北地区的渔业主产区，目前仍以"四大家鱼"等传统品种为主，其养殖效益日趋低下，渔民增产不增收，严重影响了渔业的可持续发展。

大口黑鲈具有适应性强、生长快、抗病力强、养殖周期短等优点，能够适应高盐碱环境，在盐度为7、碱度为10毫摩尔/升的盐碱水中养殖，并且表现出较好的肌肉弹性和硬度。宁夏及西北各省份销售的商品鲈大多数都由南方调入，在每年6—9月，由于高温，南方鲜活鲈运抵宁夏成活率较低。

2019年以来，先后从广州、浙江、福建等地购进大口黑鲈苗种，利用温棚池塘进行盐碱水鲈苗种提早培育，开展设施化棚塘接力养殖模式示范。在中国水产科学研究院东海水产研究所技术指导下，基于西北地区硫酸盐型盐碱水水质不稳定以及温差大、生长期短的气候特征，集成盐碱水驯化、大规格鱼种驯养技术，开展棚塘接力养殖模式示范，充分利用设施温棚（图3-2）提早驯养培育名优品种大规格苗种，提高苗种养殖成活率和池塘养殖投苗规格，缩短了养殖周期；池塘养成阶段（图3-3）通过配套盐碱水质改良调控技术，稳定水质提高养成成活率，使养殖在当年销售价格处于高价位阶段

图3-2　大棚阶段养殖　　　　　图3-3　池塘阶段养殖

时达到上市规格，实现养殖效益最大化。

大口黑鲈开展棚塘接力养殖为全区养殖企业及养殖户提供大规格苗种，提高了苗种放养的成活率，为下一步鲈在宁夏规模化、产业化养殖奠定技术基础。对宁夏渔业产业结构调整，优化水产养殖环境，促进农民增收，进一步提升了传统水产养殖的技术水平，夯实了渔业产业基础。

三、主要成效

引进苗种经过 4 个月的温棚培育，实现出塘大规格苗种平均规格 150 克/尾以上，温棚池塘养殖平均每公顷产近 15 000 千克，成活率达到 80% 以上。苗种提早培育与外塘养殖有效衔接，实现鲈当年上市。

目前，公司有温棚池塘 14 口，每口面积 600 米^2，平口池塘产大规格鲈鱼种 1 000 千克，平均销售价格 60 元/千克，每口池塘产值大约 6 万元，每口池塘效益近 4 万元；5 月下旬鱼种放入外塘养殖，8 月下旬陆续上市，此时正值高温，鱼价最高，平均销售价格在 44 元/千克以上，这个季节（8—9 月）的养殖出售使外塘平均养殖效益提高了 20% 以上。

在盐碱地区开挖鱼塘，使周边土壤的洗盐排碱水汇入鱼塘，有效降低了周边盐碱土壤的 pH 和盐度。同时，养殖尾水产生的有机质可以资源化再利用，作为肥料用于农业种植，实现了生态修复。

四、经验启示

大口黑鲈对盐碱水有着较强的适应性，且肌肉弹性和硬度方面有较好的优势。引进大口黑鲈实现了地方养殖品种结构的调整；通过棚塘接力养殖，有效提高了苗种放养的成活率，解决了北方地区气温低、养殖期短的气候问题；实现了苗种生产专业化，为带动周边养殖户进行规模化生产奠定了基础。

盐碱水棚塘接力养殖模式适宜在西北地区示范推广，建议形成相关的标准规程。

中国水产科学研究院东海水产研究所　么宗利　来琦芳　孙　真

宁夏泰嘉渔业有限公司　王永利

4

华东盐碱地标准化池塘养殖

一、基本情况

光明渔业有限公司，位于江苏省盐城市大丰区境内，地处典型的滨海型盐碱地，养殖过程中，养殖水体易受周边盐碱土壤影响，池塘水体 pH 易偏高（超 9.0），对盐碱池塘水产养殖的稳定生产具有重大影响。公司占地 5 000 多公顷，具有标准化养殖池塘约 4 000 公顷（图 4-1）。

2010 年起，中国水产科学研究院东海水产研究所与光明渔业有限公司产学研对接，为池塘健康养殖提供技术支撑。

图 4-1　盐碱地标准化池塘俯瞰

二、主要做法

盐碱地池塘养殖主要品种为斑点叉尾鲴和草鱼等，配套养殖花白鲢等滤食性鱼类。公司优化集成斑点叉尾鲴标苗、鱼种培育和成鱼养殖为一体的盐碱地标准化池塘养殖技术，建立斑点叉尾鲴越冬增效、商品鱼上市调控、养殖水质生物调控、智能投饲、同步增氧、远程管控等关键技术，制定了鱼种养殖操作规程、成鱼养殖操作规程、鱼虾混养操作规程、斑点叉尾鮰质量标准、斑点叉尾鮰越冬指南、成鱼抽样制度等标准化操作规程和指南（图 4-2），根据放养鱼种规格和成鱼上市时间，构建了氯化物型盐碱水标准化池塘主养斑点叉尾鮰生态养殖模式（表 4-1）。

图 4-2 智能化养殖系统

表 4-1 氯化物型盐碱水标准化池塘主养斑点叉尾鮰生态养殖模式

模式	鮰		花鲢	白鲢	青鱼	备注
	规格（克）	密度（尾/公顷）	密度（尾/公顷）	密度（尾/公顷）	密度（尾/公顷）	
模式一	750	12 000	900	600	150～300	整塘上市
模式二	500～750	13 500	900	600	150～300	整塘上市
模式三	350～500	14 250～15 000	900	600	150～300	7月后疏 300～400 尾
模式四	250～350	12 750～13 500	900	600	150～300	7月后疏 300～400 尾
模式四	150～250	15 000	900	600	150～300	10月后上市 和并塘

三、主要成效

氯化物型盐碱水标准化池塘主养斑点叉尾鮰生态养殖模式，每公顷产斑点叉尾鮰 17 250～19 500 千克，每公顷效益 45 000～135 000 元，示范养殖 0.15 万公顷，取得显著成效（图 4-3）。2021 年，公司实现盈利 2 530 万元，同比增长 25%，带动增加周边就业 41 人。因为效益显著，周边养殖户积极主动参与推广，共计推广 0.69 万公顷。

图 4-3　盐碱地标准化池塘养殖收获

四、经验启示

在盐碱地开展生态养殖模式示范应用，合理利用资源，还可减少病害发生。选择放养亲本来源清晰、生长性能优良、抗逆性较强的优质苗种；对外地引进的苗种应加强苗种检疫，保障苗种优质、健康。开展多品种混养、水生植物净化、微生物生态修复、水质底质改良等技术措施，提升养殖环境质量，预防病害发生，尽量少用药或不用药。一旦发现病害，开展病原诊断技术，做到精准诊断，对症对因精准选药、用药，提高用药效果，减少药物使用剂量，实现健康养殖，保障养殖水产品质量安全。

中国水产科学研究院东海水产研究所　高鹏程　来琦芳　周　凯　李　燕

上海市海丰水产养殖有限公司　王　军

5

内蒙古沿黄低洼盐碱地
虾稻联作模式

一、基本情况

内蒙古自治区鄂尔多斯市杭锦旗沿河四个镇的盐碱地总面积为 10 万公顷，盐碱耕地面积为 5.33 万公顷，其中种植作物的有 4.66 万公顷，剩余 0.66 万公顷因盐碱重而不能种植。案例所在地杭锦旗巴拉贡镇昌汉白村北靠黄河，水资源丰富，耕地 347.47 公顷、河滩地 433.33 公顷，其中 80% 以上河滩地因次生盐碱化而失去生产力。

2019 年起，位于昌汉白村的鄂尔多斯市黄河原种养殖专业合作社在中国水产科学研究院南海水产研究所和内蒙古农业大学相关技术团队的支持下，开展低洼盐碱地"上粮下渔"基地建设，通过挖塘垫地，池塘在低位，台田在高位，池塘养殖凡纳滨对虾，台田种水稻、苜蓿等经济作物，形成塘-田生态种养循环的综合利用与修复模式示范基地。

在生产过程中，农田浸泡土壤排放的盐碱水进入池塘，平均盐度 5 左右，为氯化物型水，技术人员对池塘内的盐碱水进行改良复配，使其满足凡纳滨对虾及其他高值水产品生长需求，达到高产出。池塘养殖产生的塘泥作为有机肥施入农田，做到生态循环零排放，而且实现了"以渔降盐、以渔治碱、种养结合"，塘田联作，经济和生态效益明显。

二、主要做法

（一）池塘-台田系统

通过挖池抬田，以"上粮下渔"的模式改造低洼盐碱荒地。根据盐碱滩地原有地形，改造出面积 0.67～1.67 公顷的池塘 8 口，共 20 公顷；面积 0.53～1 公顷的台田 7 块，共 13.33 公顷。池塘养殖凡纳滨对虾等优质水产品，台田种植水稻，也可种植紫花苜蓿等作物，实现塘田联作（图 5-1）。

图 5-1 杭锦旗巴拉贡"上粮下渔"池塘-台田结构

（二）凡纳滨对虾养殖

1. 对虾大规格苗种培育

搭建适用于本地气候特点的对虾等优质养殖对象的大规格苗种培育系统。在基地内选择面积 0.13 公顷左右的小池塘 3 口，分别搭建塑料薄膜温室大棚，附带底增氧、照明、温控、通风等设备，保障苗种培育期间的适宜水温和优良水质，确保苗种培育质量和存活率。

每年 5 月中旬左右，将淡化虾苗放入温棚池塘内，密度 1 500 万尾/公顷。投喂苗期饵料，使用益生菌调控水质。经过 20～30 天培育，虾苗平均体长达到 3 厘米以上，即可准备出池（图 5-2）。

图 5-2 对虾大规格苗种培育温棚

2. 对虾池塘养殖

池塘用水经过检测，补充必要的矿物元素。池塘养殖区配备 30 千瓦罗茨鼓风机一台，用于养虾池塘的底部增氧，每口池塘装备底增氧纳米盘20～

24 个以及 1.5 千瓦水车式增氧机 2 台。

6 月 15 日左右，池塘水温达到 25℃，经过消毒、肥水等操作，即可放入经过标粗培养的虾苗。放苗密度 30 万～45 万尾/公顷，投喂商品对虾饲料，每天投喂早中晚各 1 次。每 7 天左右进行益生菌调水，每 10 天左右进行池塘底质改良，确保养殖期间水质稳定。

在池塘养殖 60 天，对虾平均规格达到每千克 60～70 尾，即可开始捕捞出售。对虾捕捞前期采用大网眼地笼，可以做到捕大留小，降低池塘存虾密度，促进生长。捕捞期从 8 月中旬持续到 10 月初，对虾平均规格每千克 60 尾左右。

（三）水稻种植

水稻田在 5 月初开始深耕翻土，然后进水浸泡 15 天左右。6 月初施底肥、打浆，6 月 10 日左右采用插秧机插秧，采用东北耐盐碱水稻品种秧苗。主要采用有机种植方式，种植期间，采用人工除草，不使用农药。稻田每 15 天进水 1 次，补充水分蒸发损耗（图 5-3）。

图 5-3　插秧后的塘田联作系统

三、主要成效

经过 3 年，示范点 33.33 公顷盐碱荒地全部恢复生产力。13.33 公顷稻田，每公顷产 2 250 千克生态大米，每千克 16 元，可收入 48 万元；种植成本每公顷 7 500 元，共计 10 万元，纯利润 38 万元。20 公顷池塘，平均每公顷产对虾 3 000 千克，每千克批发售价 50 元，可收入 300 万元；养殖成本每千克 25 元，共计成本 150 万元，纯利润 150 万元。全年销售额 348 万元，年纯利润 188 万元。

四、经验启示

鄂尔多斯市杭锦旗境内盐碱地众多，除了少部分用于水产养殖以外多数闲置，没有产生任何效益，造成了极大的资源浪费。如果在盐碱地中发展生态型的农渔综合产业，并在交通便利的区域发展垂钓等休闲渔业，可以增加水产品产量，提高和丰富居民的生活质量和水平，同时带动全旗交通、餐饮等相关产业的发展。还可为当地农村经济发展注入新的活力，对杭锦旗沿河农民脱贫致富产生积极的带动作用，也会成为鄂尔多斯市乃至自治区渔业养殖的亮点，对推动鄂尔多斯市渔业持续发展具有重大的现实意义。

凡纳滨对虾具有养殖周期短、产值高、附加值大的特点，是我国和世界最为主要的适宜在盐碱水环境养殖的品种之一。杭锦旗尤其是巴拉贡到独贵塔拉沿河一线有着良好的自然资源等优势，因地制宜利用和开发盐碱地大力发展凡纳滨对虾等名特优水产品养殖是加快杭锦旗乃至鄂尔多斯市渔业经济发展的最有效途径之一。

内蒙古农业大学　朱长波

6

东北盐碱地大鳞鲃池塘生态养殖

一、基本情况

黑龙江省盐碱地面积约有 116.67 万公顷，其中耕地有 23.33 万公顷，草原近 60 万公顷，湖泊沼泽等水域 33.33 万公顷，主要分布于西部地区大庆市、齐齐哈尔市的南部及绥化市西南部等 12 个县市。如何利用这些低洼盐碱水体开展渔业利用，当地各级部门经过长期艰苦的探索，取得了一定成效和经验。但因盐碱水体类型复杂多样，各离子浓度差异较大，渔业生产缺乏针对不同盐碱水体的抗逆良种和生产模式研究，造成许多盐碱水体鱼类养殖生长速度慢、病害多发、产量不稳定，甚至无法利用等问题。

2020 年，在国家重点研发计划"内陆盐碱水域绿洲渔业模式示范"项目"东北碳酸盐型盐碱水特色生态养殖模式构建与示范应用"（2020YFD0900402）课题的支持下，中国水产科学研究院黑龙江水产研究所的科研团队，实地调研了黑龙江省大庆周边盐碱地区的渔业资源状况，通过不同地区水体理化指标的测定，明确该地区属于东北典型碳酸盐型水体，盐度在 0.44～4.05，总碱度 8.83～28.01 毫摩尔/升，pH 7.58～9.22，具有碱度高、pH 高、盐度低的特点。通过走访和咨询当地的渔业技术推广站，并实地考察了连环湖、青花湖、六合湖、月亮泡等多家渔场，了解到养殖的品种主要有鲤、鲫、鲢、鳙、草鱼和中华绒螯蟹等，生产模式以池塘-泡沼接力和池塘精养为主。多数渔场在池塘培育大规格的鱼种 1～2 年，然后再投放到大水面养成商品鱼。

肇源县青花湖渔业生产基地是黑龙江北鱼渔业集团有限公司下属的主要池塘养殖基地之一，地址在黑龙江省大庆市肇源县大兴乡前土村后土屯。该基地包括青花湖和青花湖精养池塘，其中青花湖为自然水域，水域面积 0.28 万公顷；青花湖精养池塘 189 个，占地面积 0.07 万公顷，池塘深度为

2.5～3.0米，均可作为越冬池使用。池塘精养主要品种有鲤、鲫、草鱼、鲢、鳙等大宗淡水鱼类；另外，还有一些地方名优水产品，如鳜、翘嘴鲌、中华绒螯蟹等。该渔业生产基地由于池塘水体碱度高，水质不稳定，经常会出现苗种成活率低、生长速度缓慢的问题，再加上外省商品鱼物流运输成本高，本地鱼市价格低迷，一直处于投入成本高、生产利润较低的状态。

二、主要做法

针对肇源县青花湖渔业生产基地盐碱水体渔业生产存在适宜养殖品种少、生产模式简单、水体环境不稳定等问题，依据黑龙江地区盐碱水域特有的地理气候、水域生态、理化性质和渔业生产等特点，科研小组制订了盐碱池塘高效利用和生态改良的技术方案（图6-1）。在养殖品种上，选择新近开发的耐碱性高、抗寒性强、生长速度快、经济效益好的特色鱼类大鳞鲃为养殖对象；在水质调控上，池塘中定期添加碳源，并配合使用从高碱水体中筛选的高絮凝和降氨氮功能菌株，利用生物絮团技术，有效治理水体碱度高、水质不稳定的问题；在养殖技术上，引进南方繁育的早苗，延长鱼类的生长周期，当年获得50克以上的大规格苗种。为了提高养殖成活率，研发了一种东北盐碱水池塘鱼类适应性养殖方法：首先测定大鳞鲃主要3个生长阶段仔鱼期、稚鱼期和幼鱼期的碱度耐受最大阈值，科学指导不同盐碱浓度水体的利用；其次在苗种早期培育阶段，利用中低盐碱水进行适应性驯养，避免了直接投放到高盐碱度水体中鱼体的不适应，可显著提高苗种的成活率。通过以上盐碱池塘养殖品种调整、水质改良和养殖技术的熟化和提升，实现了该地区盐碱水渔业的增效利用，具体实例如下：

图6-1 青花湖渔业生产基地

　　在黑龙江北鱼集团有限公司青花湖渔业基地，选择耐盐碱鱼类大鳞鲃为主要养殖对象，开展盐碱水池塘生态养殖模式示范。2021年5月中下旬投放乌仔鱼苗前，池塘中加入青花湖里的低盐碱湖水体，其盐度为0.58，碱度为7.26毫摩尔/升。5月底、6月底分别将江苏引进苗种和哈尔滨地产苗种，投放到池塘中进行苗种的适应驯养。6—7月苗种培育期间，每公顷投喂45千克"幼鱼饵料＋利饵多粉料"，投喂量视池塘中浮游动物多少可适量增减。8月后期全部投喂人工颗粒饲料，每天投喂3次，投喂量为体重的5%～10%。冬季苗种越冬后，2022年5月1日放养江苏引进1龄春片鱼种，饲育密度为18 000尾/公顷；哈尔滨地产1龄春片鱼种，饲育密度为37 500尾/公顷。池塘盐碱水质调控，每2～3周向池塘中泼洒"微生态制剂＋碳源"，微生态制剂为科研小组筛选的适用于东北盐碱池塘的坚强芽孢杆菌，添加量4 500毫升/公顷。碳源为市售的糖蜜，添加量75～150千克/公顷，在晴天上午全池均匀泼洒，且开启增氧机。每月定期测量鱼体的生长情况，测定水质相关指标的变化（图6-2、图6-3）。

图6-2　盐碱池塘水质测定

图6-3　盐碱池塘鱼体生长测量

三、主要成效

经过 2 年的大鳞鲃盐碱池塘连续养殖试验，养殖水体的碱度可控制在 13～18 毫摩尔/升，盐度在 1.0～1.5，pH 在 8.9～9.2，其生长的数据结果见表 6-1。2021 年 9 月中旬测量，大鳞鲃江苏引进苗种成活率达 83.1%，平均体重 57.24 克；哈尔滨地产苗种成活率达 84.0%，平均体重 21.76 克。2022 年 10 月中旬测量，2 龄大鳞鲃哈尔滨地产苗种平均体重 102.83 克，江苏引进苗种平均体重 247.63 克（图 6-4）。江苏引进苗种相比哈尔滨地产苗种人工繁殖时间提前 1 个月，但生长却快了 2.4 倍。引进南方生产的大鳞鲃苗种，可加速商品鱼养成周期，显著提升养殖经济效益。

表 6-1　青花湖渔业基地大鳞鲃苗种放养及生长测定

苗种来源	放养规格	放苗时间	池塘面积（公顷）	示范面积（公顷）	放养密度（尾/公顷）	秋季体重（克）
江苏引进	乌仔	2021.5.27	1.33	5.33	37 500	57.24
哈尔滨地产	乌仔	2021.6.25	2.33	5.67	45 000	21.76
江苏引进	1 龄春片	2022.5.1	0.67	4.67	18 000	247.63
哈尔滨地产	1 龄春片	2022.5.1	1.33	6.67	37 500	102.83

图 6-4　秋季收获的大鳞鲃 2 龄鱼种

2021—2022 年期间，在青花湖渔业生产基地开展了耐盐碱大鳞鲃、雅罗鱼和鲫池塘特色鱼类生态养殖模式的应用，示范总面积 70.67 公顷，经统计预估新增产值 25.02 万元，比实施前提高 28.1%，其中 2022 年江苏引进的大鳞鲃苗种产量平均 3 842.25 千克/公顷，新增产值达 11 527.5 元/公顷。东北盐碱地区大鳞鲃池塘生态养殖新模式，通过养殖品种的调整、养殖技术的提升，增加了农民的收入、拓展了水产养殖空间，获得了较好的经济、生态和社会效益。由于该基地地处空旷的地带，人员稀少，野生鸟类较多；另外，池塘养殖条件也不够完善，从整体养殖效果来看，生产经济效益还有进一步提升的空间。

四、经验启示

由于东北地区盐碱水体具有高碱度、高 pH，冰封期长、生长周期短等渔业特点，在养殖品种上，筛选出耐盐碱高、抗逆性强、养殖周期短、市场效益好的优良品种，仍是盐碱水渔业利用研发的重点。可通过从国外引进、国内移植以及遗传选育等，获得更有竞争优势的养殖对象；在养殖技术上，还应不断熟化苗种盐碱适应性驯养技术，提早开展苗种人工繁育技术以及微生物水质调控技术，逐渐降低盐碱水养殖成本，以期获得更高的经济收益；在养殖模式上，还应拓展不同盐碱水域的渔业开发利用空间，构建池塘、泡沼、苇塘以及渔农综合利用等多种养殖模式，制定不同生长阶段的适宜放养密度、饲料投喂、病害防控、水质调控等养殖技术规程；通过从养殖品种、空间、工程和技术的研发，突破地区性盐碱水的适用养殖技术，构建东北特色盐碱水绿色增效养殖技术体系，将荒芜的盐碱水域和盐碱地逐渐开发利用起来，实现盐碱地区渔业生产提质增效、绿色发展、渔民致富的目标。

中国水产科学研究院黑龙江水产研究所　　徐　伟

7

东北盐碱地"双效降碱"异位
循环水渔农综合种养

一、基本情况

黑龙江省大庆市盐碱地面积约 10.67 万公顷,盐碱类型为碳酸盐型。盐碱水土的荒漠化,导致农业生产水平低下,严重制约着该地区的经济发展。充分利用盐碱水土资源发展渔业生产,并将盐碱从土壤运移至养殖池塘或养殖水域中,在增加渔业生产经济效益的同时,有效缓解土地次生盐碱化,通过渔农综合种养治理,有效改善盐碱地脆弱的生态环境,使无法耕作的低洼盐碱地得到利用,可实现经济、社会和生态效益的统一。

"双效降碱"异位循环水渔农综合种养模式是通过收集浸泡和冲洗盐碱地后的高盐碱水体,开展耐盐碱鱼类的池塘生态养殖,在养殖过程中集成"生物絮团"水质调控技术、科学增氧技术、科学投喂技术、池塘底泥的修复与利用技术等;通过"生物絮团"改良池塘水质环境,消耗水体及盐碱地中的碱度,降低饲料系数,同时,利用改良后的低碱度、富营养水体进一步淋洗和灌溉高盐碱土壤,如此循环,逐渐使不能耕种或耕种效果较差的盐碱土地得以高效开发利用,同时提高池塘养殖效率。

中国水产科学研究院黑龙江水产研究所分别在大庆市肇源县鲇鱼沟实业集团有限公司和大庆市连环湖渔业有限公司基地开展了"双效降碱"异位循环水渔农综合种养模式的应用与示范,示范面积合计 11.33 公顷。

二、主要做法

(一)盐碱地设置与田间工程

选择尚待治理或种植效果较差的碳酸盐型盐碱地,分别通过挖沟渠、垒堤坝的方式将其平均分为若干块。每块地的周边均为堤坝,堤坝高 40 厘米、宽度 80 厘米;堤坝外侧为沟渠,沟渠深度 60~80 厘米、宽度 80 厘米。部分地块可埋设暗管，分别在每块地的宽边的中间位置埋设排碱管，埋设平均深度为1.5米，两管之间的间距为20米，暗管通过三通最终汇集到集水池（图7-1）。

图7-1　盐碱地田间工程

（二）池塘条件

在盐碱地附近设置养殖池塘，每口池塘配备投饵机1台。池塘水源为利用地下水或河湖水浸泡和冲洗盐碱耕地后的高碱度水体。鱼种放养前7~10天，用漂白精消毒，漂白精用量为4.5~7.5千克/公顷。

（三）盐碱地的浸泡和冲洗

首先通过进水管将低盐碱地下水或河湖水输送至高盐碱土地进行浸泡和冲洗，浸泡时间为3小时，浸泡和冲洗1公顷盐碱地的总水量以注满0.5~1.0公顷养殖池塘为标准。浸泡和冲洗后的盐碱地种植水稻（图7-2）。

（四）鱼种放养

选择规格整齐、体质健壮、体表完整、无畸形、无病无伤的鱼种进行放养。放养结构为主养大鳞鲃、雅罗鱼或鲫，同时搭配鳙。主养鱼和搭配鱼的放养生物量比例为8∶2或7∶3。放养时间为5月上旬。

（五）饲料投喂

投喂适合不同生长阶段的商品配合饲料。饲料投喂坚持"四定"原则，即定点、定时、定质、定量。饲料投喂以八成饱为宜，即以不影响下一餐鱼类抢食能力为前提来掌握日投喂量，具体到每餐投喂时，有70%~80%的

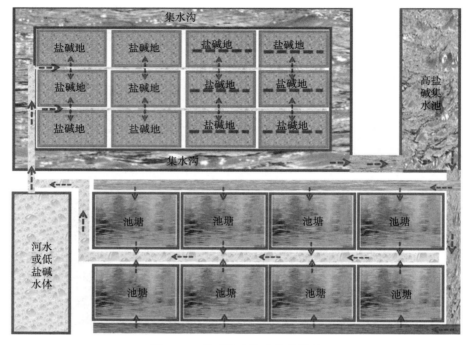

图 7-2　盐碱渔农综合种养模式

鱼离开即可停止投喂。日投喂量一般为鱼体重的 2%～5%，并根据天气、水温、鱼体大小、摄食强度等合理进行调整。每日投喂 3 次。

（六）种养管理

每口池塘配备增氧机一台，配备功率为 15 千瓦/公顷。养殖前期，根据鱼类活动及天气、水质情况适时开机增氧；养殖中期，每天午后及凌晨各开增氧机增氧一次，每次 2～3 小时，高温季节每次增加 1～2 小时；养殖后期，根据水质情况适当增加增氧时间。适时预防寄生虫病。水稻种植过程按照其操作规程进行管理。

（七）水质调控

定期检测水质。通过添加碳源糖蜜对水质进行改善。糖蜜添加量 A（千克）根据模型 $A = H \times S \times (30 \times C_{TAN\text{-}N} - 38)/1\,000$ 计算，其中 H 为池塘水深（米），S 为池塘面积（米²），$C_{TAN\text{-}N}$ 为池塘初始总氨氮含量（毫克/升）。添加时间为晴天上午，添加时开启增氧机。添加方式为全池均匀泼洒或池塘上风头泼洒。定期添加耐盐碱微生态制剂。

（八）循环淋洗

在池塘养殖中后期，定期将富营养、低碱度的池塘养殖水分别抽注至盐碱地进一步淋洗和浇灌，淋洗和浇灌后的水体进入沟渠，再次通过水泵和出水管返回到相应的养殖池塘，损失的水量通过地下水或河湖水进行补充。

三、主要成效

盐碱地"双效降碱"异位循环水渔农综合种养模式，在黑龙江省肇源县鲇鱼沟实业集团有限公司基地累计示范面积 10 公顷。整个种养周期的运行取得了较好的应用示范效果。经济效益方面，总投入成本 17.11 万元，总产值 22.75 万元，总利润 5.64 万元。生态效益方面，养殖水体的碳酸盐碱度较初始水平降低 33.7%；土壤碱度降低 15.0%，土壤肥力明显增加；水稻产量 6 540 千克/公顷，固碳效益显著。社会效益方面，辐射带动就业 25 人，新增养殖面积 6 公顷，带动苗种及饲料销售 6.46 万元，培训相关从业人员 30 余人。

该模式在黑龙江省大庆市连环湖渔业有限公司基地示范面积 1.33 公顷。2021 年养殖大鳞鲃，与实施前相比，大鳞鲃成活率 100%，较对照池塘提高 12.4%；产量 11 220 千克/公顷，较对照池塘提高 93.3%；当年种植水稻，稻谷产量 2 253 千克/公顷，对照地块未形成产量，实现了高盐碱土地水稻种植产量零的突破；平均每公顷新增产值 40 500 元，年新增收益 5.4 万元。2022 年养殖鲫，与实施前相比，鲫产量 7 200 千克/公顷，稻谷平均产量 5 700 千克/公顷；平均每公顷新增产值 12 000 元，年新增收益 0.36 万元。经济效益较实施前提高了 46.6%，盐碱地土壤总碱度下降了 23.3%（图 7-3、图 7-4）。

图 7-3　盐碱地改良前概貌

图 7-4 盐碱地改良后概貌

四、经验启示

"渔-农"综合生态种养模式是一种将水产养殖与农田种植相结合的复合农业生产方式,具有稳粮、促渔、提质、增效等特点。近年来,在国家大力提倡盐碱地水产养殖的背景下,我国西北、华北、东北等盐碱地区陆续构建了"上粮下虾""上农下渔"等渔农综合利用模式,探索了渔农生态系统对盐碱地改良和生态修复的效果,为盐碱地区渔业可持续发展提出了新思路和新途径。东北地区拥有大量的低洼盐碱地,主要分布在黑龙江省的大庆市、齐齐哈尔市及吉林省的白城市等地区,盐碱水土的荒漠化,导致农业生产水平低下,严重制约着这些地区的经济发展。

通过"双效降碱"异位循环水渔农综合种养模式的示范与推广,可有效改善盐碱地区的生态环境,缓解周边土壤次生盐碱化,提高土壤总氮和有机质含量,增加土壤肥力,降低土壤碱度,提高池塘养殖鱼类和盐碱地种植作物的产量,达到对盐碱地生态修复的目的,使无法耕作的低洼盐碱地逐渐得到开发利用,是保障我国农业生产可持续发展的重要途径。东北盐碱区域大多是经济欠发达的地区,充分利用盐碱地和水域资源发展渔业生产,可有效改善农民生活水平,对乡村振兴具有重要战略意义。

中国水产科学研究院黑龙江水产研究所　赵志刚

8

天津盐碱池塘主养大宗淡水鱼

一、基本情况

根据京津冀地区土地资源类型显示，天津市及辖区所处地质类型主要以冲海积平原、海积平原和洼地组成，其土壤类型多以盐碱土和淋溶土构成。天津市的盐碱水资源主要分为地表水和浅层地下水。通过估算，全市盐碱水面积大约 2.24 万公顷，其类型主要为 Cl_I^{Na}。

天津渔业历史悠久，水产资源丰富，根据全国渔业统计年鉴，2021 年天津市水产养殖面积达到 2.4 万公顷，内陆养殖总产值 58.878 3 亿元。其中，淡水养殖总面积为 2.17 万公顷，池塘养殖面积为 2.17 万公顷，占总面积的 90.4%。淡水养殖产量为 22 710.1 万千克，养殖鲤的产量为 7 852.9 万千克，占总产量的 34.6%；养殖鲫的产量为 3 546.3 万千克，占总产量的 15.6%；养殖草鱼的产量为 3 173.6 万千克，占总产量的 14.0%；养殖鲢的产量为 2 208 万千克，占总产量的 9.7%；养虾为 3 501.3 万千克，占总产量的 15.4%。

天津滨海型盐碱地是中国典型的盐碱地代表，具有丰富的盐碱水资源，也是淡水养殖的重要地区。"以渔改碱"改良并利用盐碱水资源是优化水资源利用结构的重要方式。示范基地位于静海区，是天津地区典型的盐碱水域，开展主养团头鲂套养鲫、鳙模式，充分考虑鲂、鲫、鳙三个品种的水层分布特点、食性、病害风险以及市场需求等因素，实现盐碱水高效利用。

二、主要做法

（一）技术原理及特点

天津以池塘主养大宗淡水鱼为主要养殖模式。2019 年以来，示范区大力发展盐碱水池塘养殖，推进盐碱水域增养殖技术优化，坚持多营养层次综合养殖模式，以养殖环境体系保护改善与养殖产品的优质高效为核心，利用生态位原理，合理配置养殖生物的营养生态位，构建创新型、属地化的绿色、高效、生态养殖模式。盐碱地水产养殖主要有以下特点：一是盐碱水质类型繁多，且不稳定，绝大多数养殖用水需要进行改良调控。二是养殖的品种一般以广盐、广温、杂食性（滤食性）品种为主。此类生物对水环境中的盐度有较强的适宜范围，对盐碱水质有较强的耐受能力。三是养殖周期短，当年养成，模式主要以混养、套养为主。四是采用高效饲料为主。

（二）盐碱地池塘主养团头鲂套养鲫、鳙养殖模式技术要点

1. 池塘条件

示范点池塘（图 8-1）面积在 0.33～1.33 公顷，水深 1.5～2 米，长方形，东西走向，水源充足，无污染源，进排水方便，电力配套完善。配备增氧机和投饵机。鱼种放养前 7～10 天进行清塘消毒。采用生石灰清塘，干法清塘每公顷用量为 900～1 125 千克；带水清塘，水深 1 米，每公顷用量为 1 800～2 250 千克。

图 8-1　示范基地池塘

2. 苗种投放

为保证生长速度和养殖效果，选择同种同龄、规格一致、鳞鳍完整、体质健壮、无病无伤的优质团头鲂苗种放养，同时搭配滤食性、草食性、杂食性等鱼类。规格与数量为：团头鲂 800 尾，规格 100 克/尾；异育银鲫"中科3号"400 尾，规格 40 克/尾；鲢鳙 150 尾，规格 125 克/尾。

3. 饲料投喂

选用配合饲料，蛋白含量为 25%～30%。日投喂量根据鱼种生长阶段

和存塘数量，为池鱼体重的 3%～5%。日投喂 4 次，每天 07：30—09：30、11：00—12：00、14：30—16：00、18：30—20：00 进行投喂，投喂时间控制在 25 分钟以内。在饲料投喂中坚持"四定"（定质、定量、定时、定位）、"四看"（看天气、看季节、看水色、看鱼的摄食状态）原则。根据水温、天气等情况适当调整，防止投喂过量或投喂不足，造成水质恶化或影响鱼类正常生长。

4. 水质调控

每天观察水色情况，调节水质保持肥、活、嫩、爽。池塘水体的透明度保持在 20～30 厘米，溶解氧 3 毫克/升以上，pH 7.5～8.5，氨氮 0.2 毫克/升左右。每天中午及晚上开启增氧机，中午开启时间为 12：00—14：00，晚上开启时间据池塘溶解氧实际情况而定，高温季节及阴雨天气加长开启时间。

5. 病害防治

坚持"以防为主、防治结合"的原则，放苗前用生石灰清塘，鱼种入塘前用盐水浸洗。养殖过程中主要通过池塘清淤消毒、苗种检疫消毒、定期投喂药饵、水质消毒、底质改良等措施预防病害的发生。对发生鱼病的池塘，在治疗鱼病时严禁使用对养殖品种有强刺激的药物，每隔 20 天左右泼洒漂白粉消毒，同时投喂用中草药配制的药饵。

三、主要成效

（一）经济效益

出池时团头鲂价格为 15 元/千克，饵料系数 1.3，每千克鱼饲料成本 5.2 元，每千克苗种成本 2.0 元，其他费用每千克鱼 3.0 元。养 1 千克团头鲂成本约为 10.2 元。以团头鲂按当时价格，每公顷利润 34 500 元左右，其他套养鱼类效益 15 000 元左右。该养殖模式优势在于立体养殖、密度中等、主养鱼价值较高等，合计池塘每公顷利润在 49 500 元左右（图 8-2）。

（二）生态效益

运用多营养层次综合养殖模式（IMTA），利用团头鲂、鲫、鲢鳙的食物源特征，放养适宜比例的养殖品种，提高氮、磷总相对利用率，该模式得到较高的综合效益指标。该养殖模式实现水体中有机/无机物质的循环利用，降低营养损耗，提高整个系统的养殖环境容纳量和可持续生产水平，多营养层次涉及底栖、浮游、游泳类养殖品种的综合养殖，提高了养殖空间利用效

图 8-2 鲫收获

率，还实现了水质调控、营养物质循环利用、生态防病及质量安全控制的目的。

（三）社会效益

基于多营养层次综合养殖理念，示范点建立盐碱地池塘主养团头鲂套养鲫、鳙养殖模式具有显著的优质、高效、环保特征，对促进渔业增效、渔民增收、降低水产养殖自身污染起到了科技引领作用。该模式建立水质调控技术，保证养殖水体处于良好状态，降低养殖病害发生率，减少用药量，保证水产品质量安全，减少养殖自身污染和对周围环境的污染。

四、经验启示

（一）盐碱水质调控促进盐碱水资源的开发利用

根据《盐碱地水产养殖用水水质》（SC/T 9406—2012），通过盐碱水质检测方法，按盐碱水质化学组分的天然背景含量，将盐碱水质质量按养殖功能划分为Ⅰ类盐碱水质，宜作为淡水鱼、虾蟹类的养殖用水；Ⅱ类盐碱水质，宜作为广盐性鱼类、虾蟹类的养殖用水；Ⅲ类盐碱水质，宜作为其他水生生物的养殖用水。根据盐碱水质类型，采取高碳酸盐碱度、离子比例失调型盐碱水质改良方法对养殖用水进行调控。

（二）筛选出适宜盐碱地水产养殖的主导品种

根据养殖经验的总结，盐碱地池塘养殖品种选择的原则是品种广盐性，且耐高碱度、高硬度能力强，生长速度快，抗病力强。对于水质盐度1～3，碱度100～200毫克/升的微咸水池塘，适宜主养的品种有罗非鱼、梭鱼、鲫、鲤、凡纳滨对虾、鲢、鳙、草鱼、中华绒螯蟹等；对于水质盐度3～5，碱度150～200毫克/升的咸水池塘，适宜主养的品种有罗非鱼、梭鱼、美国红鱼、鲫、鲤、凡纳滨对虾等。

（三）盐碱地养殖促进渔业的生态治理

滨海型盐碱地池塘开展高效的生态养殖，可以缓解土地次生盐碱化程度，产生显著生态效益。首先，在一定程度上降低水体的浊度以及黏度，定期施用水质保护剂或改良剂等，还可保持水色的稳定，使藻及菌系统相互适应，以维持平衡；其次，土壤离子成分、盐分含量均有一定程度的改善，脱盐效果较好。盐碱地池塘养殖开发后，可使土壤有机质含量增加，微生物总量增加，土壤酶活性加强。

（四）合理的苗种投放及精准饲喂促进渔业提质增效

鱼苗投放密度保持池塘环境容量与产出效益的平衡。以鱼产量最多且能量使用最大为标准，确定投放鱼苗的适宜密度；使用高质量的饲料进行精准饲喂，促进养殖动物与水环境物质能量的有效利用。

总结上述经验，形成了可推广复制的盐碱地水域大宗淡水鱼养殖模式，带动了天津地区盐碱地水域养殖业生产。

天津市水产研究所　　张　韦

9

天津盐碱池塘主养草鱼套养虾模式

一、基本情况

淡水池塘养殖是内陆水产养殖业的重要组成部分，以鱼类养殖为主的精养池塘，一般生产水平较高，投资少、收益大，其中，池塘主养大宗淡水鱼套养虾就是较为典型的养殖模式。近年来，在淡水资源短缺的背景下，采取"以渔改碱"改良并利用盐碱水是水产养殖领域合理开发利用现有水资源的有益探索和实践。示范基地位于武清区，是天津地区典型的盐碱水域，开展主养草鱼套养凡纳滨对虾模式。

二、主要做法

天津以池塘主养大宗淡水鱼为主要养殖模式，2019年以来，示范区大力发展盐碱水池塘养殖，推进盐碱水域增养殖技术优化，坚持多营养层次综合养殖模式的发展理念，以养殖环境体系保护改善与养殖产品的优质高效为核心，利用生态位原理，合理配置养殖生物的营养生态位，构建创新型、属地化的绿色、高效、生态养殖模式，着力提高渔业综合生产能力，促进渔业产业提质增效，渔业绿色高质量发展取得阶段性成效。

1. 池塘条件

池塘面积在 0.33～1.33 公顷为宜，水深 1.5～2 米，长方形，东西走向，水源充足，无污染源，进排水方便，电力配套完善。配备增氧机和投饵机。鱼种放养前 7～10 天进行清塘消毒。生石灰清塘，带水清塘，水深 1米，每公顷用量为 1 800～2 250 千克。鱼虾混养池塘用茶籽饼浸泡后按 20克/米^3 全池泼洒以杀灭野杂鱼等（图 9-1）。

2. 苗种投放

先投放鱼类苗种；当水温稳定在 18℃以上时，根据池水饵料生物量

图 9-1　示范养殖池塘

（小型枝角类有一定数量）投放凡纳滨对虾苗，规格为体长 1.0～1.2 厘米，每公顷放养 75 万尾。当凡纳滨对虾体长达到 4 厘米以上时，投放 2 龄草鱼种，规格为 3～4 尾/千克，每公顷放养 7 500 尾；投放鲢种 1 500 尾，规格为 6～7 尾/千克；鳙种 450 尾，规格为 6～7 尾/千克。

3. 饲料投喂

当凡纳滨对虾达到 3 厘米以上时，选择优质的凡纳滨对虾全价配合饲料投喂。在投放鱼苗前，投喂粗蛋白含量为 40％的饲料，开始每天 2 次，逐渐增加到 4 次，根据料盘情况和虾的饱食程度，增减投喂量。投放鱼苗后，选用粗蛋白含量为 28％草鱼专用料投喂草鱼，每天投喂 4 次，时间为 06：00、10：00、14：00、18：00，投饵机适量慢投，延长投喂草鱼时间，一般控制在 1.0～1.5 小时。当草鱼上台后，池边投喂粗蛋白含量为 32％凡纳滨对虾专用料，一个月后根据草鱼情况（没有死鱼）逐渐增加虾料粗蛋白，使之达到 38％，22：00 增加投喂一次虾料。投喂量一般控制在草鱼和凡纳滨对虾达到八成饱为宜。

4. 水质调控

每天中午及晚上开启增氧机，中午开启时间为 12：00—14：00，晚上开启时间据实际情况而定，另外高温季节及阴雨天气加长开启时间。池塘水体透明度保持在 20～30 厘米，溶解氧 3 毫克/升以上，pH 7.5～8.5，氨氮 0.2 毫克/升左右。每月进行 1 次水质检测，检测项目包括氨氮、溶解氧、pH、盐度、亚硝酸盐、磷酸盐、浮游生物等常规指标，对于不合格水质及时采用换水或微生态制剂调节水质，使水体保持在"肥、活、爽、嫩"的良好状态。每半月泼洒1次生石灰，以补充虾生长所需要的钙质。

5. 病害防治

首先稳定水质，在整个养殖过程中水色、透明度、pH等保持相对稳定，水中溶解氧5毫克/升以上。其次，在草鱼饵料中定期添加药饵，每15天投喂3天药饵。最后，投放草鱼后，定期用漂白粉给水体消毒，每10天1次。

6. 捕捞收获

鱼虾混养池塘中的鱼类和凡纳滨对虾分别捕捞。8月中下旬开始用虾笼或拉网捕捞凡纳滨对虾，鱼类采用拉网捕捞。

三、主要成效

（一）经济效益

出池时草鱼价格为13.4元/千克，饵料系数1.4，每千克鱼饵料成本6.0元，每千克苗种成本3.4元，其他费用每千克鱼3.0元以上。养1千克草鱼成本约为12.4元。以草鱼出池价计，可基本收回单养鱼成本（除凡纳滨对虾饵料及苗种费用，其他成本已核算），每公顷利润7 500元左右。养殖效益取决于凡纳滨对虾产量高低。该养殖模式，凡纳滨对虾每公顷产量在2 250千克左右，苗种成本10 500元、饵料成本22 500元左右，凡纳滨对虾每公顷效益39 000元左右，鲢鳙每公顷效益12 000元左右，合计池塘每公顷利润在58 500元左右。

（二）生态效益

运用多营养层次综合养殖模式（IMTA），根据草鱼、凡纳滨对虾的生态理化特征进行品种搭配，充分利用草鱼、凡纳滨对虾的食物源特征，放养适宜比例的养殖品种，提高氮、磷总相对利用率，该模式得到较高的综合效益指标。主养鱼套养虾的养殖模式可实现水体中有机/无机物质的循环利用，降低营养损耗，提高整个系统的养殖环境容纳量和可持续生产水平，多营养层次涉及底栖、浮游、游泳类养殖品种的综合养殖，不仅提高养殖空间利用效率，还可实现水质调控、营养物质循环利用、生态防病及质量安全控制的目的。

（三）社会效益

基于多营养层次综合养殖理念，建立的盐碱地池塘主养草鱼套养凡纳滨对虾养殖模式具有优质、高效、环保的特征，对促进渔业增效、渔民增收、降低水产养殖污染起到了科技引领作用。该模式建立水质调控技术，保证养殖水体处于良好状态，降低养殖病害发生率，减少用药量，保证水产品质量安全，减少养殖自身污染和对周围环境的污染。

四、经验启示

利用区域性盐碱水资源开展主养草鱼套养凡纳滨对虾，通过品种合理搭配、养殖水环境调控以及物质能量均衡利用，池塘周边土壤土质得到改善，在一定程度上缓解了土地次生盐碱化程度。盐碱地池塘多营养层次养殖理念与技术的应用既符合绿色生态农业的要求，也取得了显著的经济、社会与生态效益，具有很好的示范带动效果。

天津市水产研究所　　张　　韦

10

天津盐碱地凡纳滨对虾养殖

一、基本情况

天津市滨海新区位于天津东部沿海地区，总面积 2 270 千米²，属北半球暖温带半湿润大陆性季风气候。由于濒临渤海，受季风环流影响很大，冬夏季风更替明显。夏季主导风向为南南西向。秋季以东向为主导风向。冬季主导风向为北北西向。区内以平原为主，高差不大，平均海拔为 2 米。海岸线长度为 153.669 千米，具有丰富的海盐资源。盐碱地水产养殖面积约 3 355公顷，盐碱水水产养殖水质根据阿列金分类法确定养殖水体水化学基本类型为 Cl_I^{Na}。

天津通洋农业科技有限公司成立于 2009 年，注册资金 1 000 万元。单位地址位于天津市滨海新区古林街汉港公路西侧。水产养殖面积 96.67 公顷，拥有循环水养殖车间 3 600 米²，主要养殖品种为凡纳滨对虾，该地域交通便利，海水资源丰富，所在区域周围没有工业和其他污染源。该公司与天津市多家水产科研推广单位、中国水产科学研究院黄海水产研究所、中国水产科学研究院渔业机械仪器研究所等科研院所建立了产学研科技合作关系。多年来，公司与技术合作单位国内水产养殖专家形成了良好的合作关系，树立了勤奋、务实及尊重人才的企业形象，成为天津市工厂化水产养殖和室外池塘生态循环水养殖技术集成的示范基地，是集合苗种繁育、养成、销售、科研、成果转化于一体的科技型企业，拥有 7 项实用新型发明专利，注册商标"通洋"牌。为了带动农户增收，成立了养殖服务中心并对外开放，配备专业技术员服务养殖户，带动农户超过 80 户，养殖面积超过 1 000 公顷。

二、主要做法

野生白对虾生活在纬度 32°—23°的太平洋沿岸海域，凡纳滨对虾为热带性虾类，其适应水温为 2～32℃，适宜水温为 23～24℃，白对虾的适盐范围为5～40，在逐渐淡化后可在盐度 1 以下养殖，适宜盐碱地池塘养殖。

（一）封闭循环水养殖系统的建立

建立封闭循环水养殖系统：一是能节约养殖用水、节约能源；二是水产养殖尾水中的营养元素不会造成对自然水环境的污染压力；三是阻止病原从外源水源进入养殖区，从源头上控制病害的水平传播。封闭循环水养殖系统见图 10-1。

图 10-1 封闭循环水养殖系统

工厂化循环水养殖车间，水循环利用率 80%，排放的尾水仍然具备工厂化车间内的特定温度、盐度，进入大棚养殖，可以节省调温、调节离子需要的能耗；同时，排出的尾水富营养化程度较高，可以作为大棚养殖的初级生产力，减少能量投入；大棚养殖的排放水通过排水渠进行初步净化后，进入室外生态养殖池，作为生态养殖池的初级生产力的构成之一，通过生态养殖，水中的营养物质转化为水产品，水质得到进一步净化，再进入沉淀池、消毒池、配水池后回到工厂化养殖车间，实现一水多用，循环半封闭式养殖。

（1）虾类工厂化养殖功能区 包括工厂化养殖车间及工厂化养殖水质前处理室外池塘，包括 1 个沉淀池、1 个消毒池、2 个配水池。

（2）工厂化繁育功能区 工厂化繁育车间 1 座。

（3）大棚养殖功能区 2 个虾苗标粗大棚 0.09 公顷。

（4）室外养殖池 包括室外生态养殖池、排水渠。工厂化养殖车间排出的养殖废水，进入大棚养殖功能区继续利用养殖，再经过排水渠初级净化后进入室外生态养殖池，再一次利用养殖。

（5）鱼类工厂化循环水养殖功能区　工厂化循环水养殖和室外生态养殖池构建的二级生态循环水养殖功能区，包括鱼类工厂化循环水养殖车间、工厂化循环水养殖水质前处理沉淀池及配水池。

（二）池塘条件

池底平整，向排水口略倾斜。设中间排污口，布设水车式增氧机，使鱼虾的残饵粪便等及时排出。养殖池的深度为 2.5 米左右，池水水深 1.5～2.0 米。池和池间水不能流通，进、排水完全独立。养鱼池和养虾池几年轮换养殖，以防止病害的持续传播及连作障碍。

（三）清淤除害

清除多余底泥，使底泥厚度在 0～20 厘米，清淤或收获后对池底翻耕 10～12 厘米，冰冻。春季选用含氯石灰稀释 1 000 倍后清塘，全池泼洒，不留死角；发生过虾肝肠胞虫病的池塘，视有机质含量用 50～300 毫克/升含氯石灰消毒 1 天以上，最后经过曝晒后进水。

（四）放苗前水的处理

进水时经 80 目以上的筛绢过滤进池。氨氮在 0.5 毫克/升以上、磷酸盐达到 0.05 毫克/升以上、浮游生物多样性较好的池塘不施肥。需要施肥的，检测水中的氨氮、亚硝酸盐氮、磷酸盐磷、浮游生物以后，决定施肥的种类和数量。渔用复合肥料施用时遵循少量多次的原则。施用肥料时，应同时施用由本地区养殖池塘筛选出的光合细菌。

（五）选苗放苗

选用体长 1.0 厘米、3～5 厘米两种规格苗种，大小均匀、活力强、摄食旺盛，同一池塘放养同一批培育的虾苗。5 月，室外池塘水温稳定在 20℃以上，天气剧烈变化后避免放苗。

放苗前进行检疫及病害检测，检测内容包括对虾白斑综合征病毒、传染性皮下及造血组织坏死病毒、偷死野田村病毒、虾虹彩病毒、急性肝胰腺坏死细菌、虾肝肠胞虫。药残检测应为阴性。

选择不同的凡纳滨对虾良种，包括凡纳滨对虾"科海 1 号""壬海 1 号""广泰 1 号""海兴农 2 号"等。也可选择知名公司选育的品系苗，避免只选择一个品种（品系），避免某个品种虾苗质量差造成整体养殖效果不佳的情况发生。

（六）虾苗暂养（标粗）

投放体长 3～5 厘米的虾苗，由本场大棚标粗。

标粗小棚朝向：东西向，东西为长，南北为宽。0.05 公顷/棚，高 2.5 米，池深 1.2 米，保温、透光、可通风。配备底部增氧设施。棚顶安装补水管道（喷淋式）。4 月中旬开始标粗，5 月中旬转外池。

引进 0.3～0.4 厘米/尾的虾苗，每棚投放 500 万尾，标粗时间视水质状况控制在 1 个月内。

进苗前一天进水 50～60 厘米，进水时用 80 目网过滤。用碘制剂消毒后曝气，视有机质多少，施入本地筛选出的光合细菌或芽孢杆菌。盐度与购进的苗种培育水出池盐度保持一致。

开始投喂后使用本地池塘筛选出的乳酸菌、芽孢杆菌、光合细菌等，根据水质测定结果选择使用。氨氮超过 1 毫克/升时用光合细菌；有机质多或藻类大量繁殖时用芽孢杆菌；亚硝酸盐氮超过 0.2 毫克/升时用硝化细菌；pH 过高时用乳酸杆菌。第 7 天时使用过氧化钙粉或过硫酸氢钾复合物粉全池泼洒改善底质，12 小时后，泼洒有益细菌。

标粗第 3 天开始加水，每天加水 10 厘米，第 6 天池水加至 1 米深。标粗第 7 天开始换水，每天换水 20 厘米左右。

投放虾苗后，虾苗活动正常稳定后开始投喂，前 5 天投喂虾片，5 天后投喂卤虫（经虾病原检测阴性，碘制剂消毒）和标粗专用配合饲料（微囊料），每天投喂 6～8 次，投喂总量控制在虾体重的 10%～15%。投喂后 1 小时检查胃肠饱满情况，视胃肠饱满程度在下次投喂时适量增减。

当虾体长长至 3～5 厘米时，经对虾病原检测阴性后，准确计数放入室外池塘。

（七）放养

5 月，水温稳定在 20℃以上时投放虾苗，1 厘米左右的苗投放密度 3 万～6 万尾，生长速度快的虾苗 3 万～4 万尾，标粗至 3～5 厘米的苗 2 万尾以内。放苗前检测水质，随机取 100 尾虾苗，用网箱试养在池塘中，观察 24 小时，若存活率达 100%，可正式放养。放养时运输水和池塘水盐度、温度一致后投放。

（八）投饲与管理

投饲量参照表 10－1。

表 10-1 凡纳滨对虾投喂管理

平均体长（厘米）	日投饵率（%）	日投饵次数
1～3	10.0～7.0	2
3～7	7.0～4.5	3
7～10	4.5～3.0	4
10 以上	3.0～2.0	4

通过定期泼洒本地有益菌，培育和维持浮游动物数量，根据浮游动物数量，适当调整日投喂率。

60%～70%的虾料在 19:00—21:00 间投喂，以使饲料被对虾充分利用。天气、水质不好，蜕皮、虾病暴发减少或停止投饵。投喂的饲料以 1 小时左右吃完为准。

（九）水质管理

1. 水质调控目标　溶解氧 5 毫克/升以上，不得有缺氧浮头的现象出现。pH 为 8.2～8.6。亚硝酸盐氮 0.02 毫克/升以下；氨氮 0.3 毫克/升以下，浮游植物生物多样性好。硬度要求达到 600 毫克/升，钙镁离子比为 1:3 或 1:5。钾离子的浓度范围 100～200 毫克/升，钠钾比值为 40～50。

2. 总体目标　水质理化、生物指标良好，溶解氧始终充足，水质保持相对稳定。每 10～15 天，检测水质 pH、氨氮、亚硝酸盐氮、硬度、钙离子、钾离子以及浮游生物优势种，根据检测结果进行水质调节。pH 偏高的池塘，采用乳酸菌加红糖全池泼洒；氨氮含量高的选择光合细菌；浮游植物较多或藻相单一的池塘，选用芽孢杆菌；亚硝酸盐高的选择硝化细菌。采用氯化钙提高水质钙离子的含量，采用氯化钾提高水质钾离子的含量，使用时少量多次泼洒。

（十）病害防治

1. 总体预防措施

（1）每 10～15 天定期检测虾的病原。在积累到一定数量但又没有到发病数量时，采用中草药预防。

（2）控制环境中的致病病原。包括清除底泥、鱼虾轮养，定期泼洒有益细菌。

（3）减少虾类的应激。包括保持水质适宜且稳定，雨季的管理，提前泼洒防应激药物维生素 C 钠粉等。

（4）出现虾小批量死亡时，下定置张网捕捞，捞出病虾弱虾，减少密度。

（5）养殖场的卫生控制。控制车辆人员来往，工具专池专用。

2. 病害防治方法

（1）白斑综合征

症状：病毒性白斑由白斑综合征病毒引起，病虾甲壳上有明显的白色斑点，尤以头胸甲最明显，虾体发红，肝胰脏肿大、变白，壳不软。

预防方法：保持温度、盐度、pH 的相对稳定，保持氨氮、亚硝酸盐氮在较低水平。

治疗方法：内服氟苯尼考粉、中草药制剂（六味黄龙散＋银翘板蓝根散或虾康颗粒）、维生素 C 钠粉，每天 2 次，连续投喂 5 天，间隔 10～15 天再投喂 1 次。消毒用碘制剂全池泼洒，连用 2 次。不换水，泼洒消毒剂毒性消失后马上用有益细菌全池泼洒。

（2）对虾肝胰腺坏死症

症状：肝胰脏颜色变浅到接近透明、萎缩，软烂状。空肠空胃或肠内食物不连续，可出现白便。

预防方法：用含氯石灰清塘，定期使用有益细菌。

防治方法：泼洒碘制剂，口服中草药抑菌药物。饲料投喂在 1 小时内摄食完。一茬养殖时间不少于 100 天。监控蓝藻和有毒藻类。一旦发生肝胰腺坏死症，如果水质营养指标超标，需要立即停止投喂，停止饲料投喂时间一般要 1～3 天，以后逐步恢复投喂；泼洒碘制剂，内服抗菌药物。

（3）虾肝肠胞虫病　主要感染肝胰腺，引起生长缓慢。预防方法：采用不携带虾肝肠胞虫的虾苗，驱赶蜻蜓成虫，养殖池尽量建设成缓坡，把饲料投喂在坡上；投喂时，关闭底层微孔增氧系统，开启水车式增氧机，使料便分离，投喂 2 小时后，排出粪便。

（4）对虾白便病　"白便"是对虾肝胰脏、肠道长期发生慢性病变的结果，一旦池塘漂浮大量白便，说明池塘病情已开始蔓延，病情严重的对虾已经无法彻底治愈。

平时多注意、多观察，保证每天早、中、晚各巡塘 1 次，检查料台时仔细观察虾粪情况，以粗、短为好。保持水质清新，为防止蓝藻暴发，提高水体稳定性。投喂优质的饲料，不要投喂劣质、发霉变质的饲料，避免对虾摄食劣质和变质饲料引发肠炎；投喂有益菌（乳酸菌）发酵饲料，饲料中添加维生素 C 钠粉，提高对虾机体抗病力。

三、主要成效

2021 年实施面积 96.67 公顷，凡纳滨对虾平均公顷产量 4 125 千克，公顷产值 165 000 元，总产值 1 590 万元，总利润 823.6 万元，投入产出比 1∶2.07。通过盐碱水凡纳滨对虾养殖，不仅增加了经济效益，周边土壤盐碱情况也通过池塘水稀释得到好转，养殖场绿化得到改善，更加符合花园式养殖基地、环境友好型养殖场的要求。新增就业 10 人，带动养殖产值 43 945 万元，带动苗种、饲料销售额 4 754.05 万元。

四、经验启示

天津滨海新区基本为退海地，土地盐碱，不利于农作物的正常生长。绿化带均需要换土才能保证植物正常生产，投入巨大。滨海新区的池塘水水质类型基本上都是 Cl^{Na}_I，适宜凡纳滨对虾养殖。近年来，国家越来越重视盐碱地的开发利用。科技部也设立了国家重点研发计划"蓝色粮仓科技创新"重点专项"盐碱水综合养殖模式构建与示范应用"等相关课题，河北省颁布了地方标准《盐碱水渔业养殖用水水质》，为盐碱水水产养殖奠定了理论基础，创造了应用实践平台。建议如下：

（1）各地应开展盐碱地、盐碱池塘资源调查，根据调查结果制订盐碱地开发利用方案，向盐碱地要粮食，向盐碱地要效益。

（2）开展盐碱地高效利用科学研究，在基本不改变盐碱地性质基础上，筛选适宜盐碱地养殖的水产品。

（3）开展适宜盐碱水水产品养殖技术研究，开发盐碱水水产品风味食品，打造盐碱水水产品品牌。

天津市动物疫病预防控制中心　包海岩

11

天津盐碱地稻蟹综合种养

一、基本情况

天津地区水稻种植历史悠久,生态良好,水资源丰富。宝坻、宁河、津南作为水稻主要产区,处于蓟运河、潮白河及马厂减河流域,气候、土质和水源等条件适宜进行水稻种植,也为稻蟹综合产业规模化发展提供了必要条件。稻作区多为盐碱地,土壤中富含对水稻品质有益的钾、镁等营养元素。其中,宝坻区境内河道沟渠纵横交错,洼淀、坑塘、湿地密布,水源相对丰沛,为经济水产品养殖提供了适宜的生长环境。

近年来,在天津市水产研究所的技术指导下,位于宝坻区八门城镇杨岗庄村的天津三缘宝地农业科技有限公司开展了稻蟹综合种养,其核心区稻田按市级稻蟹示范区建设要求进行了改造。实施盐碱水稻蟹综合种养示范面积26.67公顷,越冬扣蟹储养池塘面积2.67公顷。通过稻田自有灌溉渠完成春季阶段性储养,侧深施肥插秧后稻田放养大规格扣蟹养殖成蟹,建育肥池和净化清洗池进行强化投喂、微流水清洗等技术措施,实现水稻稳产、优质中华绒螯蟹副产品增产增效。

二、主要做法

(一)稻田设施

稻田沿田埂内侧疏浚沟渠,沟宽0.8~1.0米,沟深0.5~1.0米,底部窄、顶部宽、呈倒梯形。相邻的田块单元之间为排水渠,保证水稻灌溉畅通。稻蟹种养区内沿南北向分布总的进、排水渠,宽8~10米,深1.5米,面积约2.67公顷。

进、排水口设在稻田相对侧田埂上,用袖网包好,网目以中华绒螯蟹苗种不能外逃确定,防逃但不阻水。进、排水管选用PVC材料,管径25~30

· 45 ·

厘米，铺设时进水管下壁与稻田地面高度相平或略高，排水管上壁与稻田地面高度相平，一般相差一个管径的高度。管口周围田埂夯实、不留缝隙。稻田四周用塑料膜、竹竿等材料建高 0.5～0.6 米防逃墙。

（二）水稻侧深施肥

水稻种植品种主要是天津本地选育的"津原 89""津原 U99"和"金稻919"。品种耐肥、秸秆坚硬、不易倒伏、抗病性能良好。

5 月中旬前后，进行水稻插秧，秧苗行距 30 厘米、株距 18 厘米，基地示范侧深施肥技术。利用专用插秧机械，插秧的同时将化肥直接施入地下 5厘米土层，化肥与稻田田面水层不接触，减少缓秧期间换水对地表水体的污染；另外，整个水稻种植生产期节省化肥用量约 300 千克/公顷，达到绿色养殖提倡的化肥减量标准，也有效减少碳排放。

（三）成蟹养殖

1. 扣蟹阶段性养殖

采取春季购入扣蟹阶段性储养。2019 年和 2020 年均在 3 月下旬购买"光合 1 号"良种扣蟹，规格 160～200 只/千克，利用稻田排水渠进行阶段性养殖，时间约 60 天，密度控制在每公顷 375 千克以内。阶段性养殖期间投喂中华绒螯蟹人工全价饲料（粗蛋白 32% 以上），或搭配投喂新鲜动物性饵料、螺类、豆粕、玉米等，每天傍晚投喂一次。定期检查养殖沟渠水体溶解氧，当低于 3 毫克/升时，及时换水并加注新水。待水稻插秧、缓秧后，扣蟹转入稻田养殖。

采取本地培育扣蟹方式。2021 年，示范扣蟹本地规模化培育 44.67 公顷。10 月下旬扣蟹集中起捕，并转入越冬池塘越冬。2022 年开春后至 6 月5 日扣蟹投放前，参照上述阶段性养殖措施，其间扣蟹完成 1～2 次蜕壳。

2. 扣蟹投放入稻田

5 月中旬水稻陆续插秧，插秧结束后缓秧期 15～20 天。2021 年、2022 年分别于 6 月上旬将排水渠养殖的幼蟹，平均规格 12.5 克/只，投放入稻田，投放密度综合考虑规格及预期产量，每公顷 5 250～7 500 只（图 11-1）。

3. 投饲管理

4—6 月，投喂人工配合饵料，补充动物性饵料，如适口的螺类、贝类等，傍晚投喂 1 次，日投喂量占中华绒螯蟹体重的 5%；7—8 月高温期，根据水草数量采取不投喂或每天傍晚投喂一次，以投料后 2～3 小时略有剩余

图 11-1　稻蟹种养示范田

为准；9月以后进入中华绒螯蟹育肥期，足量投喂中华绒螯蟹全价人工配合饵料（饲料蛋白 32% 以上），并搭配煮熟玉米、螺类等，日投喂量占中华绒螯蟹体重的 3%～5%。

4. 水质调控

水稻分蘖初期保持 5～10 厘米水层，分蘖中期、盛期保持 10～15 厘米水层，水稻拔节、孕穗、抽穗期保持 10 厘米左右水层，灌浆期间歇灌水，3～4 天灌水 1 次，水深 10 厘米左右，自然渗干，后水接前水。环沟每半月加注新水 1 次，高温季节每 7 天加注新水 1 次，保持水质清新和水位阶段性的稳定。

5. 日常管理

每天巡查稻田，观察中华绒螯蟹活动和摄食情况，检查是否缺氧，勤换水补水，气压低的阴天或下雨天注意田间水质变化并减量投喂；观察中华绒螯蟹集中蜕壳期间加强保护，蜕壳期前后减量投喂或停喂，蟹大量蜕壳后及时恢复投喂。巡田检查中华绒螯蟹有无发病，堤埂、防逃设施等有无漏洞或破损，及时进行处理。

6. 强化育肥与清洗

9月初，将完成最后一次蜕壳的成蟹分批集中到育肥池进行强化投喂育肥。育肥池具护坡、底质干净，池子四周布好防逃墙。自行爬上岸的中华绒螯蟹达到性成熟，人工捕获后进行二次净化。基地自建 150 米² 的清洗池，采用微流水循环对成蟹进行二次净化处理，提高商品蟹品质。2020 年，规格 125 克以上、底板无水锈的成蟹占比 40%（图 11 - 2、图 11 - 3）。

图 11 - 2　成蟹育肥池集中育肥

图 11 - 3　成蟹净化清洗

三、主要成效

示范基地伴随稻田盐碱水利用以及种养技术优化，2020 年稻田成蟹平均规格 115 克/只，平均单产 328.5 千克/公顷，单位效益 15 750 元/公顷。2021 年虽因病害、天气等不良因素影响，稻田成蟹平均单产 307.5 千克/公顷，单位效益仍然达到了 12 000 元/公顷以上。水稻产量稳定，平均单产 9 000～10 500 千克/公顷。企业以自身种植、养殖生产的实例证明，稻蟹种养模式适应天津地区滨海型盐碱地条件，利用稻田宜渔水环境，把控好水、种、饵、密、防、管等要素，实现产出量（质）和效益的双提高。

基地采用"强化育肥清洗"技术，保证产出中华绒螯蟹的肥满度和清洁度，并以区域性"杨岗稻田蟹"品牌销售，效益良好。另外，企业联合科研院所以科技为支撑在稻渔综合种养方面帮扶农户及农业合作社 20 余家。2019 年中秋、国庆双节相隔时间较长，中秋节后商品蟹滞销，基地通过指导建立商品蟹储养池进行集中育肥，半月后国庆节迎来了销售价格回升，周边养殖户存量的 50 多吨商品蟹实现增收 200 余万元（图 11-4）。

图 11-4　稻蟹综合种养收获期

四、经验启示

在盐碱地稻作区开展稻蟹综合种养技术模式应用，有效促进了稻田土地以及宜渔盐碱水资源的利用，对疏松改善稻田土壤、缓解板结起到积极效果，构建和拓展了水产养殖业绿色发展空间，发挥了稳粮、提质、增效、产业带动生产就业等多方面的作用。近年来，盐碱地水域稻蟹综合种养技术模式经过创新探索、示范引领、培训交流等方式不断优化并推广，特别是以基地为典型代表，稻田侧深施肥、排灌渠阶段性扣蟹养殖、强化育肥与清洗等关键性技术广泛传播与应用，年均辐射带动种养规模 0.13 万公顷以上，增加劳动力岗位 50 个，人均收入可提高 2.6 万元/年。

盐碱地水域稻蟹综合种养技术模式能够在天津地区示范推广，一是得益于近年来国家、地方出台推进水产绿色健康养殖的政策、规划的积极引导与产业推动，因此需要进一步实施连续性和阶梯性的政策；二是重大科技项目的持续支持，为种养技术熟化、模式优化、示范规模化创造了良好的技术平台，今后需要进一步加强区域性科技创新协同与技术服务平台建设，进而发挥科研技术支撑与科技服务生产的作用；三是通过产学研推的结合，要尽快把适合本地区生产条件的区域性技术模式进一步总结好，更好地发挥示范引领，促进高质量发展。

天津市水产研究所　钟文慧

12

天津盐碱地稻虾综合种养

一、基本情况

天津地区盐碱水养殖业分布在本市除蓟州区以外的 9 个有农业的区县，9 个区的养殖水域均属于盐碱水域。近年来，天津市在农业农村部等十部委《关于加快推进水产养殖业绿色发展的若干意见》和天津市乡村振兴战略规划的指导下，以振兴小站稻为契机，加快构建和拓展水产养殖业绿色发展的空间，大力推广稻渔综合种养，将稳粮增收、质量安全和三产融合作为稻渔综合种养的总体要求，以保障粮食生产供给为根本，科学、合理、高效发展稻渔综合种养产业。

天津地区水稻种植历史悠久，生态良好，水资源丰富，为盐碱地稻渔综合种养产业规模化发展提供了必要条件。宝坻、宁河及津南三区作为天津市的水稻主要产区，气候、土质和水源等条件适宜进行水稻种植。天津地区自20 世纪 90 年代开展过稻蟹、稻鳖种养的有益尝试；2016 年在水产技术推广部门的推动下，发展迅速，从 0.07 万公顷增加到现在的 3.33 万公顷，种养模式也从单一的稻蟹模式拓展出稻虾、稻鱼等模式。对于天津地区而言，稻蟹综合种养是最为成熟的模式，占全市稻渔面积的 70％以上，稻虾模式是稻蟹模式的有益补充，近年来在天津宝坻区也取得了成功。稻虾种养示范基地坐落在宝坻区八门城镇杨岗庄村、金蝉窝村、刘家厂村、黄庄镇小辛码村以及宁河区廉庄镇后米厂村。示范基地稻小龙虾（克氏原螯虾）养殖面积 14.67 公顷，稻红螯螯虾、罗氏沼虾、凡纳滨对虾养殖面积各 6.67 公顷，稻田周边水系充沛。小龙虾、红螯螯虾养殖稻田按照天津市稻蟹种养设施建设要求进行改造。

二、主要做法

基地近年来主要实施盐碱地稻虾种养模式试验示范。

（一）稻田设施

1. 稻田改造

稻田进排水渠、田间沟疏浚后可作为虾类养殖所需沟坑使用。如无法利用原有沟渠，确需开挖环沟，一般沿田埂内侧开挖，沟宽2.0米左右，沟深1.0～1.5米，坡比约为1.2：1。原有渠、沟加上新开挖沟坑不超过稻田总面积的10%，不低于8%。

2. 田埂改造

利用开挖边沟的泥土，加高、加宽田埂，使田埂高出田面80厘米，宽度达到1.5米，用工具夯实使田埂坚固。在靠近边沟的田面上，筑高20厘米，宽30厘米的内埂，使田面与边沟隔开。

3. 进、排水设施

具备相对独立的进、排水设施。进水口建立在田埂上，比田面高50厘米左右，排水口建在边沟最低处。进水口和排水口呈对角设置且均安装双层防逃网。防逃网用孔径0.25毫米（40目）的网片做成长2.5米左右、直径30厘米的网袋，随着虾的生长，防逃网适当增大网目孔径。

4. 防逃设施

是否建设防逃设施根据养殖品种而定。罗氏沼虾、凡纳滨对虾不需要专门建设防逃设施，主要在沟渠内生活；稻小龙虾模式及稻红螯螯虾模式需要用塑料薄膜或钙塑板沿外埂四周围成封闭防逃墙，防逃墙埋入地下10～20厘米，高出地面40～50厘米，四角转弯处呈弧形，无褶无皱，接头处光滑不留缝隙。

5. 增氧设施

根据养殖条件和养殖密度配备增氧设施，稻凡纳滨对虾模式及稻罗氏沼虾模式建议配备增氧设施，每公顷沟渠配备功率4.5～6千瓦的水车式增氧机，或配置功率为3千瓦的底增氧设施（图12-1）。

6. 稻田消毒

稻田改造完成后，将含氯生石灰与水混合后全沟渠泼洒，有效率浓度20克/米³。

7. 放苗前准备

投放虾苗前20天，采用茶粕杀灭稻田环沟内野杂鱼。具体操作：将茶粕捣碎，放在缸内浸泡，隔日取出，连渣带水泼入塘内，用量每公顷平均水深1米用600～750千克。

图 12-1　沟渠内增氧设施

稻小龙虾模式、稻红螯螯虾模式需在沟渠消毒 7～10 天后，在沟渠内种植水草。水草种类包括沉水植物菹草、轮叶黑藻、马来眼子菜、金鱼藻、苦草、伊乐藻等，漂浮植物凤眼莲等，多种植物搭配种植，春季以菹草、伊乐藻为重点，进入夏季以轮叶黑藻、苦草为主。漂浮植物要固定，沉性水草种植面积不超过沟渠面积的 50%，漂浮植物覆盖率不超过 10%。其中，伊乐藻在水温低于 10℃时种植，轮叶黑藻在水温稳定在 10℃以上时种植，苦草在水温稳定在 15℃以上时种植。

水草过多时需及时割除，水草不足时及时补充。高温季节当伊乐藻、轮叶黑藻长至 20～25 厘米长的时候，需进行割茬，割去水草上半部的 1/3，使其保持在水面以下 20 厘米左右。割茬时避免将沟渠内水弄浑浊，使水草叶面沾泥而影响光合作用。如水草叶面有有机物附着，可适当选用芽孢杆菌等降解叶面污物。水草死亡需尽快捞出，以免败坏水质。

稻凡纳滨对虾、稻罗氏沼虾模式，虾生活的沟渠不能种植水草。虾苗投放前检测进排水渠、环沟、田间沟水质，要求 pH 7.5～8.6、氨氮低于 0.6 毫克/升、亚硝酸盐氮低于 0.1 毫克/升方可投放，虾苗投放前一天需要进行试水，试水安全后方可放苗。

（二）水稻种植

1. 品种选用

选择适应本地气候、耐肥、秸秆坚硬、不易倒伏、抗病性能良好、分蘖力强、高产优质的良种。

2. 施肥

施肥时施足基肥，水稻栽插后根据水稻长势用分蘖肥和穗肥，不使用对虾类有害的氨水、碳酸氢铵等化肥。

3. 水位管理

水稻种植期的水位管理情况见表 12 - 1。

表 12 - 1　水稻种植期的水位管理情况

时期	水位
整田至 7 月	高于田面 5 厘米左右
7—9 月	高于田面 20 厘米左右
晒田期	低于田面 30 厘米
水稻收割前 7 天至水稻收割	低于田面 20～30 厘米

4. 病虫害防治

采用灯诱、化诱等物理、化学方法杀灭害虫。农药采用对甲壳动物及环境友好的高效低毒药品，喷洒时避开沟渠，禁用菊酯类、有机磷等农药和除草剂。

（三）水产品的养殖与管理

1. 小龙虾、红螯螯虾

（1）幼虾投放时间　5 月底水稻秧苗分蘖后投放虾苗。

（2）幼虾采购及运输　选择规格整齐、附肢齐全、体表无伤无挂脏、胃肠饱满、反应敏捷、活动能力强的虾苗。虾苗经检测不携带对虾白斑综合征病毒，禁用药药残检测阴性。小龙虾体色以青褐色最佳，淡红色次之，不宜为深红色。个体为 1.5～2.0 厘米的虾苗，采取氧气袋运输；3.0～5.0 厘米的虾苗采用干法淋水保湿运输，可用泡沫箱或塑料筐装运，但要尽量少装减轻堆压。小龙虾虾苗尽量选择本地或周边地区的，运输车程不宜超过 2 小时。红螯螯虾虾苗目前多从江苏、浙江购买，长途运输也可采用水车（图 12 - 2）。

（3）幼虾规格及投放量　体长 3～4 厘米的小龙虾虾苗，投放量宜为 120 000～150 000 只/公顷，如能正常养成，第 2 年可不必投虾苗。体长 3～5 厘米的红螯螯虾虾苗，投放量宜为 37 500～45 000 只/公顷。

（4）幼虾投放　苗种投放前 1 天进行试水，在沟内放置一小网箱，投放虾苗 50～100 尾，观察 24 小时，检查是否有非正常死亡以判断水体是否适

图 12-2　水车运输的红螯螯虾虾苗

宜放养。待确认试水安全后，方可投放。放苗前用 5～10 毫克/升聚维酮碘溶液浸洗虾体 5～10 分钟，或用 3%～5% 的盐水洗浴 5～10 分钟进行消毒；放苗时将虾在稻田水中浸泡 1 分钟，提起 2～3 分钟，反复 2～3 次，之后将虾苗均匀投放到浅水区或水草区，使其自行进入水中。

（5）小龙虾种虾投放时间　宜在 7—8 月投放。

（6）小龙虾种虾质量和运输方式　种虾应附肢齐全、无损伤、体格健壮、活动能力强。体色暗红或深红色，有光泽，体表光滑无附着物，雌、雄亲虾来自不同养殖场。用泡沫箱干运，运输时保持虾体湿润，不要挤压，尽量缩短运输时间。

（7）种虾规格及投放量　小龙虾种虾体重不低于 35 克/只，投放量为375～450 千克/公顷，雌雄比例为（2～3）∶1。红螯螯虾留种种虾宜不低于65 克/只，秋季及时转入室内车间进行繁育。

（8）投喂管理　使用虾类配合饲料。小龙虾选择粗蛋白含量为 30%～32% 的配合饲料即可；红螯螯虾养殖前期配合饲料粗蛋白含量为 38%～40%，中后期需 35%～38%。早晚投喂，分别为 5∶00—7∶00 和 17∶00—19∶00；投喂时投饲量按早上 30% 左右，傍晚 70% 左右的比例。饲料均匀投于无草区，日投饵量为稻田内虾总重的 2%～6%，以 1.5 小时吃完为宜，投足投匀，防止虾争斗。具体投喂量根据天气和虾的摄食情况进行调整。连续阴雨天气或水质过浓时少投喂，天气晴好时多投喂；大批虾蜕壳时少投喂，蜕壳后多投喂。根据虾生长情况适时调整饲料颗粒大小与投饲量。

（9）水质调节与日常管理　在整个养殖期沟渠水体透明度控制在 25～35 厘米。根据水色、天气和虾的活动情况采取补肥、加水、换水等方法调节水质，调节水体透明度。每日早、晚巡查，检查防逃设施是否受损，及时修补，观察虾类活动和吃食等情况。

（10）捕捞　捕捞工具以地笼为主（图 12-3），小龙虾幼虾捕捞从 4 月下旬开始，5 月结束，捕捞地笼网眼规格以 1.6 厘米为宜；越冬孵化后的成虾 4 月可进行捕捞，稻田小龙虾一般 7 月下旬至 8 月陆续捕捞上市；红螯螯虾一般于 8 月下旬至 9 月进行捕捞，捕大留小，最后干塘捕捞。捕捞地笼网眼规格以 2.5～3.0 厘米为宜。捕捞初期，直接将地笼放于稻田及环沟之内，隔几天转换一个地方。捕捞量少时，可将稻田中水排出，使虾进入环沟中，再于环沟中放置地笼。小龙虾幼虾捕捞时，当幼虾捕捞量低于 750 千克/公顷时，停止捕捞。用于繁育小龙虾苗种的稻田，在秋季进行成虾捕捞时，当日捕捞量低于 7.5 千克/公顷时停止捕捞，剩余的虾用来培育亲虾。

图 12-3　地笼捕捞红螯螯虾

2. 凡纳滨对虾、罗氏沼虾

（1）仔虾投放时间　在稻田使用封闭药物将稻田水排出 7 天后，仔虾试水 48 小时无伤亡后即可放苗。

（2）幼虾质量　凡纳滨对虾虾苗规格整齐，体色正常，体表光洁，健壮、活力强，舀起后迅速伏底或趴壁，不在容器底部聚团，对刺激反应迅速，搅动后有明显的顶流现象。罗氏沼虾虾苗需淡化彻底，淡化时间不少于 24 小时，形体正常，规格整齐，体色透明，活动能力强。

（3）幼虾规格及投放量　凡纳滨对虾和罗氏沼虾体长 3 厘米左右，投放量宜为 300 000 只/公顷左右，对虾白斑综合征病毒、偷死野田村病毒、传染性皮下及造血器官坏死病毒、甲壳类急性肝胰腺坏死病、虾肝肠胞虫、虾虹彩病毒及禁用药药残检测为阴性。放苗前需先试水，无异常后方可投苗。同时，可每公顷搭配鲢、鳙夏花 1 500 尾左右。

（4）种苗运输与投放　采用水车运输，尽量缩短运输时间，苗种投放入稻田环沟内，合理开关增氧机。

（5）投喂管理　使用凡纳滨对虾配合饲料。幼苗日投饵量为虾总重的12%，随着虾类增长，投饵量逐渐降低为虾总体重的 3%。投喂要坚持"四定"，即定质、定量、定时、定位。不投腐败变质饲料，在稻田的虾沟内设置 8～10 个食场定点投喂。配合饲料每天投喂 3 次，每天早、中、晚投饵量的比为 2：3：5，以投喂的饲料 1.5 小时之内吃完为宜，根据天气和虾的摄食情况进行调整。根据虾类个体规格更换合适的饲料粒径。

（6）水质调控　养殖前期沟中水体透明度保持 25～40 厘米，养殖中后期保持 35～60 厘米，根据水稻生长需要换水或加注新水。定期检测水体溶解氧、氨氮、亚硝酸盐氮，根据理化指标情况和外源水质情况开展水质调控或者换水。

（7）日常管理　晴天中午增氧机开机 1～2 小时，如遇高温或阴雨天气增加开机时间，保持溶解氧在 5 毫克/升以上。每日早、晚巡查，观察虾类活动和吃食等情况。每月农历初一和十五前后虾类大量蜕壳时，向水体补充钙离子。

（8）捕捞　一般在 8 月下旬至 9 月，采用放置地笼的方法收捕，捕大留小，最后干塘捕捉。

三、主要成效

自 2018 年，天津地区水产技术推广部门开始引进小龙虾苗种，在本地区稻田开展养殖试验，2019 年取得成功，稻田小龙虾平均产量为 502.5 千克/公顷，且小龙虾在本地可自然越冬，第二年春季繁育，解决了苗种问题。2021 年，天津市水产研究所分别开展小龙虾、红螯螯虾、罗氏沼虾以及凡纳滨对虾稻田养殖试验。稻-小龙虾模式试验面积 13.33 公顷，就近引进小龙虾苗种，投放入稻田进行养殖，2021 年 9 月现场验收，推算每公顷产511.95 千克；稻-凡纳滨对虾试验面积 6.67 公顷（沟渠水面 0.53 公顷），凡纳滨对虾主要在沟渠中养殖，在沟渠中建设底增氧设施，通过水稻净化水质，平均每公顷产495千克；稻罗氏沼虾试验面积6.67公顷（沟渠水面0.4公顷），平均每公顷产315千克；稻红螯螯虾示范面积6.67公顷，苗种（规格为3～5厘米）引自虾蟹体系湖州综合试验站，平均每公顷产237千克（图12-4）。

图12-4　收获的红螯螯虾

盐碱地水域稻蟹综合种养模式技术门槛较低，相对成熟稳定，简单易行，在天津及以北地区得以迅速示范推广。但单一的稻蟹模式不足以支撑整个稻渔产业的多元化发展，近年来中华绒螯蟹牛奶病问题即是一记警钟。稻虾种养模式是稻蟹模式的有益补充，是一种适宜本地区的新的养殖模式，可以提高稻渔产业的抗风险能力，避免中华绒螯蟹集中上市造成的价格下跌，丰富稻田优质水产品，实现稳粮增收，对全市稻渔综合种养产业高质量发展具有显著的促进作用。

四、经验启示

稻虾模式目前尚处于试验示范阶段，目前已筛选出小龙虾、罗氏沼虾等适宜天津地区的宜稻品种，稻田青虾模式也已显示出较大的发展潜力。但稻虾模式的深入研究及产业化应用，需要政策层面的连续支持，需要依靠重大科技项目创建种养技术熟化、模式优化、示范规模化的技术平台，需要产学研推的充分结合，以更好推动稻渔产业高质量发展。

天津市水产研究所　徐晓丽

13

天津盐碱地近江牡蛎养殖

一、基本情况

　　天津市各类盐碱地水产养殖面积总计 2.67 万公顷以上，大于天津市淡水养殖面积。本市盐碱水域盐度分布范围广，盐度范围 2～50，但盐碱水域由于盐度变化较大导致水产养殖难度随之加大。其中，宁河、西青、静海、武清有较大面积的低盐度盐碱地水域，滨海新区的池塘及自然水域则为盐度较高的盐碱水域。

　　目前，天津市盐度 10～50 的水域主要养殖种类为凡纳滨对虾，盐度 2～10 的半咸水水域养殖种类则较为多元，包括鲤、鲢、鳙等淡水鱼类以及凡纳滨对虾、中华绒螯蟹等。养殖鱼类或甲壳类均需要投饵，养殖投喂的饲料有 70%～80% 以溶解或颗粒物的形式排入水体环境中，氮元素、磷元素等营养物质随虾池换水排入沿岸海域，造成海水富营养化，诱发赤潮。因此，积极利用盐碱地养殖水体中的营养盐，开展基于滤食性贝类的生态养殖，在创造经济效益的同时，引导开展池塘养殖水体的无害化处理，降低富营养因子的入海量，对渤海湾生态健康及环境提升具有重要意义。

　　自 2016 年开始，每年由浙江省引进近江牡蛎，在天津市半咸水盐碱地区开展推广养殖，并逐步构建了与凡纳滨对虾的生态混养模式，降低了池塘养殖水体的富营养程度，并且提高了单位水体的综合效益（图 13-1）。

图 13-1　近江牡蛎

二、主要做法

在天津，近江蛏的养殖方式主要有 2 种：与鱼虾等养殖对象搭配，开展盐碱地池塘生态养殖；在水体富营养化河流的边坡进行播苗养殖，可收获蛏子，也能净化河道水质。

（一）盐碱地池塘生态养殖

1. 养殖区域

近江蛏池塘养殖区域主要分布于宁河七里海、西青王稳庄、大港古林街及海滨街等地，另外，静海、津南等地也有零星分布。

2. 养殖模式

近江蛏与凡纳滨对虾的盐碱地池塘生态养殖模式。

3. 养殖技术流程

（1）池塘整理　单个池塘面积一般 0.5～3.0 公顷，清除池底污泥、杂质，翻耕底泥，翻耕深度 20～30 厘米，曝晒。沿垂直于进排水方向在池底构筑蛏畦，畦宽 2～3 米，畦和畦之间以沟相隔，沟宽 5～10 米，沟深 50～60 厘米。有独立的进、排水渠，在池塘的相对两侧，修建进、排水闸门。使用生石灰消毒，排干池水后均匀撒于池底及边坡，不得使用违禁药物。消毒 10 天以后进水，水体透明度应大于 50 厘米，首次进水至畦面水深 10～20 厘米。采用无机肥或生物肥培养基础饵料，或利用周边富含藻类的水源。每 1 公顷水面配置 3.0 千瓦充气泵 1 台、1.5 千瓦叶轮式增氧机 3 台，配备小船或竹筏。

（2）苗种放养　蛏类苗种于 3 月底至 4 月初投放，凡纳滨对虾苗种在 5 月中下旬投放，水温达到 20℃以上时放苗，放苗时应选择晴朗、无大风天气。近江蛏实养面积不超过池塘水面面积的 20%，放养密度 200～300 粒/米²（图 13-2、图 13-3）。

（3）养殖管理　午后开启增氧机 2 小时，夜晚落日至次日清晨开启充气泵及增氧机，雾天或雨天延长开机，保持溶解氧含量不低于 4 毫克/升。依靠换水和使用微生态制剂进行水质调控。养殖前期以添加水为主，每次添加 10～15 厘米，至畦面水深 50～100 厘米。7 月中旬以后，每 5～10 天换水 1 次，每次更换池塘总水量的 15%～20%。每日早晚巡塘，观察水色、对虾的活动情况、残饵剩料，每 10～15 天检查近江蛏的生长及活力（图 13-4）。

图 13 - 2　近江蛏苗种

图 13 - 3　养殖池塘播苗

图 13 - 4　近江蛏采样检查

春季畦面水深 30～50 厘米，夏季高温期应提高水位至畦面水深 50～100 厘米，秋季保持畦面水深 20～40 厘米。每 2～3 天，测量水温、透明度、盐度、溶解氧、酸碱度、氨氮、亚硝酸盐等常规水质指标，镜检观察池内浮游生物种类及数量变化，记录天气、水质、生长、投入品、换水等情况，并做好养殖生产记录。

（4）采捕　9 月至 10 月，对虾收获后，近江牡蛎壳长大于 5 厘米即可采捕（图 13-5）。

图 13-5　近江牡蛎采收

（二）河道边坡生态增养殖

由于河道中水体大，不容易缺氧，因此不用安装增氧设备，该种方法的关键即选择边坡较缓且底质适宜的河道。

以子牙新河中下游（沙井子段）为例，该区域处于半咸水区域，盐度周年变化为 3～6，在 2020 年 1—2 月天津市生态环境局的断面考核中水质未达标，计划构建以近江牡蛎为核心功能群的海水生物修复技术体系，并于 4 月由浙江温岭购入苗种投放于子牙新河。2020 年底，该河段水质实现消劣，至次年 5 月，子牙新河近江牡蛎规格 43 粒/千克，存活率 62.3%。

河道边坡生态增养殖近江牡蛎为政府行为，近江牡蛎长大后，允许周边村民在增殖区内采捕，每人日采捕量可达 20～50 千克，丰富了村民的餐桌，提高了生活水平。同时，牡蛎类的成功增殖，显著改善了河流水质，为构建适宜于本地的基于滤食性贝类的生态湿地提供了重要基础。

三、主要成效

截至目前，近江蛏的盐碱地池塘生态养殖零星分布于大港、宁河、西青等半咸水盐碱地区域，由于推广时间短，养殖水面面积尚不大，仅 26.67 余公顷，但已初步显现其经济、生态与社会价值。

（一）经济效益分析

近江蛏与凡纳滨对虾在盐碱地池塘的生态养殖能够获得丰厚的养殖利润。利用养殖水体的营养成分，以单细胞藻类为中转，同化入滤食性贝类的有机体，使贝类迅速生长；近江蛏的滤食可以减少水体中氨氮、亚硝酸盐等有毒物质的累积，提高水体透明度，有利于对虾的健康生长。保守估计，每公顷产值 105 000 元以上，纯利润 63 000 元，对比普通的白对虾养殖方式，利润增加 42 000 元左右（表 13 - 1）。

表 13 - 1　近江蛏与凡纳滨对虾盐碱地池塘养殖预期经济效益分析

种类	产量 （千克/公顷）	价格 （元/千克）	产值 （元/公顷）	成本 （元/公顷）	纯利润 （元/公顷）
近江蛏	3 000	20	60 000	18 000	42 000
对虾	750	60	45 000	24 000	21 000
合计	3750	28	105 000	42 000	63 000

（二）生态效益分析

滤食性双壳贝类均具有碳汇作用，也可移除水体中氮、磷，降低富营养化，减少赤潮的发生。目前，对于菲律宾蛤仔的生态功能研究比较清楚，蛏类的生态功能与蛤仔类似。以菲律宾蛤仔为例：

1. 碳汇作用

渔业碳汇可以定义为：通过渔业生产活动促进水生生物吸收水体中的二氧化碳，并通过收获把这些已经转化为生物产品的碳移出水体的过程和机制。

根据已有的研究结果，菲律宾蛤仔软体组织中碳占软体组织干重的 42.84%，占全湿重的 3.23%；贝壳中碳占贝壳干重的 11.40%，占全湿重的 5.13%，则 100 吨菲律宾蛤仔软体组织中碳的干重＝100×3.23%＝3.23 吨，贝壳中碳的干重＝100×5.13%＝5.13 吨，每养殖 100 吨菲律宾蛤仔，可通过收获移除碳的总干重为 8.36 吨。

2. 移除水体中氮、磷

浮游植物通过光合作用吸收水中氮、磷，菲律宾蛤仔滤食浮游植物移除水体中氮、磷，降低富营养化，减少赤潮的发生。根据已有的研究结果，菲律宾蛤仔软体组织中氮占软体组织干重的 10.76%，占全湿重的 0.76%；贝壳中氮占贝壳干重的 0.56%，占全湿重的 0.43%。100 吨菲律宾蛤仔软体组织中氮的干重＝100×0.76%＝0.76 吨，贝壳中氮的干重＝100×0.43%＝0.43 吨，生产 100 吨菲律宾蛤仔相当于从水中移出氮的总干重为 1.19 吨。另外，移除的磷元素重量约为氮元素的 10%，即生产 100 吨菲律宾蛤仔相当于从水中移出磷的总干重为 119 千克。

（三）社会效益分析

基于近江蛏的盐碱地池塘生态养殖具有高效、稳定的产出，贝类长大后，附近居民可有序采收、增加收入。该养殖方式可以促进盐碱地池塘养殖业的良性发展，降低病害暴发频率，提高产品的品质和质量安全。

另外，近江蛏无法用机器设备采收，必须用人工挖掘采捕，属于典型的劳动密集型产业，每公顷采捕成本约 15 000 元，需要人力较多。在天津及周边地区，近江蛏采捕时间一般为 11—12 月，此阶段正是农闲期，可显著增加当地农民的额外收入。

四、经验启示

盐碱地一般不适于农业种植，但适于开展特色的水产养殖。一般情况下，农业种植水稻等作物的每公顷利润不超过 15 000 元，且受气候影响很大，但如果开展水产养殖则单位面积纯利润会大得多。盐碱地半咸水区域一般水质较肥，养殖投饵型的鱼、虾容易导致水体富营养化，造成减产甚至绝产。针对此情况，提出以下建议：

（1）摒弃"盐碱荒滩"的传统观念　盐碱地是宝地，其可养殖种类多于淡水池塘及咸水池塘，养殖产量也较高，经济产出完全可以超越淡水区域。开发"盐碱荒滩"的水产养殖潜力，变废为宝，可提高养殖户收入，丰富群众的餐桌，创造可观的经济效益、生态效益及社会效益。

（2）在盐碱地水域引进滤食性贝类与鱼虾类进行生态混养　半咸水池塘适合多种贝类的养殖，除近江蛏外，缢蛏、青蛤也能适应盐度 10 左右的半咸水，可以引进养殖，提高池塘养殖效益。

（3）有关部门出台相应政策支持　目前，在天津市滨海新区尚有大片荒芜的盐碱地，建议相关部门制定政策，鼓励养殖户承包并开垦成养殖池塘，开展贝类及鱼虾类的养殖提高个人收入，为疫情后全市经济的繁荣向好贡献一份力量。

天津农学院　郭永军　李永仁

14

天津盐碱地工程化水产养殖

一、基本情况

天津地区历史上曾经是海，随着海陆变迁，海水中大量可溶性盐聚集在土壤中，由于蒸发而使土壤盐分浓度增大，形成滨海型盐碱地。目前，天津市除蓟州区和宝坻北部地区外，土壤基本属滨海型盐碱地。受土壤的影响，滨海型盐碱地水质呈现矿化度高、碳酸盐碱度高、硬度高、pH 高"四高"特征，水化学类型多样，水质缓冲性能差，给水产养殖业带来极大的影响。天津的盐碱水资源的定义范围是界定在盐度大于 1 的水。天津是一个缺水型城市，每年的降水量低于蒸发量，城镇居民用淡水靠引滦、引黄和南水北调供给，2013 年供给 23.76 亿米^3。与此同时，天津的盐碱水资源相对较丰富，由于天津大部地区属于海积冲积平原，土壤盐碱化总面积大，而地表径流以及地下渗出的地表水大多属于盐碱水。盐碱水的资源统计大致分为地表水和浅层地下水。由于地下水限采的可持续发展政策，今后的地下盐碱水开发将受到一定的控制。

根据《天津市地质环境图集》天津市平原区浅层淡水厚度级咸水底界埋藏深度等值线图，在宝坻断裂以南的冲积和冲积海积平原广泛分布咸水，有咸水区面积约占全市面积的 63%，其中矿化度大于 3 克/升的咸水占 49%。地表盐碱水资源的推测方法：根据《天津市地质环境图集》天津市平原区浅层淡水厚度级咸水底界埋藏深度等值线图，界内的水库、坑塘即为可利用的盐碱地表水面积。从百度地图截图后，photoshop 拼合为高分辨率地图，将咸水区范围与地图重合，利用像素点按比例估算阴影中的面积，得到盐碱水面积大约 2.24 万公顷。估算精度为 0.07 公顷以上水面。

二、主要做法

（一）技术原理

天津作为我国北方具有代表性的水产养殖大省，在工厂化海水鱼类养殖方面具有得天独厚的优势，拥有良好的开口饵料和丰富的卤水资源；在市场方面，作为我国北方最重要的水产品集散地之一的天津，鲆、鲽等名贵海水鱼具有巨大的市场空间，但随着产业的迅速发展，渔业生产空间拓展、产品质量保障和生产效益提升等核心技术体系不完善，集成创新能力不足等问题日益凸现，制约了海水养殖业可持续发展。天津市海水养殖业经政府十余年的科技政策引导和扶持，开展海水工厂化循环水养殖车间建设。海水工厂化循环水养殖指利用机械、生物、化学和自动控制等现代技术装备起来的车间进行水生动物集约化养殖的生产方式。对使用过的养殖水，通过物理、化学、生物等方法，进行无害化处理后，符合无公害健康养殖水质要求，再用于养殖。它是天津市发展工厂化养殖新模式技术、提高节能节水、生态环保水平的必由之路，是推动中小型水产企业快速成长和渔业产业结构优化的加速器，为最终实现海洋渔业健康可持续发展提供保障。

（二）技术要点

1. 环境条件和设施

（1）场址　选择环境安静、水资源充足、周围无污染源、交通供电便利、公共配套设施齐全的地点，并符合 GB/T 18407.4—2001 的规定。取水水源和水质符合 GB 11607—1989 的规定，养殖用海水符合 NY 5052—2001 的要求。

（2）养殖车间　养殖车间与水处理车间分开布置，设独立的水处理车间，或者水处理设施设备与养殖池一体布置。养殖车间做好屋顶保温、外墙保温及门窗保温等。

（3）养殖池　循环水养鱼池设计为边长 4～10 米的方形圆角池，池深1.5 米，设计为锥形池底，排水口位于池底中央。建造养殖池的材料要求耐水、无毒、表面光滑易清洗和消毒，在使用前将内壁涂一层环保型涂料。养殖池进水管沿池壁切向进水，将池底残饵、粪便冲起，及时排污。污水通过处理后再进入养殖池。

（4）循环水系统

A. 物理过滤单元　采用微滤机或者弧形筛，将残饵、粪便等固体和高浓度的杂物实时分离出去，减轻下一流程的处理负荷。利用蛋白分离器将无法分离的悬浮物及胶质蛋白等细小杂质分离出去。蛋白分离器：入水直径一般为 32～160 毫米，出水直径为 63～250 毫米，流量为 5～130 米^3/时。

B. 生物净化单元　生物滤池多为浸没式，由多级串联而成，通常采用立体弹性填料、立体网状填料、生物球、生物陶粒等生物载体，比表面积大于养殖系统的生物承载量的 25% 左右。生物滤池在使用前 30 天加水进行内循环运转，接种活菌制剂或培养野生菌种，主要为硝化细菌，使生物载体上形成明胶状生物膜，生物载体上生物膜的活性厚度保持在 70～100 微米范围，膜的总厚度应控制在 200 微米以下。生物滤池与养殖池水体体积之比应不小于 1:1，生物滤池内溶解氧浓度不低于 5 毫克/升。

C. 消毒杀菌单元　杀菌方式目前主要有臭氧杀菌和紫外线杀菌两种。紫外线杀菌时最有效波长为 240 纳米，一般选 240～280 纳米的灯管即可。安装臭氧发生器，并辅助添置臭氧流量计，保证臭氧的投入浓度 0.08～0.2 毫克/升，治疗浓度 1.0～1.5 毫克/升。

D. 增氧单元　在室外建液氧站将纯氧引到养殖系统中，配套减压阀、蒸发器、控制阀、流量计、液位显示及输氧气管路等，将液氧汽化变成气态氧气输送到各用氧气车间。纯氧溶解方式采用管道溶氧器，由圆柱形容器、射流器、螺旋式混合器及氧气回收装置构成。经过增氧单元的水体溶解氧浓度不低于 5 毫克/升。

E. 水质监测单元　水质在线实时监控设备主要由数据采集设备、中央处理设备和报警设备组成，数据采集设备由位于养殖系统内各采集点的探头组成；中央处理设备为电脑终端，负责数据的储存、指令的发布及数据的传送等；报警设备主要是指声光报警器，水质在线实时监控能实现整个养殖系统的智能化管理，极大地降低了养殖风险。水质监测指标主要有水温、pH、盐度和溶解氧等水质指标。

2. 养殖管理

（1）苗种放养　从国家、市级良种场选择健康、规格整齐的苗种经过检验合格后进行放养，如按照 NY/T 5153—2002、NY/T 5275—2004 和 SC/T 2021—2006 执行。放养前的苗种需经消毒，苗种入池水温和运输水温温差应在 2℃以内，盐度差应在 5 以内。

（2）水质管理　经循环系统处理后的水质指标达到 GB 11607—1989 要

求，进入养殖系统的水质指标：DO（溶解氧）$\geqslant 10$ 毫克/升；pH 8.0～8.2；NH_3-N（氨氮）$\leqslant 0.02$ 毫克/升；COD_{Cr}（化学需氧量）$\leqslant 15$ 毫克/升；SS（固体悬浮物）$\leqslant 10$ 毫克/升；KH 值控制在 11～15。养殖系统控温范围视各养殖鱼类不同，在 16～25℃时，可保证最适生长。

（3）饲料投喂　配合饲料的安全卫生指标应符合 NY 5072—2002、SC/T 2006—2001 和 SC/T 2031—2020 的规定。投饲量根据气候、水温及鱼的摄食情况确定，以不出现残饵为原则。配合饲料日投饲量由幼鱼体重的 5％～8％逐渐减少至成体体重的 1％～2％。投饲次数由养殖初期每日 3～5 次减少至后期每日 2 次。发现摄食不良时，应查明原因，减少投饲次数及投饲量。

（4）日常管理　定期测定盐度、COD、非离子氨、硝酸盐、亚硝酸盐、磷酸盐等水质参数，将各项指标控制在鲆鲽类适宜生长的范围内。经常检查生物膜的微生物组成，统计主要微生物的世代变化周期，确定补充菌种的添加种类和数量。养殖水深控制在 35～80 厘米，日换水量控制在总水量的 10％～15％。

（三）技术特点

天津市海水养殖企业根据天津市自身的水质特点和气候环境，经过多年的探索开发出卤水兑淡水的养殖模式。随着滨海新区海水工厂化养殖规模的不断增加，过度的地下水开采造成养殖区域地下水位下降和地面沉降，在政府科技政策引导和扶持下，天津市大量的工厂化养殖企业正在实现"卤水＋地下淡水＋地热水"流水养殖模式向工厂化循环水养殖模式的转化，把高端的水产养殖技术本土化，引导天津市水产养殖企业采用循环水养殖系统进行工厂化养殖。在循环水设备系统中目前砂滤池、弧形筛、履带式微滤机、框架式转鼓微滤机、臭氧发生器、紫外消毒器、蛋白分离器、液氧罐、AOT（光催化水质净化技术）处理单元等设备已普遍应用，在管道线路设计方面各家均各具特色。部分养殖企业着手安装水质在线自动监控系统，实现水质物联网远程监控。

三、主要成效

（一）经济效益

天津市海发珍品实业发展有限公司主要产品是半滑舌鳎，目前建设完成封闭循环水养殖车间 45 000 米²，循环水养殖系统 70 套，年产量 1 000 吨，产品主要销往北京、天津、广州等大城市，年营业收入可达 9 000 万元，净利润 1 000 万元。

（二）生态效益

运用海发公司最新成果和专利技术、高效养殖工艺及无污染封闭循环水养殖水处理工艺，建立农业生态良性循环，保护和合理利用水资源，减少废弃物造成的二次污染，实现养殖过程稳产、高产、耗能低、耗水少，对环境污染小，通过农业生态良性循环和发展循环经济，促进水产养殖业的可持续发展、保护和合理利用水资源与生态环境。

（三）社会效益

通过海发公司的示范、推广、辐射和带动，改变目前水产养殖业存在的各种弊端，特别是有效减少落后生产方式对海洋资源的巨大浪费和对海洋环境的巨大破坏，示范和引领国内养殖企业自主进行设施设备改造，引导逐步建立规范化、科学化的养殖工艺，促进产业结构优化升级和跨越发展，提升我国海水养殖业的总体技术水平，提高海水养殖业的经济效益。

四、经验启示

（一）加强科技研发，制定工厂化养殖标准

努力打造循环水养殖示范基地，加快科研成果转化，确定养殖密度、饵料投喂、病害管控、运营管理等多方面的技术规范标准，通过立法或行政规定将其转化为行业标准，促进整个产业有序发展。

（二）培育引进新品种，增强品牌化意识

针对目前天津地区鲆鲽类，尤其是主养的半滑舌鳎种质资源退化严重的问题，应重点加强半滑舌鳎的良种选育工作，为产业提供品质良好的半滑舌鳎苗种。大力支持工厂化海水养殖的科技研发工作，鼓励科研机构和企业积极培育适合我国国情的新品种。在品种研发过程中，要树立品牌化意识，打造特色知名品牌，提高产品辨识度，增强国内国外市场竞争力，增加养殖利润。

（三）大力发展循环水养殖模式，保护水资源

严格控制低水平的海水工厂化养殖的规模扩张，坚决遏制过快发展的势头，使其发展与滨海新区环境承载能力相适应。在政府科技政府扶持下，通过引进先进技术和设备，从流水养殖、半封闭循环水养殖逐步改进到全封闭式循环水养殖，在循环水养殖模式的推进建设中，一定要重视养殖技术工艺

与先进设备运转的同步衔接，硬件设备与技术规范、科学管理等软件共同加强，重视产学研各单位间的联合协作，将循环水养殖的优势充分发挥出来，把先进科技转化成先进生产力，切实提升产业养殖效益、生态效益。

天津市水产研究所　贾　磊

15 天津盐碱地观赏鱼养殖

一、基本情况

据 2022 年《中国渔业统计年鉴》统计，2021 年天津渔业经济总产值达到 87.09 亿元，占天津市农业总产值的 15.9%，位于全国各省渔业经济占农业经济产值比例排行榜中第 8 位，远高于全国渔业产值占农业产值的比重（9.9%），天津市渔业经济对推动全市都市农业和美丽乡村建设、振兴农业具有重要作用。2021 年，天津市水产养殖面积 22 723 公顷，其中，海水养殖面积 971 公顷，淡水养殖面积 21 752 公顷，天津市作为滨海大都市，盐碱水土水产养殖业分布在本市除蓟州区以外的 9 个涉农业的区。其中，天津市盐碱地水域观赏鱼池塘养殖面积 433.33 公顷，工厂化养殖面积 24.9 万米^2，年产观赏鱼数量 2.64 亿尾。

天津市盐碱地水域观赏鱼养殖主要为内陆水产养殖和海水养殖。其中，盐碱地水域水产养殖以内陆观赏鱼养殖为主；海水观赏鱼养殖以工厂化车间水族缸养殖为主，在盐碱地水域占比小，可以忽略不计。内陆观赏鱼养殖按养殖方式可以分为精养、套养和稻渔综合种养三种模式，有效带动了农民增收，并改善了土质盐碱情况。

观赏鱼养殖在盐碱地利用方面原理和食用鱼养殖基本相同，但是使用的资源较少，亩产效益和示范带动效应上均优于食用鱼，能有效克服天津市土地承包价格和人工成本价格高、水资源匮乏的地域性困难。

二、主要做法

根据天津市水土盐碱现状，围绕观赏鱼产业发展需求，天津市先后研发和构建了血鹦鹉套养凡纳滨对虾技术模式、小型热带观赏鱼与凡纳滨对虾混养模式、透明鳞草金鱼稻田综合种养技术模式，并进行了推广应用，取得了较好的经济效益、生态效益和社会效益。现将主要做法总结如下：

（一）血鹦鹉套养凡纳滨对虾养殖技术模式

（1）池塘条件与设施　池塘面积为 0.47 公顷，池底平坦，淤泥厚度约 15 厘米。池塘配备水车式增氧机和叶轮式增氧机各 1 台，功率均为 1.5 千瓦，配置投饵机 1 台。

（2）进水调水　养殖用水入塘前需经 80 目筛过滤。6 月 12 日先向池塘进水 1 米左右，后期加水至水深 1.5 米左右，调节控制水体水质指标符合养殖用水标准。

（3）苗种投放　6 月 15 日投放虾苗 10 万尾，规格为 1.5～2 厘米，7 月 9 日投放 3.36 万尾全长为 7～8 厘米的血鹦鹉，鱼种下塘前用 3% 的食盐水浸浴 5 分钟进行消毒，运输水体温度与池塘水温温差不超过 2℃。

（4）饵料投喂　每天 07：00、10：00、14：00 和 16：00 各投喂一次，投喂总量为鱼体重 5%～7%。养殖期间只投喂鱼料，不投喂虾料。

（5）水质管理　在高温季节时，每天往养殖池塘中加新水 3～5 厘米；每 10～15 天使用微生态制剂芽孢杆菌调水 1 次。每 3 天需检测 1 次水质指标，做好记录。养殖周期内，水质指标为溶解氧 6～8 毫克/升，氨氮 0.2～0.5 毫克/升，亚硝酸盐氮 0.05～0.27 毫克/升，pH 6.0～8.5。

（6）疾病防治　预防为主。在日常饲料中，拌入天津市水产研究所研发的非特异性免疫制剂，添加量为 0.1%，投喂 7 天，停 7 天；每月定期投喂护肝药料 1 次，一般 1 次需连续投喂 5 天。

（二）小型热带观赏鱼与凡纳滨对虾混养模式

红剑鱼、燕尾黑玛丽鱼均为卵胎生小型观赏鱼，性情较为温和、适应性强、食性杂、适宜生长条件与凡纳滨对虾相似，且小型观赏鱼生存空间为养殖水体中上层，繁殖能力强，平均每月可产鱼 1 次，市场需求旺盛，与凡纳滨对虾混养时，可以摄食残饵和水中的浮游生物及其他悬浮物等，对改善养殖水域环境具有积极作用。

1. 红剑鱼与凡纳滨对虾混养

4 月中上旬进水，主要水源为养殖企业净化处理的养殖用水，水质主要指标为：pH 8.2～8.4、氨氮 0.05 毫克/升以下、亚硝酸盐 0.01 毫克/升以下、透明度 30～35 厘米、溶解氧 5 毫克/升以上。注意进水前需用 80 目筛绢网包裹好抽水泵和出水口，防止敌害生物进入池塘。定期使用微生态制剂、生物肥调控水质，使水中饵料生物长期处于较为丰富的水平，养殖中后期只补水不排水，防止刚出生的小鱼逃逸。

5月上旬分别向0.27公顷池塘中投入规格为1.2厘米左右的凡纳滨对虾80 000尾、红剑鱼亲鱼12 000尾。红剑鱼亲本要求体态端正、鳍条完整发达、游姿优美，体长为7~8厘米，雌雄比例为1∶1。凡纳滨对虾苗种要求规格整齐、体色正常、体质健壮、活力强。

2. 燕尾黑玛丽鱼与凡纳滨对虾混养

养殖温棚池塘0.67公顷，长方形，东西走向，池底平坦，底泥厚约15厘米，具有独立的进排水管道，配置1.5千瓦水车式增氧机2台、投饵机1台。

5月中旬投放燕尾黑玛丽鱼种鱼40 000尾，雌雄比例为1∶1。种鱼为优质亲鱼，体态端正，色泽纯黑，体长5~6厘米。5月28日投放凡纳滨对虾苗40万尾，体长为1.2~1.5厘米。

3. 饲料投喂

日常投喂以凡纳滨对虾料为主，蛋白质水平为42%。每天07∶00、11∶00、16∶00、20∶00各投喂1次，投喂量为虾体重6%~8%。具体投喂量根据其摄食、水质及天气情况适度调整。

红剑鱼、燕尾黑玛丽鱼为杂食性动物，性情温和，在繁殖期间，注意池塘饵料生物的培养，仔鱼以池塘中的浮游生物、饲料碎屑等杂质为食，不单独进行投喂。

4. 病害防治

病害防治以预防为主，在虾病易发季节，可在虾料中添加"虾康宝"，添加量为0.1%，每周1次，连续投喂2次，以提高养殖对象的非特异性抗病能力。

（三）透明鳞草金鱼稻田综合种养模式

透明鳞草金鱼是天津市观赏鱼技术工程中心利用杂交育种技术选育出的一种具有透明鳞片、黑眼特征的红草金鱼，俗称"冷水鹦鹉"，目前该鱼的选出率为70%~80%（图15-1）。

1. 稻渔综合种养系统改造

（1）稻田清整。稻渔综合种养系统面积为20公顷，0.6~0.8公顷稻田地

图15-1 透明鳞草金鱼与普通草金鱼

为一个管理单元。上水渠宽度为 1 米左右，深度为 0.5～1.0 米；排水渠
（暂养区）宽度为 8 米，其他排水渠宽度为 1.0～1.5 米，深度为 1.0～1.2
米；上水渠和排水渠的长度一般为 600～700 米。

（2）每个管理单元（单块稻田地）内分别设置上水管和下水管，上下水
管均安装 20 目网布拦截网袋，用以防止敌害生物进入稻田或者养殖动物逃
出养殖区域。

（3）加高加固田埂，使其田埂顶部高出田面 30 厘米以上，具体池塘改
造布局参考图 15 - 2。

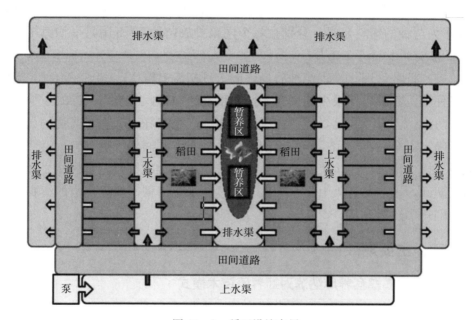

图 15 - 2 稻田设施布局

2. 透明鳞草金鱼稻田综合种养技术

（1）稻渔综合种养系统 面积为 20 公顷。

（2）水稻栽培 种植水稻品种为"津源 89"水稻，适宜的插秧密度为
行距 30 厘米，株距 15～18 厘米，每穴 3～5 苗。

（3）投苗前准备 投苗前稻田一般施 2 次肥：5 月 10 日左右施发酵后
的猪、牛、鸡粪底肥 1 次，约 375 千克/公顷；6 月初（分蘖前）施有机肥
187.5 千克/公顷。待水中浮游生物大量繁殖时，鱼苗可下塘。稻田里的水
位一般应保持在 5～10 厘米，养殖后期当天气炎热、稻苗长高时，可适当增
加水位到 20 厘米。一般施用低毒的生物制药，待养殖用水测试安全后再投

放苗种。透明鳞草金鱼苗种为天津市水产研究所自繁苗种，投放苗种前，应人工强化培育到 4 000 尾/千克，平均规格为 0.25 克/尾。5 月中下旬，在稻田排水渠暂养区中，安装 2 个网箱，网箱规格均为 60 米×4 米×1 米，网箱养殖面积共计 480 米²。箱底四周用沉物拉展网衣，安装时将箱体四角用锚绳固定。网箱设置的位置应遵循尽可能多地紧靠稻田下水管位置的原则。

（4）苗种投放　6 月 17 日，将 120 万尾透明鳞草金鱼投放到排水渠暂养区中，投放密度为 60 000 尾/公顷，平均每尾规格为 0.25 克，当稻田上水时，透明鳞草金鱼会自行游进入稻田地里和上水渠中进行觅食，养殖周期一般不需要投喂人工配合饲料。6 月 24 日，当网箱四壁生有一层绿色青苔（可作为苗种的饵料）时，分别往每个网箱投放苗种 50 万尾，平均每尾规格为 0.25 克，共计 100 万尾。

（5）日常管理　投入苗种后，一般 7 月初需追施 12.5 千克复合肥 1 次。一般种植、养殖后期很少施用药物，如稻谷遇病害，可施用低毒的生物制药进行防治，为安全起见，施药前应做预实验，观察养殖动物对药物的具体反应，确定安全后再施用。养殖周期内，一般不需要额外投喂饲料，透明鳞草金鱼只摄食稻田和边沟里的浮游生物和其他可摄食的饵料。自插秧之日起到晒田期间，平均每 2 天上下水 1 次。通过放水，将稻田地里丰富的饵料生物放到网箱中进行利用。

三、主要成效

（一）血鹦鹉套养凡纳滨对虾养殖技术模式

经过 3 个月的养殖，9 月中旬出池。血鹦鹉收获 31 920 尾，均为商品鱼，平均全长为 11.33 厘米，按 5 元/尾进行销售，销售收入为 15.96 万元；凡纳滨对虾收获 680 千克，每千克 40 元，销售收入为 2.72 万元；除去养殖成本共计 12.03 万元（苗种费 8.55 万元、饲料 2.5 万元、消毒药费及其他 0.98 万元）外，0.47 公顷养殖池塘纯利润为 6.65 万元，平均每公顷利润为 14.15 万元，经济效益可观。

（二）小型热带观赏鱼与凡纳滨对虾混养模式

1. 凡纳滨对虾和红剑鱼混养模式

凡纳滨对虾产量为 820 千克，60 元/千克；红剑鱼 40 万尾，0.25 元/尾；总销售收入 14.92 万元。除去饲料费等成本费用 5.83 万元，纯利润可达 9.09 万元，每公顷平均纯利润可达 34.05 万元。

2. 燕尾黑玛丽鱼和凡纳滨对虾混养模式

燕尾黑玛丽鱼 70 万尾，凡纳滨对虾 1800 千克，总销售收入为 40.59 万元，去除成本 5 万元，纯利润为 35.59 万元，平均每公顷利润为 53.4 万元。

（三）透明鳞草金鱼稻田综合种养技术模式

1. 透明鳞草金鱼收获

（1）稻田透明鳞草金鱼收获　10 月下旬，用地笼或拉网进行捕捞草金鱼。养殖 125 天后，鱼的平均体长为 6.23 厘米，平均体重为 15.48 克，产量为 9 600 千克，平均每公顷产 480 千克，出售价格为 28 元/千克，销售收入为 268 800 元，去除苗种等成本 24 000 元，纯收入 244 800 元。

（2）网箱中透明鳞草金鱼收获　收获时，将网箱缓慢收聚在一起，将鱼赶在一角处进行捕获。养殖 118 天后，透明鳞草金鱼平均体长 3.89 厘米，平均体重 1.91 克，产量 1757.2 千克，价格 24 元/千克，销售收入 42 172.8 元，去除网衣和鱼苗等成本费用 22 000 元，纯收入可达 20 172.8 元。稻田和网箱草金鱼纯收入共计为 264 972.8 元，每公顷纯收入为 13 248.6 元。

2. 稻米收获

稻谷平均每公顷产 11 475 千克，每千克稻谷 2.66 元，每公顷收入 30 523.5 元，去除每公顷种植成本 24 750 元，每公顷稻谷种植利润为 5 773.5 元。透明鳞草金鱼稻田综合种养模式每公顷种植、养殖利润为 19 022.1 元。

四、经验启示

天津市盐碱地水域观赏鱼养殖品种繁多、模式多样，为"三农"发展提供了新方向并带动了农民增收、农业增效、乡村振兴。天津市观赏鱼产业的发展对都市农业的发展具有促进作用，且对盐碱地的改良和综合利用具有积极意义，适宜在全国推广。

天津市水产研究所　姜巨峰

16

河北盐碱池塘大宗淡水鱼
绿色高效养殖

一、基本情况

本部分阐述了滨海型盐碱地池塘利用洗盐排碱水进行大宗淡水鱼养殖的池塘条件、水质要求、苗种放养及饲养管理等，适用于唐山市滨海型盐碱地池塘大宗淡水鱼养殖。

曹妃甸地处滨海区域，受海水影响土壤盐渍化严重，形成了大面积的盐碱地。为了保障水稻种植生产顺利进行，每年需引入淡水冲洗土体表层盐分（泡田），而因此产生大量高盐度农业废水，无法在生活、生产上继续利用，任意排放易造成盐碱面源污染，危害下游生产生活。大宗淡水鱼绿色高效养殖需要大量养殖用水，而养殖农用水有限，形成与稻田养殖争水的问题。利用稻田浸泡水开展节水渔业养殖，解决了两方面问题：一是盐碱废水集中管理，可降低排出废水对环境的危害，体现了较好的生态环保意义。二是解决了大宗淡水鱼绿色高效养殖与稻田养殖争水的问题。每年大田1月开始泡田，4月中下旬抽水至池塘，开展盐碱地独具特色的淡水养殖。

盐碱地大宗淡水鱼绿色高效养殖模式是目前唐山市盐碱地开发利用的主要养殖模式，并且已经被纳入唐山地区的主推模式。唐山市水产技术推广站与中国水产科学研究院东海水产研究所联合开展盐碱地土壤调查、盐碱水质综合改良调控技术研发与养殖模式构建等研究已经多年，针对唐山地区氯化物型盐碱水盐度跨度大（1～35）、高pH等水质特点以及养殖品种结构等问题开展了深入研究，为唐山市盐碱地水产养殖奠定了基础。多年来，曹妃甸区通过合理利用盐碱水资源，研创出多种环保、高效的种养模式，现已形成2.13万公顷稻田、0.73万公顷淡水养殖的盐碱地特色农业，使得曹妃甸区实现盐碱资源开发和利用最大化的同时，也促进了其农业产业结构转型升级，带动了当地农民致富。

在众多养殖模式中，盐碱水大水面开展大宗淡水鱼绿色高效养殖模式以养殖成功率高、风险低、收益高等优势成为合理开发利用盐碱地的典型模式，养殖面积 0.2 万公顷。主要分布在一农场、唐海镇、三农场、四农场、五农场、六农场、八农场、九农场、十农场、十一农场、滨海镇。

二、主要做法

（一）池塘条件

（1）面积及水深　面积 0.33～1.00 公顷，水深宜为 1.5～2.0 米。

（2）池型及坡比　池塘宜为东西走向的长方形，长宽比为 5∶3 到 3∶1。池埂坡比在 1∶2.5 到 1∶2.0。

（3）底质　池底平整，淤泥深度小于 20 厘米。

（4）进、排水系统　池塘应有独立的进、排水系统，分设池塘两端。进、排水口设有闸门，单独控制每口池塘水位。进水渠设在鱼池常年水位线以上；排水渠应低于池底，并设有防逃设施。

（二）水质要求

（1）水源水质　3 月初进水泡田、洗田，水面漫过稻田 5 厘米以上。4 月中旬排出洗田水，汇集到养殖池塘。水源充足，水质清新，排灌方便。水质应符合《渔业水质标准》（GB 11607—1989）的规定。

（2）池塘水质　养殖用水透明度 20～30 厘米，pH 7.5～9.0，溶解氧不小于 4 毫克/升，矿化度小于 10 克/升。

（三）施肥

（1）施肥时间　春季补入新水后，及时施用发酵腐熟有机肥培肥水质。

（2）施肥量　滤食性鱼类鲢、鳙等为主的池塘施肥 3 000～4 500 千克/公顷；吃食性鱼类鲤、鲫等为主的池塘施肥 1 500～2 250 千克/公顷；水质偏瘦时，追施有机肥或化肥，使总氨含量达到 0.25 毫克/升以上，抑制三毛金藻的繁衍。

（四）苗种放养

（1）鱼种选择　选择规格整齐、体质健壮、体表完整、无畸形、无病无伤的鱼种放养。

（2）放养品种的选择　不同矿化度水质适宜放养的品种见表 16-1。

表 16 - 1　不同矿化度水质适宜放养品种

矿化度（克/升）	适宜放养品种
1～3	鲤、鲫、鲢、鳙等
3～5	鲤、鲫、梭鱼等
5～8	梭鱼等

（3）放养模式　盐碱地池塘主要放养模式见表 16 - 2。

表 16 - 2　盐碱地池塘主要放养模式

模式类型	放养品种		混养比例（%）	放养规格（克/尾）	放养密度（尾/公顷）
I	鲤为主养	鲤	60～65	80～120	22 500～27 000
		鲢	15～20	100～120	1 500～1 800
		鳙	5	250～500	750～900
		鲫	10	60～120	7 500～9 000
		梭鱼	5	250～300	750～1 500
II	鲤为主养	鲤	85～90	80～120	22 500～27 000
		鲢	5～10	100～120	2 250～3 000
		鳙	5	250～500	750～900
III	鲫为主养	鲫	85～90	60～120	7 500～9 000
		鲢	5～10	100～120	2 250～3 000
		鳙	5	250～500	750～900

（4）放养时间　本地鱼种放养时间在 3 月中下旬或 4 月初，水温回升并稳定在 12℃以上。放苗时间选择在晴天上午及傍晚。

（5）鱼种消毒　按《淡水鱼苗种池塘常规培育技术规范》（SC/T 1008—2012）规定执行。

（6）放养方法　在上风处离池塘岸边 1 米处分散投放鱼种，避免集中在一个地方投放。

（五）饲料投喂

（1）饲料要求　以投喂配合饲料为主。配合饲料应符合《无公害食品 渔用配合饲料安全限量》（NY 5072—2002）的规定。

（2）投喂量　4 月投饵率为 2%～3%，5—9 月投饵率为 3%～5%，10 月后投饵率为 1%～3%。

（3）投喂时间　饲料投喂次数 2～4 次。3—4 月和 10—11 月投喂 2 次，投喂时间 09：00、17：00；5—9 月投喂 4 次，投喂时间 06：00 和 10：00、14：00 和 17：00。每次投喂持续时间 40～60 分钟（图 16-1）。

图 16-1　大宗淡水鱼池塘投喂

（六）水质调控

（1）换水　鱼种放养前 5～7 天注水 1.5 米左右，以后每周加水 5～10 厘米，6 月底前加到最高水位 2.0 米以上；7—10 月根据水质状况每 10～15 天换水一次，每次换水量为池水的 1/5～1/3。

（2）使用微生态制剂　7—9 月每 10～15 天施用一次光合细菌、乳酸杆菌、芽孢杆菌等微生态制剂。

（3）水体消毒　每 10～15 天全池消毒一次。消毒剂使用应和微生态制剂使用错开 5～7 天。pH>8 时，施用酸性化学物质进行消毒。

（4）水体增氧　每公顷水面配置 6～7.5 千瓦增氧机。依据"晴天中午、阴天次日清晨、连绵阴雨半夜开增氧机，傍晚、阴雨天中午不开增氧机"的原则适时开、关机，天气炎热、阴雨天时适当延长开机时间（图 16-2）。

（七）病害防治

1. 综合预防措施

（1）采取彻底清塘、加注新水、换水排污及使用水质调节改良剂等措施，改善池塘水质条件，营造良好的养殖水体环境。

（2）做好池塘、鱼体、食场、工具消毒。

（3）放养健康的苗种，控制适宜的放养密度和合理的养殖组群。

图 16-2　大宗淡水鱼池塘全自动风送投饵机和叶轮式增氧机

（4）拉网、转塘应小心操作，避免鱼体受伤。

（5）投喂优质颗粒饲料。

2. 药物预防

4—10 月，每 15～20 天泼洒生石灰一次。

（八）日常管理

每天早、晚各巡塘 1 次，观察池塘的水位变化、水色变化、养殖品种的摄食和活动情况，有无病害发生，检查防逃设施是否完好，发现问题及时处理。做好养殖记录、用药记录，按照《水产养殖质量安全管理规范》（SC/T 0004—2006）的规定执行。

（1）完整记录苗种放养、投饲、用药及轮捕轮放等情况。

（2）对发病池塘及生病或带有病原的动物要进行隔离、处理，防止病害传播。

（3）每月检查鱼类生长情况，及时调整日投饲量。

（4）及时了解市场情况和鱼类生长情况，做到及时上市。

三、主要成效

以 2022 年为例，大宗淡水鱼盐碱水绿色高效养殖技术模式在唐山市曹妃甸区示范区取得较好的成效，典型案例选择曹妃甸区五农场坨东村的大宗淡水鱼盐碱水绿色高效养殖。养殖地点选在曹妃甸区五农场坨东村 56.67 公顷，放苗情况见表 16-3，养殖效益情况见表 16-4。

表 16-3 曹妃甸区淡水鱼绿色高效养殖技术模式放苗统计

年度	示范面积（公顷）	品种	放苗平均规格（克）	每公顷放苗密度（尾）	放苗总量（万尾）	单价（元/尾）	放苗总成本（万元）
2022 年	56.67	鲤	125	22 500	127.5	1.3	165.75
		白鲢	500	1 200	6.8	3.5	23.8
		花鲢	500	600	3.4	6.0	20.4
		鲫	50	4 500	25.5	0.8	20.4
		梭鱼	150	2 250	12.75	2.3	29.33
		小计	—	—	175.95	—	259.68

表 16-4 曹妃甸区淡水鱼绿色高效养殖技术模式养殖效益统计

年度	示范面积（公顷）	品种	总产量（吨）	每公顷产量（千克）	总产值（万元）	每公顷产值（元）	总效益（万元）	每公顷效益（元）	总成本（万元）	每公顷成本（元）	新增产量（吨）	新增产值（万元）	新增效益（万元）
2019—2021 年	56.67	鲤	1 304.75	18 000	151 200	1 000.88	167.96	29 640	832.92	146 985			
		白鲢		1 125	3 375								
		花鲢		1 500	3 750								
		鲫		1 500	12 000								
		梭鱼		900	6 300								
2022 年	56.67	鲤	1 912.5	26 700	245 640	1 777.86	468.18	83 700	1 309.68	231 120	607.8	777.0	300.2
		白鲢		2 250	9 000								
		花鲢		1 500	19 500								
		鲫		1 800	21 600								
		梭鱼		1 500	18 000								

2022 年度，每公顷放规格 125 克鲤苗种 22 500 尾，每公顷放规格 500 克的白鲢苗种 1 200 尾，每公顷放规格 500 克的花鲢苗种 600 尾，每公顷放规格 50 克的鲫苗种 4 500 尾，每公顷放规格 150 克的梭鱼苗种 2 250 尾。放苗总量 175.95 万尾，放苗总成本 259.68 万元。

2022 年度，新增产量 607.8 吨，新增产值 777.0 万元，新增效益 300.2 万元。经济效益比较 2019—2021 年提高 1.8 倍。

大宗淡水鱼盐碱水养殖充分利用了稻田的泡田水，实现了废水集中管理。一是养殖池塘 34 个，解决养殖就业人员 17 人，年均收入 3.6 万元；二是解决了淡水池塘养殖与稻田养殖争水的问题；三是可降低排出废水对周边环境的危害，生态环保意义明显；四是大宗淡水鱼盐碱水养殖属于节水渔业，降低了成本，节约了资源；五是还带动了苗种、饲料、渔药、运输、销售等相关行业的发展，间接解决就业人员 100 余人。综上所述，该模式取得了很好的社会效益和生态效益（图 16 - 3）。

图 16 - 3　大宗淡水鱼收获

四、经验启示

（1）建议开展测水养殖，定期检测池水理化因子。

（2）在盐碱地开展水产养殖，要加强增氧机的使用，尤其是在硫化物水型中要延长开机时间。

（3）控制池水理化因子变化幅度，减少生物应激反应。例如，盐度、pH、溶解氧以及换水量，控制得好可以减少生理性疾病和非生理性疾病的发生。

（4）广盐性生物对盐碱水质具有较强的适应调节能力，对盐碱地水产养殖有着重要的现实意义。

（5）适宜开展多品种混养的水产养殖模式。例如，虾鱼、虾蟹、不同鱼类混养的生态养殖。

（6）适宜推广渔-农结合综合生态开发模式，如上农下渔以及林、草、渔立体开发模式。

河北省水产技术推广总站　孙绍永
唐山市曹妃甸区农业技术推广站　张　洁

17

河北盐碱池塘凡纳滨
对虾池塘高效养殖

一、基本情况

本部分阐述了滨海型盐碱地池塘利用洗盐排碱水养殖凡纳滨对虾的池塘条件、水质要求、苗种放养及饲养管理等，适用于唐山市滨海型盐碱地（如曹妃甸区和丰南区）池塘凡纳滨对虾养殖。

曹妃甸区直接采用滦河水进行养虾，往往造成养殖的失败，而采用盐碱地稻田里排出的水养虾，均获得成功。滦河水的水质情况：总含盐量为 1、pH 8.44、硬度 170～239 毫克/升、碱度 104～142 毫克/升、氯化物 34～40 毫克/升。水质中氯化物含量低于标准中最低限量 20%，缺乏对虾生存和生长的所需的 Na^+ 与 Cl^-，而稻田里排出的盐碱水中的含盐量在 2 左右，氯化物含量较高，能满足对虾的生理需求。

根据唐山市水产技术推广站与中国水产科学研究院东海水产研究所联合开展盐碱地土壤调查、盐碱水质综合改良调控技术研发与养殖模式构建等多年研究及相关文献记载，曹妃甸地区滦河水型为氯化钠Ⅳ型，偏酸性，不利于对虾生长。引滦河水通过稻田浸泡后，水质改为碳酸钠Ⅰ型，各离子配比、pH 在安全养殖范围，可以较好地满足对虾养殖需要，提高对虾成活率，为对虾高产打下良好的基础。

根据《盐碱地水产养殖用水水质标准》（SC/T 9406—2012），对比数据得出表 17 - 1。

表 17 - 1　滦河水与稻田水离子比例（水型）

水源	离子比例（%）								水型
	阳离子				阴离子				
	Na^+	K^+	Ca^{2+}	Mg^{2+}	Cl^-	SO_4^{2-}	HCO_3^{2-}	CO_3^{2-}	
滦河水	33.2	0.7	8.0	6.9	18.5	14.8	18.0	0	氯化钠Ⅳ型
稻田水	28.9	1.0	5.5		13.7	2.0	46.2	2.6	碳酸钠Ⅰ型

目前，唐山地区盐碱池塘凡纳滨对虾绿色高效养殖开发了塑料大棚标粗与池塘精养接力的养殖模式，养殖面积0.4万公顷，其中曹妃甸区0.37万公顷、丰南区0.03万公顷。主要分布在曹妃甸区一农场、唐海镇、三农场、四农场、五农场、七农场、九农场、十农场、十一农场、柳赞镇、滨海镇及丰南区的毕家瞿、柳树瞿。养殖产量大幅提高，平均公顷产量达到3 750千克。

二、主要做法

（一）池塘条件

（1）面积及水深　面积0.33～1.00公顷，水深宜为1.5～2.0米。

（2）池型及坡比　池塘宜为东西走向的长方形，长宽比为5∶3到3∶1。池埂坡比在1∶2.5到1∶2.0。

（3）底质　池底平整，淤泥深度小于15厘米。

（4）进、排水系统　池塘应有独立的进、排水系统。进、排水口设有闸门，单独控制每口池塘水位。进水渠设在鱼池常年水位线以上，排水渠应低于池底，并设有防逃设施（图17-1）。

图17-1　稻田泡田水泵入养虾塘

（二）水质要求

（1）水源水质　3月初进水泡田洗田，水面漫过稻田5厘米。4月中旬排出洗田水，汇集到养殖池塘。水源充足，水质清新，排灌方便。水质应符合《渔业水质标准》（GB 11607—1989）的规定。

（2）池塘水质　养殖用水透明度20～30厘米，pH 7.5～9.0，溶解氧不小于4毫克/升，矿化度小于10克/升。

（三）苗种标粗

（1）标粗时间与密度　4月中旬，小棚池水稳定在18℃以上。标粗密度控制在750万尾/公顷。

（2）标粗规格　从虾苗放入温棚池到分池养殖一般需要1个月左右的时间。标粗后的虾苗体长可达3～4厘米（图17－2）。

图17－2　凡纳滨对虾苗种标粗温棚

（四）增氧设备

增氧设备以叶轮式增氧机和水车式增氧机配合使用。叶轮式增氧机安装在池塘中轴线。水车式增氧机安装在池塘四周。

（五）苗种放养

苗种应来自良种场、原种场或具有水产苗种生产许可证的生产场家。对引进的苗种应进行检疫。苗种质量按《凡纳滨对虾　亲虾和苗种》（SC/T 2068—2015）的规定执行。盐碱地池塘凡纳滨对虾绿色高效养殖苗种放养模式见表17－2。

表17－2　盐碱地池塘凡纳滨对虾苗种放养模式

放养品种	放养规格（厘米）	放养尾数（尾/公顷）
凡纳滨对虾	≥3	450 000～750 000

（六）放苗前准备工作

（1）清淤、晒塘、消毒　采用人工或机械清淤。清淤后池底曝晒 60 天以上。带水清塘采用漂白粉或者生石灰杀灭病害。

（2）进水消毒　采用杀病原效力强、对藻类等有益生物刺激小的消毒剂，最好在傍晚或阴天兑水均匀泼洒。

（3）放养时间　放养时间在 5 月中旬，水温回升并稳定在 20℃ 以上。

（七）饲料投喂

（1）饲料要求　投喂配合饲料。配合饲料应符合 GB/T 22919.5—2008 的规定。

（2）投喂量　日投饵率为虾体重 3%～8%。生产中应根据水温、天气、生理阶段、水质指标等因素随时做出调整。

（3）投喂时间　饲料日投喂次数 4 次。傍晚和早上投饲量占日投饲量 70%。投饲 1～2 小时后观察残饵情况。

（八）水质调控

（1）微生态制剂的使用　7—9 月每 10～15 天施用 1 次光合细菌、乳酸杆菌、芽孢杆菌等微生态制剂。

（2）水体消毒　每 10～15 天全池消毒 1 次。消毒剂使用应和微生态制剂使用错开 5～7 天。pH>8 时，施用酸性化学物质进行消毒。

（3）水体增氧　养殖前期晴天中午开机 3～4 小时，中后期每天开机时间不少于 15 小时。阴雨、无风炎热的天气、池水透明度突然变大、用消毒剂或微生态制剂时，适当增开增氧机或适量投放增氧片（剂）（图 17-3）。

图 17-3　凡纳滨对虾盐碱池塘增氧

（4）水质监测 盐碱水矿化度在 5 克/升以上的池塘，在补加新水以后要及时进行水质检测，适时添加水质改良剂，使养殖用水的各项理化指标保持在适宜的范围内。池塘正常水质条件：应保持水深 1.5 米以上，碳酸盐碱度 5 毫克/升以下，透明度 30～40 厘米，pH 7.8～8.6，池水矿化度 1～30 克/升。保持适宜的总碱度和总硬度，采用测水调控的方法，利用化学和生物相结合的方法调节水体总碱度和总硬度。

（九）病害防治

盐碱水质中特有的病害品种是三毛金藻。加强对病害的防治，科学用药，减少病害的发生。用药按《无公害食品 渔用药物使用准则》（NY 5071—2002）的规定执行。

（十）收获

9 月中旬开始，对虾达到 80 尾/千克以上商品规格后拉网捕获（图 17-4）。

图 17-4 凡纳滨对虾收获

三、主要成效

以 2022 年为例，凡纳滨对虾绿色高效养殖技术模式在唐山市曹妃甸区示范区取得较好的成效，典型案例选择曹妃甸区五农场坨东村的凡纳滨对虾绿色高效养殖技术。示范养殖面积 130 公顷，放苗情况见表 17-3，养殖效益情况见表 17-4。

表 17 - 3 曹妃甸区凡纳滨对虾池塘养殖技术模式放苗情况统计

年度	示范面积(公顷)	品种	放苗规格(厘米)	放苗时间	每公顷放苗密度(万尾)	放苗总量(万尾)	市场单价(元/万尾)	放苗总成本(万元)
2022 年	130	凡纳滨对虾	2	5 月 15—20 日	75	9 750	500	487.5

表 17 - 4 曹妃甸区凡纳滨对虾池塘养殖技术模式养殖效益统计

年度	示范面积(公顷)	品种	总产量(吨)	每公顷产量(千克)	总产值(万元)	每公顷产值(元)	总效益(万元)	每公顷效益(元)	总成本(万元)	每公顷成本(元)	新增产量(吨)	新增产值(万元)	新增效益(万元)
2019—2021 年	130	凡纳滨对虾	380.25	2 925	1 368.9	105 300	370.5	28 500	998.4	76 800			
2022 年	130	凡纳滨对虾	487.5	3 750	2 340.0	180 000	1 133.9	87 223	1 206.1	92 777	107.25	971.1	763.4

2022 年度，凡纳滨对虾进行标粗后 5 月 15～20 日投放，规格 2 厘米，每公顷放苗 75 万尾，放苗总量 9 750 万尾，放苗总成本 487.5 万元。

2022 年度，对虾每公顷产量达到 3 750 千克，每公顷效益 87 223 元。新增产量 107.25 吨，新增产值 971.1 万元，新增效益 763.4 万元。经济效益比较 2019—2021 年提高 2.1 倍。

盐碱地凡纳滨对虾养殖充分利用了稻田的泡田水，实现了废水集中管理。一是养殖池塘 244 个，解决养殖就业人员 35 人，年均收入 2.7 万元；二是解决了淡水养殖与稻田养殖争水的问题；三是可降低排出废水对环境的危害，体现了较好的生态环保效益；四是盐碱地凡纳滨对虾养殖属于节水渔业，降低了成本，节约了资源，五是带动了苗种、饲料、渔药、运输、销售（经纪人）、加工等相关行业的发展，间接解决就业人员 150 人。

四、经验启示

（1）建议开展测水养殖，定期检测池水理化因子。

（2）在盐碱地开展水产养殖，要加强增氧机的使用，尤其是在硫化物水型中，要延长开机的时间。

（3）控制池水理化因子变化幅度减少生物应激反应，如盐度、pH、溶解氧及换水量，以减少生理性疾病和非生理性疾病的发生。

（4）广盐性生物对盐碱水质具有较强的适应调节能力，对盐碱地水产养殖有着重要的现实意义。

（5）开展凡纳滨对虾养殖塑料大棚标粗，大规格虾苗下塘，提高虾苗下塘成活率，降低成本，与池塘精养形成接力的养殖模式，养殖成功率和产量大幅提高。

（6）开展盐碱水养殖模式的微生态制剂应用示范研究，提高水体总碱度，减少养殖生物应激，提高养殖成功率和成活率。

（7）适宜开展多品种混养的水产养殖模式，如虾鱼、虾蟹、不同鱼类混养的生态养殖。开展新品种、新模式水产养殖试验示范，不断探索盐碱地开发利用新方法、新途径。

（8）适宜推广渔-农结合综合生态开发模式，如上农下渔以及林、草、渔立体开发模式。

（9）制定盐碱地区域规划，有序、科学开发盐碱地，把环境保护、高质量发展作为优先考虑事项，提高国土资源利用率。

（10）加强盐碱地基础研究，摸清盐碱地基本类型、理化因子等基础指标，为盐碱地水产养殖提供一手资料。

河北省水产技术推广总站　孙绍永

唐山市曹妃甸区农业技术推广站　张　洁

18

河北盐碱池塘大宗淡水鱼
池塘套养凡纳滨对虾养殖

一、基本情况

唐山市曹妃甸区盐碱地水产养殖面积 0.8 万公顷，其中大宗淡水鱼池塘套养凡纳滨对虾 0.07 万公顷，主要分布在三农场、四农场、五农场、十一农场、滨海镇。

曹妃甸区直接采用滦河水进行养虾，往往造成养殖的失败；而采用盐碱地稻田里排出的水养虾，均获得成功。滦河水通过浸泡稻田后，可以较好满足对虾养殖需要，提高对虾成活率，为对虾高产打下良好的基础。

二、主要做法

（一）苗种投放

3 月下旬至 4 月投放鱼种。每公顷投放规格为 500 克/尾的鳙鱼种 900 尾，每公顷投放规格为 500 克/尾的鲢鱼种 2 250 尾，每公顷投放规格为 50 克/尾的鲫鱼种 7 500 尾。

5 月投放凡纳滨对虾苗种。虾苗经过温棚标粗至 2 厘米，每公顷投放虾苗 45 万尾。

（二）主要技术措施

（1）控制适宜透明度　定期使用沸石粉等水质改良剂和水质保护剂，降低水体浑浊度和黏稠度，减少耗氧量。

（2）稳定水色　保持合理的藻、菌相系统。定期向养殖水体投放光合细菌等微生态制剂，促进水体的微生态平衡。根据水色情况，不定时施肥。

（3）合理加水　视具体情况在初春后要注重养殖池塘的蓄水。放苗后，根据条件许可和需要补充新水。每次加水应控制在 10 厘米左右，以每 10 天加 1 次水为宜，以改善水质，促使对虾蜕壳和鱼类生长。

（4）科学投饵 使用质高品优的饲料，合理投喂，坚持"四定"原则，鱼体每天投喂 2 次（09：00—11：00 和 14：00—16：00），投饵量占鱼体重的 3%。当凡纳滨对虾体长达 3～5 厘米开始投饵，饲料粗蛋白含量为 40%，开始每天投饵 2 次，逐渐增加到 4 次/天，根据饵料台剩料情况和虾的饱食程度适当增减虾料用量。虾吃完料的时间一般控制在 1 小时左右。

（5）定期消毒 在养殖过程中应坚持 7～10 天使用一次含氯石灰，用量 75 千克/公顷，可有效减少水质中的细菌总数。注意消毒剂使用应和生物制剂错开 5～7 天，以免影响生物制剂的使用效果。

（6）合理使用增氧机 一般 4～5 公顷配备 3 千瓦增氧机 15 台。保持养殖水体中较高的溶解氧水平（5 毫克/升以上），减少鱼虾病害发生，促进鱼虾生长。增氧机的使用要视天气情况、养殖密度、水质条件以及养殖生物活动情况而定。养殖密度大、对虾长至 5 厘米以上，每天开机时间不少于 5 小时；对虾长至 7 厘米以上时，每日开增氧机不得少于 18 小时。另外，天气异常要适当延长开机时间。

（7）水质检测 盐碱水矿化度在 5 克/升以上的池塘，在补加新水以后要及时进行水质检测，适时添加水质改良剂，使养殖用水的各项理化指标保持在适宜的范围内。池塘正常水质条件：应保持水深 2 米以上，透明度 20～40 厘米，pH 7.5～9.0。对于重度盐碱水，应有淡水水源进行调整，并结合人工调配技术进行水质改良。

（8）病害防控 盐碱水质中特有的病害是小三毛金藻。当水温下降时，盐碱池极易暴发小三毛金藻，导致倒藻现象，影响鱼虾的正常生长。全池泼洒 12 毫克/千克硫酸铵，使水体铵离子浓度达 0.4～0.5 毫克/升，及时加注新水，可有效降低小三毛金藻数量。

三、主要成效

2022 年度，大宗淡水鱼套养凡纳滨对虾模式每公顷放规格 500 克的鲢苗种 2 250 尾，每公顷放规格 500 克的鳙苗种 900 尾，每公顷放规格 50 克的鲫苗种 7 500 尾，每公顷放规格 2 厘米凡纳滨对虾苗种 30 万尾。放苗总量 2 485.2 万尾，放苗总成本 274.2 万元，见表 18 - 1。

大宗淡水鱼每公顷产量达到 7 500 千克，对虾每公顷产量 1 590 千克，每公顷效益 57 900 元（图 18-1、图 18-2）。新增产量 194.2 吨，新增产值 215.4 万元，新增效益 155.4 万元。每公顷新增产量 2 490 千克、每公顷新增产值 26 925 元、每公顷新增效益 19 425 元，经济效益比较 2019—2021 年提高 43.5%，见表 18-2。

图 18-1　凡纳滨对虾收获

图 18-2　大宗淡水鱼收获

表 18 - 1　曹妃甸区大宗淡水鱼池塘套养凡纳滨对虾养殖模式放苗统计

年度	示范面积（公顷）	品种	放苗规格	放苗密度（尾/公顷）	放苗总量（万尾）	市场单价	放苗成本（万元）
2022年	80	鲢	500克/尾	2 250	18	3.5元/尾	63
		鳙	500克/尾	900	7.2	6元/尾	43.2
		鲫	50克/尾	7 500	60	0.8元/尾	48
		凡纳滨对虾	2厘米	300 000	2 400	500元/万尾	120
		小计	—	—	2 485.2	—	274.2

表 18 - 2　曹妃甸区大宗淡水鱼池塘套养凡纳滨对虾养殖模式效益统计

年度	2019—2021年					2022年				
示范面积（公顷）	80					80				
品种	鲢	鳙	鲫	凡纳滨对虾	小计	鲢	鳙	鲫	凡纳滨对虾	小计
总产量（吨）	269	90	120	54	533	318	108	174	127.2	727.2
每公顷产量（千克）	3 300	1 125	1 500	675	6 600	3 975	1 350	2 175	1 590	9 090
总产值（万元）	158.4	81	96	194.4	529.8	190.8	97.2	139.2	318	745.2
每公顷产值（元）	19 800	10 125	12 000	24 300	66 225	23 850	12 150	17 400	39 750	93 150
总效益（元）					307.8					463.2
每公顷效益（元）					38 475					57 900
总成本（元）					222.7					282
每公顷成本（元）					27 750					35 250
新增产量（吨）	—	—	—	—	—	49	18	54	73.2	194.2
新增产值（万元）	—	—	—	—	—	32.4	16.2	43.2	123.6	215.4
新增效益（万元）	—	—	—	—	—					155.4

四、经验启示

盐碱地池塘鱼虾生态混养模式形成了立体多层次营养层级的生物链，有效利用了各层级的营养和能量物质，显著减少了养殖成本投入，降低了养殖对环境的污染，有益于盐碱荒地的改良和科学利用，将盐碱地变废为宝，增加养殖户的收入，实现盐碱水渔业绿色可持续发展。在养殖过程中有以下几方面值得注意：

（一）放苗

由于虾苗对水温的耐受度问题，一般鱼虾混养池塘都是先放混养的鱼类，等到 5 月水温恒定在 20℃ 以上再进行虾苗的投放。而此时鱼苗都已开口吃食，为减少鱼类对刚入池虾苗的捕食，一种方法是在放虾苗的前两天对池塘中混养的鱼类减少投喂或停止投喂，等到放虾苗时全天投喂，投放虾苗时应选择在离鱼类摄食的料台较远的地方进行，减少鱼类对刚入池虾苗的捕食。还有一种做法是在池塘的一角用围网围起来一部分，使混养的鱼类不能进入，把虾苗先投放在网围内，等虾苗体质健硕之后，再把围网打开，放入大池混养，这样也能减少鱼类对虾苗的捕食。

（二）调水

鲤和鲫与虾类混养的池塘可根据水质情况适当肥水，以提高水体的生产力。而草鱼与虾混养的池塘就要把握好水体的肥瘦，因为草鱼喜欢相对清瘦的水体，水质过肥，草鱼容易发病。养殖后期经常会出现池塘中氨氮超标的现象，主要原因就是池塘中的藻类和细菌不能将其有效地利用所致。这个阶段往往池塘中的氮磷比及碳氮比失衡，可通过调节其比例来促进藻类和细菌对池塘中氨氮的有效利用。

（三）投喂

对于混养池塘凡纳滨对虾的投喂，为了减少混养鱼类对虾饲料的抢食，一种方法就是喂鱼的同时，等混养的吃食鱼类都上了料台，在距离鱼类料台较远的区域进行凡纳滨对虾的投喂；另一种方法是在距离鱼类料台较远的区域用网围起来一部分距离岸边较近的区域，在围网内进行凡纳滨对虾的投喂，网目的大小要做到虾类能够自由进出，而混养的鱼类则无法进入。

（四）收获

鱼虾混养的池塘一般采取插网捕捞的方法进行凡纳滨对虾的收获。为了防止鱼类误入网内，一般在网前做一片拦网，拦网的目数保证虾能正常入网，而鱼类不能进入。另外，虾类入网以后，会有鱼类在网外对网内的虾进行捕食，吃掉虾类的步足及游泳足，同时由于鱼类在网外的干扰，虾类会远离渔网，造成捕捞难度加大，可以在捕虾的网外再围一层网片，防止混养鱼类对网内虾的伤害和减少对待捕捞对虾入网的干扰。

唐山市水产技术推广站　刘建朝
唐山市农业科学研究院　张宏祥

19

河北盐碱地稻蟹综合种养

一、基本情况

唐山市曹妃甸区拥有 60 多年的水稻种植历史，水稻种植面积 2.13 万公顷，其中稻田养蟹面积 0.22 万公顷，主要分布在曹妃甸区的一农场、三农场、四农场、八农场、九农场、滨海镇以及丰南区的毕家甸、柳树甸。曹妃甸区地处渤海湾中心地带，属滨海盐渍型土壤。由于特殊的退海地理环境，土质黏重，土地盐碱，土壤矿化物质含量高，因此稻米偏弱碱性，味道清香。为了充分利用盐碱地稻田的自然条件，因地制宜对田埂、田面、防逃墙等设施进行改造，使稻田从结构和功能上适应稻蟹综合种养模式。让稻株上的害虫成为中华绒螯蟹天然的饵料，让中华绒螯蟹的排泄物成为水稻天然的肥料，形成水稻护蟹、蟹吃虫饵、蟹粪肥田的天然生物链。

二、主要做法

（一）设置环沟

早春灌水前，在田块四周离田埂 5 米左右的地方挖环沟，横截面为梯形，上口宽 1.5 米，下口宽 1.0 米，沟深 1.0 米。插秧后对环沟进行修整（图 19-1）。环沟面积占田块总面积 10% 以下。

（二）设置防逃网和拦鱼栅

养殖成蟹应于田埂上沿着四周用黑色塑料纸建防护网，养殖扣蟹则于田埂内侧沿着四周用黑色塑料纸建防护网。下部埋入土中 20～30 厘米，上部高于田埂 70～80 厘米，网片每隔 1.5 米用木桩或竹竿固定。

拦鱼栅：进水口设置 60～80 目的聚乙烯锥形网，网袖长度为 5～6 米，用于拦截野杂鱼入田。排水口设两道防线，内侧以排水口为圆心、1.5～2.0 米长为半径用 20 目铁丝网做成半圆形拦鱼栅；外侧设置 20 目聚乙烯锥形

图 19-1　稻蟹种养环沟设置

网，网袖长度为 5～6 米，用于防止中华绒螯蟹逃逸（图 19-2）。

图 19-2　稻蟹种养防逃网设置

（三）苗种暂养时间、规格、密度

蟹苗首先在暂养池暂养，暂养池面积应占养蟹稻田总面积的 20%，水深 0.6～1.5 米。放养前每公顷用生石灰 2 250 千克带水消毒。暂养池加水后，用碘制剂消毒，在插秧前 1～2 个月，暂养池中先移栽水草，以利于螃蟹的栖息、隐蔽、生长和蜕壳，以提高螃蟹的成活率。水草种类包括沉水植物的菹草、轮叶黑藻、马来眼子菜、金鱼藻、苦草、伊乐藻等；漂浮植物的凤眼莲等；两者搭配种植，漂浮植物要固定。伊乐藻在水温低于10℃时种植；轮叶黑藻在水温稳定在10℃时种植；苦草在水温稳定在15℃时种植。水草面积占水面的30%～60%。如果暂养池中没有水草，则应放置一些苇帘。苇帘设置面积占暂养池面积的1/3。

养殖扣蟹模式：5月底至6月中旬，暂养池投放大眼幼体3万～150万只/公顷，大眼幼体规格一般8万～12万只/千克；

养殖成蟹模式：4月初至6月中旬，暂养池投放扣蟹15 000～22 500只/公顷，扣蟹规格160～200只/千克。

（四）苗种暂养池起捕

6月中旬，暂养池豆蟹规格4 000只/千克，扣蟹规格80～120只/千克。暂养池进水口下螃蟹篓，边进水边放水，起捕豆蟹和扣蟹，直接分放于每块稻田中。

（五）苗种投放

养殖扣蟹模式：6月中旬，豆蟹每公顷投放30万只，规格4 000只/千克。

养殖成蟹模式：6月中旬，扣蟹每公顷投放12 000只，规格80～120只/千克。

（六）饲料投喂

（1）扣蟹养殖　扣蟹养殖投喂前期投喂植物性饵料（豆饼粉、玉米面等），后期投喂合成饲料。饲料使用符合《饲料卫生标准》（GB 13078—2017）的规定，具体投喂量和投喂方法见表19-1。

表19-1　1.33～2.00公顷稻田养殖扣蟹投喂量及投喂方法

时间	投喂量及投喂方法
6月中旬至8月中旬	每两天投喂一次5～6.5千克植物性饵料。17：00—18：00投喂
8月中旬至9月中下旬	每两天投喂一次10～15千克人工合成饲料。17：00—18：00投喂

（2）成蟹养殖　成蟹养殖投喂前期以植物性饵料（豆饼粉、玉米面等）为主；中期以植物性饵料为主，间隔投喂动物性饵料（剁碎的鱼、虾等）；后期以动物性饵料为主，植物性饵料为辅。具体投喂量和投喂方法见表19-2。

表 19-2　1.33～2.00 公顷稻田养殖成蟹投喂量及投喂方法

时间	投喂量及投喂方法
6 月中旬—7 月中旬	每天 17：00—18：00 投喂一次 5～6.5 千克植物性饵料
7 月中旬—8 月中旬	每天投喂一次 5～6.5 千克植物性饵料，每 3 天投喂 1 次动物性饵料 40～60 千克。17：00—18：00 投喂
8 月中旬—9 月中旬	每两天投喂一次动物性饵料 40～60 千克。17：00—18：00 投喂

（七）日常管理

（1）水质调控　春季稻田水位保持在 10 厘米左右；夏季高温季节，稻田水位保持在 20 厘米左右。应视水质情况灵活掌握换水，换水时间控制在 3 小时内，水温温差不超过 3℃，一般先排水再进水，注意把死角水换出。

（2）巡视检查　注意观察水质变化、中华绒螯蟹生长及吃食情况是否正常、有无病死蟹以及田埂是否漏水，检查防逃设施有无破损，进排水口的防逃网有无破损，及时修补或更换。防止水蛇、老鼠、青蛙、大型鸟类等天敌进入田中。

（3）蜕壳期管理　蜕壳前后勤换新水；蜕壳高峰期可适当注水，不应换水。蜕壳期前 2～3 天，人工饲料中可添加蜕壳素。

（4）病害防治　每 20 天左右可用生石灰调节水质，按蟹沟面积计算，生石灰用量为 0.33～0.53 千克/公顷，可有效防治颤抖病、烂鳃病。

（八）收获、储存和越冬

（1）成蟹收获　9 月中下旬，成蟹上埝，采用水中下地笼捕捞。成蟹规格 100～125 克/尾。

（2）扣蟹收获　10 月中旬排水，在防逃网四个角落布迷魂阵网捕捞。扣蟹规格 160～200 只/千克（图 19-3）。

图 19-3　使用地笼收获中华绒螯蟹

三、主要成效

按养成产品分为稻田扣蟹养殖和稻田成蟹养殖。

（一）2022 年度稻田扣蟹养殖

投放苗种为大眼幼体，每公顷放苗 2.25～7.5 千克，700～800 元/千克，每公顷需成本 3 000 元左右。养殖周期 4 个月左右（5 月下旬放苗，10 月底收获）。每公顷产扣蟹 2 400～3 600 千克（规格 160～240 只/千克），市场价 30～40 元/千克。水稻每公顷产 9 750～10 500 千克，市场售价 2.6～3 元/千克。稻田扣蟹养殖每公顷产值 43 500～67 500 元，每公顷效益 15 000 元以上。

（二）2022 年度稻田成蟹养殖

投放苗种为扣蟹，规格 160～240 只/千克，每公顷放苗 15 000～22 500 只，30～40 元/千克，每公顷需成本 2 700～3 750 元。养殖周期 6 个月左右（4 月初放苗，10 月初收获），每公顷产成蟹 375～600 千克（规格 50～100 克/只），市场价 30～40 元/千克。水稻每公顷产 9 750～10 500 千克，市场售价 2.6～3 元/千克。稻田成蟹养殖每公顷产值 37 500～55 500 元，每公顷效益 7 500～12 000 元。

四、经验启示

唐山稻渔综合种养面积稳定在 0.22 万公顷，主要种养模式为稻蟹共作，形成一季稻多样性的发展。据调查统计，2022 年每公顷产中华绒螯蟹 375～600 千克，水稻每公顷产 9 750～10 500 千克，实现每公顷产值 37 500 元以上，每公顷利润 7 500 元以上，与同等条件下水稻单作相比，利润提高 1 倍以上。由于养殖过程中只使用底肥和一次分蘖肥，化肥减量 50% 以上，农药减量 60% 以上；较稻田单作每公顷少使用化肥 144.6 千克，少使用农药 1 165.5 克；全市 0.22 万公顷稻渔综合种养模式较稻田单作模式少使用化肥 295 吨，少使用农药 2.5 吨。稻渔综合种养实现了较高的经济效益和生态效益。

稻渔综合种养发展的主要做法和经验启示主要有：一是养殖生产规范化管理。以专业农业合作社为载体，采取"5 个统一，5 个配套"措施，从购种、育苗、生产、加工到销售实现五项规范化统一管理，开展配套田间工程技术等五大配套关键技术的试验示范和推广。养殖生产过程中，严格控制饲料、药品等投入品的使用，并做好养殖生产记录，将健康养殖理念贯穿于整个养殖过程中。同时，建有可追溯体系，对生产环节进行实时监控，确保食品质量安全。二是养殖技术标准化管理。归纳梳理了《稻渔综合种养技术规范通则》（SC/T 1135—2017）等 10 余项国家、行业标准，修订了河北省地方标准《稻田中华绒螯蟹综合种养技术规范》（DB13/T 324—2019），编制成册，发放到示范区养殖户，指导养殖生产，形成养殖技术标准化管理。三是加强形式多样的培训和宣传。与河北省水产技术推广总站、河北省农林科学院滨海农业研究所建立了长期稳固的服务合作关系，成立技术服务队，开展形式多样的技术培训，对水稻基质育秧技术、稻渔综合种养关键技术进行指导和服务，联系和示范带动周边稻农 100 户以上。同时，充分利用报刊、科技下乡和集日活动等多种形式进行宣传和普及稻渔综合种养技术知识。四是开展品牌培育及产业带动。目前，水稻已通过有机认证上千亩，且大米全部通过绿色食品认证。同时，拥有稻米"曹妃湖"省级著名商标和"大喜康田""益三方""纬度 39"等品牌，实现稻谷溢价 0.3～0.5 元，品牌稻米溢价 15～80 元。五是打通"最后 1 千米"，创新销售模式。充分依托省级农产品龙头企业河北良牛农业科技有限公司，通过"订单农业""粮食银行"等方式，实现生产者与经营者风险共担、利益共享，确保销售畅通，切实保障了农民的利益。

唐山市水产技术推广站　刘建朝

唐山市农业科学研究院　张宏祥

20

河北盐碱地大棚对虾养殖

一、基本情况

唐山地区盐碱水水质化学组成复杂，水体盐度集中在 2～6，并具有碱度和硬度"双高"的特点，相较普通海水和淡水养殖，大部分水产养殖对象都不适合开展养殖生产。唐山市辖区内有盐碱荒地 0.75 万公顷，在土地资源紧张、环保压力大、水产养殖面积减少的大背景下，充分挖掘并合理利用盐碱地，研创出高产、高效的盐碱水养殖模式，在保护生态环境、实现盐碱资源开发和利用最大化的同时，带动农民养殖致富。

从 2014 年开始，唐山丰南地区利用浅表层地下盐碱水开展大棚凡纳滨对虾养殖的模式逐渐兴起。由于受水源水质较差、苗种质量不稳、短期投入过高、土地流转困难等因素制约发展较慢，但其模式相较传统池塘养殖更安全环保，对带动本区域及周边省份利用盐碱水进行养殖生产发挥了积极作用。

唐山盐碱水大棚凡纳滨对虾养殖示范点为唐山市丰南区挚丰水产养殖场，位于唐山市丰南区黑沿子镇毕中村，成立于 2014 年，企业占地 3.33 公顷，固定投入 180 万元，现有钢架塑料大棚 22 座，配套罗茨鼓风机及水车式增氧机等养殖设施。养殖模式为利用浅表层地下盐碱水（10 米）开展大棚凡纳滨对虾双茬养殖。

二、主要做法

（一）池塘基本条件

大棚为钢架结构的圆拱形塑料大棚，大棚两侧设可调节的通风孔，每座大棚长 24 米、宽 50 米，大棚内设 2 口方形池塘，面积 0.05 公顷/口，池塘沿岸防渗膜护坡，池底为泥底并设中央底排污，有效蓄水深度 1.2 米，每口池塘配备不少于 1 千瓦的罗茨鼓风机底部纳米管增氧，池塘四角各配备 1 台水车式增氧机（图 20-1）。

图 20-1 大棚结构

（二）水源水文情况

水源以浅表层地下盐碱水为主，盐度 6 左右，总碱度、总硬度及其他常规理化指标均符合养殖生产标准，水源经沉淀池沉淀、过滤并经氯消毒制剂消毒处理。

（三）苗种规格与放养

采用 5 期仔虾直放模式，选择规格整齐、生长速度快、抗病力强并经专业检测机构检测无对虾白斑综合征病毒（WSSV）、对虾传染性皮下和造血组织坏死病毒（IHHNV）、对虾肝肠胞虫（EHP）、对虾急性肝胰腺坏死病弧菌（AHPND）和对虾虹彩病毒病（SHIV）等 5 项特定病原的同批次优质对虾苗种，放苗前将苗种驯化至盐度和温度与棚内养殖水体基本相同，放养密度为 150～200 尾/米²。苗种放养前，按 3 000 克/（公顷·米）的量全池泼洒维生素 C。

（四）水质调控技术

养殖全程以生物絮团技术调控水质，每周投一次人工扩培的芽孢杆菌、乳酸菌、EM 菌等微生态制剂，同时施用生物底改产品改善池塘底质，以此保持水体菌相平衡，形成生物絮团，养殖后期定期向养殖水体补充钙、镁等矿物元素。

（五）饲料投喂技术

选择优质人工配合饲料，饲料粗蛋白含量不少于 42%，养殖全程添加乳酸菌拌料投喂，每 10 天添加维生素 C、免疫多糖 1 次。苗种放养初期，每日投喂 3 次，后期调整至每日 4 次，夜间不投喂，每 7～10 天停料 1 次。具体日投喂量视棚内水质情况而定，一般控制在池内对虾总量的 5％～10％，池内设置饵料台，饵料台投饵量为 1％，以投喂 40 分钟后无残留为宜。

（六）病害防治技术

利用生物絮团技术调控水质环境，控制病害发生；工具专池专用，用后消毒；利用病害防控体系定期开展 5 种疫病检测排查。

（七）养殖管理

放苗前 15 天，棚内池塘进水 0.5 米，生石灰化浆全池泼洒进行消毒处理，用量 1 500 千克/公顷。3 日后缓慢加注浅表层地下盐碱水至 1.2 米，养殖全程定期补水，无换水。坚持每日早、中、晚 3 次巡塘，重点观察水质变化及对虾生长、摄食情况，检查养殖设施运转是否正常，并做好养殖记录。

三、主要成效

以示范点 2022 年实际养殖情况为例，第一茬养殖为 4 月 15 日至 7 月 10 日，重新规整池塘后第二茬养殖为 8 月初至 11 月中旬结束，双茬养殖全程未有病害发生。第一茬 7 月 10 日开始出池，平均每公顷产对虾 13 875 千克，规格 40～60 尾/千克，销售价格 44 元/千克，每公顷产值 61.05 万元，每公顷效益 23.7 万元。第二茬于 11 月中旬出池，平均每公顷产对虾 11 505.75 千克，规格 60～80 尾/千克，销售价格 50 元/千克，每公顷产值 57.6 万元，每公顷效益 21.45 万元。双茬实现每公顷产量 25 380.75 千克，每公顷效益 45.15 万元，与普通池塘养殖每公顷效益 6 万元相比，每年每公顷效益增加值为 39.15 万元，超出普通池塘养殖效益 6.5 倍（图 20 - 2）。

浅表层地下盐碱水大棚对虾双茬养殖模式的成功，辐射带动了唐山曹妃甸区大面积盐碱地开展此模式养殖生产，进一步促进了当地及周边地区对虾养殖苗种、饲料、动保、加工、运输等各产业链条发展。

盐碱地盐碱水因其特有的水文条件，有效利用价值较低，盐碱地的治理和开发一直以来都是一大难题。利用浅表层地下盐碱水开展大棚凡纳滨对虾双茬养殖，不仅取得了显著的经济效益，还降低了周边养殖环境的盐碱含量，改善了盐碱地生产环境，大量盐碱地闲置资源变废为宝，实现了人与土地和谐发展。

图 20 - 2 凡纳滨对虾收获

利用浅表层地下盐碱水开展大棚凡纳滨对虾双茬养殖，在取得显著经济效益和生态效益的同时，充分挖掘了唐山沿海及周边地区盐碱地利用价值，扩大了盐碱地区渔业产业规模化、组织化、市场化发展规模，新兴了一批水产养殖企业，增加了当地创业、就业机会并提高了当地百姓收入，社会效益亦十分显著。

四、经验启示

进行盐碱水大棚凡纳滨对虾养殖时需注意以下几点：新水必须经过曝晒后方可使用；一定要选择正规渠道的优质苗种；按需求科学合理使用增氧机；经常检测池水理化指标，及时调控水质；严格控制饲料投喂；做好病害预防工作；提高基础设施质量标准，提高抗自然灾害的能力。

唐山市水产技术推广站 岳　强
河北省水产技术推广总站 刘丽东

21

河北盐碱大水面草鱼套养
凡纳滨对虾生态养殖

一、基本情况

唐山市曹妃甸区地处海淡水交接处,土地主要由内陆河流入渤海常年冲击及填海造田形成,土地表层 1 米土壤平均盐度在 20 左右,属典型重度盐碱地,辖区内水资源均为盐碱水质,因此曹妃甸区多数土地基本无法开展正常的农业生产。多年来,曹妃甸区通过合理利用盐碱水资源,研创出多种环保、高效的种养模式,现已形成 2.13 万公顷稻田、0.67 万公顷淡水养殖的盐碱地特色农业,使得曹妃甸区实现盐碱资源开发和利用最大化的同时,也促进了其农业产业结构转型升级,带动了当地农民致富。众多养殖模式中,利用盐碱水大水面开展草鱼套养凡纳滨对虾的生态养殖模式以其单位面积养殖成本低、技术要求不高等优点成为合理开发利用盐碱地的典型模式。

唐山盐碱水大水面草鱼套养凡纳滨对虾生态养殖模式示范点为唐山市落潮湾湖生态园有限公司,位于唐山市曹妃甸区第十一农场落潮湾水库,总占地面积 666.67 公顷,养殖面积 533.33 公顷,主要养殖模式为大水面生态养殖,轮捕轮放,春放秋收。养殖品种包括草鱼、鲢、鳙、鲤、鲫、梭鱼、鲈和凡纳滨对虾,产品主要销售至北京、天津、河北、黑龙江、吉林、辽宁、山西、山东、内蒙古等地,鳙主要出口韩国。2010 年 8 月,通过"河北省无公害农产品产地"认证;2010 年 10 月,鲤、鳙获得"农业部无公害产品"认证;2010 年 11 月,通过"第五批农业部水产健康养殖示范场"验收;2015 年 12 月,"落潮湾"商标被评为"河北省著名商标";2015 年 12 月,被评为"唐山市级农业园区";2016 年被确定为农业部"垦(热)区质量可追溯企业";2016 年 2 月,被河北省出入境检验检疫局确定为"河北出口水产品备案养殖场";2017 年被评为市级龙头企业。

二、主要做法

（一）池塘基本条件

以 2022 年唐山市落潮湾湖生态园有限公司利用 300 公顷的水库开展大水面草鱼套养凡纳滨对虾生态养殖模式为例，水库平均水深 1.8 米，因地处曹妃甸湿地核心区，严格按照湿地保护政策开展生态养殖生产，不设置永久性建筑及投饵机等集约化养殖设施（图 21-1）。

图 21-1　落潮湾大水面生态养殖外景

（二）水源水文情况

养殖用水以水库盐碱水为主，盐度 6~9，pH 8.8~9.2，硬度及其他常规理化指标均符合养殖生产标准。水源来自双龙河，盐度1~5。

（三）苗种规格与放养

4 月 20 日至 5 月 5 日，分批放养规格整齐、体质健康的草鱼苗种，苗种规格 4 尾/千克，放养密度为 1 500 尾/公顷；5 月 10—20 日，分批放养规格整齐、生长速度快、抗病力强并经专业检测机构检测无 5 项特定病原的优质凡纳滨对虾苗种，放苗前将苗种驯化至盐度和温度与水库养殖水体基本相同，放养规格 8 万尾/千克，放养密度为165 000 尾/公顷。苗种放养前 1 小时，放苗点四周按 3 000 克/（公顷·米）泼洒维生素C。草鱼及凡纳滨对虾苗种放养情况详见表 21-1。

表 21-1　苗种放养情况

池塘编号	投放时间	投放品种	投放规格	价格	投放密度（尾/公顷）
东库	4 月 20 日至 5 月 5 日	草鱼	250 克/尾	14 元/千克	1 500
	5 月 10—20 日	凡纳滨对虾	8 万尾/千克	250 元/万尾	165 000

（四）水质调控技术

1. 水体消毒

苗种放养 10 天前，全池泼洒含氯石灰对养殖水体进行消毒处理，用量为 75 千克/公顷。

2. 肥水处理

苗种放养 5 天前的晴天上午，施用氨基酸肥水膏 45 千克/公顷，小球藻藻种 30 千克/公顷，透明度控制在 20~30 厘米。

3. pH 调节

苗种放养 3 天前的傍晚，全池泼洒经人工扩培的乳酸菌、腐殖酸和酸性解毒制剂，调控养殖水体 pH 至 8.4~8.6。

4. 水质调控

养殖期间水质调控遵循定期施用微生态制剂为主、追肥为辅的原则，通过构建并保持稳定平衡的菌相及藻相以控制养殖水质环境。具体操作为：每隔 15 天使用经活化或人工扩培的 EM 菌、芽孢杆菌等微生态制剂 1 次；视水质肥瘦程度适时少量多次施用氨基酸肥水膏、藻种追肥处理，整个养殖期间保持水色呈黄绿色或浅茶褐色，透明度控制在 20~30 厘米。

（五）饲料投喂技术

投饲管理遵循"四定"原则，水库沿岸分别设置固定的草鱼投饲点 30 处和凡纳滨对虾投饲点 10 处，草鱼日投喂量为存塘总重量的 2%，每日 07：00、10：30、13：30、16：30 分 4 次投喂，饲料粗蛋白含量 32%；凡纳滨对虾投喂量为存塘总重量的 1%~2%，每日 08：00、15：00 分 2 次投喂，饲料粗蛋白含量 42%。整个养殖过程，每 15 天添加乳酸菌、维生素 C、免疫多糖拌料投喂 2 天，以改善草鱼和对虾肠道并提高其免疫力。

（六）病害防治

该养殖模式因放养密度低，较少有病害发生。多年来养殖过程主要病害为 3 月底至 4 月底水温较低期间草鱼苗种因拉网、运输操作造成的伤口感染易发生水霉病，具体预防措施为草鱼苗种放养前运输水车内以 3% 的盐水浸泡 10 分钟，放苗后 3 天，使用中药提取物的"五倍子水溶液"按每 750 毫升/（公顷·米）全池泼洒。如仍有水霉病发生，按 1 500 毫升/（公顷·米）的五倍子水溶液加 4 500 毫升/（公顷·米）的聚维酮碘溶液全池泼洒，连用 2 天，1 天后适度追肥。

（七）养殖管理

每年 7 月汛期期间，全池换水 50%，其余时间以定期补水为主。坚持每日早、晚巡塘，安排专人利用快速检测试剂盒每日检测 pH、溶解氧、氨氮和亚硝态氮等水质指标以指导养殖生产，按要求做好养殖管理记录。

三、主要成效

以唐山市曹妃甸区落潮湾水库东库示范点 2022 年实际养殖情况为例：8 月初至 10 月中旬，草鱼成鱼陆续出池上市，成活率 95%，出池规格为 1.2 千克/尾，总产量 513 吨，平均单产 1710 千克/公顷，平均出池价格 12 元/千克；8 月中旬至 10 月 10 日，凡纳滨对虾陆续出池上市，成活率 15.4%，规格为 60 尾/千克，总产量 127.13 吨，平均单产 423.75 千克/公顷，平均出池价格 40 元/千克。全年总养殖成本 908.89 万元，总产值 1 124.1 万元，总经济效益 215.21 万元，每公顷经济效益 7 173.6 元（图 21 - 2）。结合生产记录及出池情况，汇总出养殖情况统计表和养殖投入与收益表，详见表 21 - 2、表 21 - 3。

图 21 - 2　草鱼和凡纳滨对虾收获

表 21 - 2　养殖情况统计

编号	品种	总产量（吨）	每公顷产量（千克）	饲料用量（吨）	饵料系数
东库	草鱼	513	1710	800.28	1.56
	凡纳滨对虾	127.13	423.75	—	—

表 21 - 3　养殖投入与收益

成本		产值		效益
项目	金额（元）	项目	金额（元）	金额（元）
塘租	675 000	草鱼	6 156 000	
苗种	2 812 500	凡纳滨对虾	5 085 000	

（续）

	成本		产值	效益
饲料	4 001 400			
药品	800 000			
水电	100 000			
人工	600 000			
其他	100 000			
合计	9 088 900	合计	11 241 000	2 152 100

盐碱水大水面草鱼套养凡纳滨对虾生态养殖模式，相较传统养殖模式，水质调控、病害防治管理技术要求不高，饲料及水电成本也较低，在低产的情况下经济效益仍十分可观，尤其适合盐碱地区大水面的开发利用。

盐碱水大水面草鱼套养凡纳滨对虾生态养殖模式不仅充分利用了闲置的盐碱水资源，而且汛期换入大量内陆入海口低盐度河水的下渗，还降低了周边土壤的盐碱含量，改善了盐碱地农业生产环境。另外，因饲料投入量不大，外排养殖尾水其富营养化指标不仅达到排放标准，还丰富了天然饵料资源，真正实现了在生态环保的前提下将集中成片盐碱水闲置资源变废为宝，生态效益明显。

该生态养殖模式充分挖掘了唐山沿海及周边地区盐碱地利用价值，扩大了盐碱地区渔业产业规模化、组织化、市场化发展规模，新兴了一批水产养殖企业，增加了当地创业、就业机会并提高了当地百姓收入，社会效益亦十分显著。

四、经验启示

进行盐碱水大水面草鱼套养凡纳滨对虾生态养殖时需注意以下几点：该模式适合大水面盐碱地水产养殖；要选择正规渠道的优质苗种；科学搭配各品种之间的投放比例、投放时机及投放规格；定期检测水质；严格控制饲料投喂量；根据养殖品种生长情况、气温及市场行情及时起捕上市。

唐山市水产技术推广站　岳　强
河北省水产技术推广总站　刘丽东

22

河北盐碱池塘凡纳滨对虾
与梭鱼混养

一、基本情况

河北省沧州渤海新区黄骅市东临渤海，北依北京、天津，滨海盐化潮土遍布全市，面积达 8.67 万公顷以上，其中适宜盐碱水养殖的池塘约有 0.12 万公顷。这些盐碱地分布广泛，为硫酸盐氯化物盐土。黄骅市咸水静储量约 70 亿米^3，其中浅层储量约 16 亿米^3，目前这些咸水资源很少被利用，经考察这些咸水非常适宜养殖凡纳滨对虾，今后有望成为新的增长点。

为进一步推动盐碱水养殖产业的发展，2020 年，全国水产技术推广总站承担了科技部"蓝色粮仓科技创新"重点专项"内陆盐碱水域绿洲渔业模式示范项目"课题四——华北多类型盐碱水综合养殖模式构建与示范应用课题。课题根据黄骅市盐碱水资源特点，针对以往养殖模式单一、养殖品种经济价值和单位水域综合利用率低、水域离子失衡且水质变数多等问题，优选集成离子失衡水质改良调控、耐盐碱良种筛选、洗盐排碱水综合利用等核心技术，2021—2022 年在河北沧州黄骅市树梽淡水养殖专业合作社设置核心示范点 1 个，集成鱼种放养、品种搭配、养殖管理、水质调控、疫病防控等技术，初步建立了盐碱地凡纳滨对虾套养梭鱼技术模式。

二、主要做法

（一）池塘条件

养殖池塘形状要规整，水深 1.8 米左右，水源充足，增氧机、投饵机配备齐全。配备底部增氧设备或按每公顷 1.5～3 千瓦配备增氧机。要对盐碱水中主要离子进行含量检测，包括 Na^+、K^+、Ca^{2+}、Mg^{2+}、Cl^-、总碱度、离子总量等。同时，定时测量池水溶解氧，pH，氨氮等与养殖有关指标。如果池水指标不达标，可通过使用物理、化学、生物等方式调节养殖用水各项指标，使水质符合 GB 11607—1989 的规定（图 22 - 1）。

图 22 - 1　养殖池塘条件

（二）苗种放养

（1）放养时间　4 月底清塘，池底进行清淤。5 月初凡纳滨对虾苗种入塘。

（2）苗种选择　最好选择经选育的耐盐碱的凡纳滨对虾的种虾扩繁的苗种，苗种要经过 7 天以上淡化和标粗，选择健壮活泼、体节细长、大小均匀、体表干净、肌肉充实、肠道饱满、对外界刺激反应灵敏、游泳时有明显方向性（不打圈）、躯体透明度大、全身无病灶（附肢完整、大触鞭不发红、鳃不变黑）等。

（3）放养密度　每公顷 52.5 万尾（规格小于 2 万尾/千克）；6 月中旬，投放梭鱼苗，规格每千克 26～30 尾，每公顷 1800 尾（表 22 - 1）。

表 22 - 1　盐碱地凡纳滨对虾套养梭鱼养殖放养模式

放养品种	放养时间	混养比例（%）	放养规格	放养尾数（尾/公顷）
凡纳滨对虾	5 月初	99.66	2 万～6 万尾/千克	52.5 万
梭鱼	6 月中旬	0.34	33～38 克/尾	1800

（三）水质管理

梭鱼苗种投放前将池水深度保持在 0.7 米左右，梭鱼苗种投放后每周加注新水 20 厘米左右，直至池水深度达 1.5 米以上。凡纳滨对虾和梭鱼均适宜弱碱性的水质环境，二者对溶解氧要求较高；凡纳滨对虾大于 4 毫克/升，不得小于 2 毫克/升，梭鱼 5.1～8.4 毫克/升最有利于其生长。池塘溶解氧要求大于 5 毫克/升。

后期底质改良：养殖中后期，底部环境相对较差，各种有毒有害物质超标，造成水体缺氧，应定期抛洒生物改良型和氧化剂型底质改良剂消除池底隐患。池面如果有浮状物，应及时捞出塘外。尤其在高温季节，一旦缺氧将引起泛塘。在高温鱼虾生长旺季抓好 3 个关键：一是勤换水，宜少量不宜大量，每天加注 2～3 厘米新水或 3～5 天加注 3～5 厘米新水；二是以生物制剂调水，养殖中后期视水质情况使用微生态制剂；三是严格控制投饵量，阴天可少投甚至不投。

（四）投喂管理

该模式只投喂对虾，不给梭鱼投料。投喂含蛋白 42% 的凡纳滨对虾专用饲料，日投喂 3 次，傍晚占全天量的 50%。

（五）病害防控

虾苗采用无特定病原体携带的健康苗种，规格整齐，体质健壮，无病弱苗，体色正常。重视水质的净化和改良，采取"以防为主，防重于治"的方针。混养以凡纳滨对虾为主，通过少量混养梭鱼，有助于减少虾病的传播；加强巡塘，发现有缺氧浮头迹象立即开动增氧机增氧。

鱼常见病害有三毛金藻中毒症，在早春、晚秋甚至在梭鱼越冬期间时有发生，而且有造成养殖池塘"全军覆灭"的危险，一旦发病危害极大。预防措施：施用微生物肥料使绿藻、硅藻等有益藻类大量繁殖形成优势种群，抑制三毛金藻生长繁殖。注意施肥要适量，使水体透明度保持在 30 厘米左右为宜，如果早春或越冬前期池水透明度较大，可适当补施一些硫酸铵、过磷酸钙等化肥。治疗方法：①直接从水质较肥的邻近池塘抽取表层 20～30 厘米处的池水灌入发病池塘，每天 1 次，连续 3 天。②使用 0.7～1 毫克/升硫酸铜全池泼洒后，翌日选择黏性强的黏土（最好晒干碾碎）加水制成泥浆（水：黏土=100：3）全池均匀泼洒，使池水呈浑浊状，每天 1 次，连续 3 天。黏土具有较强的吸附性，能吸附水中的三毛金藻毒素沉降到池底，可以大大缓解中毒症状。

三、主要成效

以 2022 年为例，核心示范点黄骅市树桎淡水养殖专业合作社采用盐碱地凡纳滨对虾套养梭鱼养殖模式养殖面积 20 公顷，示范推广面积 533.33 公顷。核心示范点梭鱼每公顷产量达到 1 110 千克，凡纳滨对虾每公顷产量

4 110千克，每公顷效益 55 800 元。新增产量 27.9 吨，新增产值 124.32 万元，新增效益 56.7 万元，总效益是 2019—2021 年平均值的 2.03 倍。

在养殖管理中，以使用生物活水素与生物制剂为主，来调节养殖水质。通过使用光合细菌、芽孢杆菌、硝化细菌、反硝化细菌等多种生物菌体能迅速调节养殖水域环境的平衡和稳定，降解养殖水体中的氨氮、亚硝酸盐，消除硫化氢净化水质，能够有效分解残饵、鱼虾排泄物，絮凝沉降，改善水质。既降低了养殖成本，提高经济效益，也做到了生态养殖，对生态环境影响很小（图 22-2）。

图 22-2 生态养殖观察生长情况

四、经验启示

通过盐碱地凡纳滨对虾套养梭鱼养殖模式的示范带动，有效提高了沧州地区盐碱地和盐碱水综合利用效益，实现渔业利益最大化，有效提高了养殖户科技素质和管理水平，渔业生产综合效能得到有效提高，实现了沧州市盐碱地开发的特色和创新。

在沧州地区开展盐碱地凡纳滨对虾套养梭鱼养殖模式，不仅为消费者提供了优质蛋白，还拓宽了渔业发展空间，对实现保粮、增渔、增效，促进农业经济持续健康发展具有重要意义。

河北省黄骅市树桎淡水养殖专业合作社   刘金礼

河北盐碱池塘大宗淡水鱼套养凡纳滨对虾

一、基本情况

河北省邯郸市的永年洼属于黑龙港流域，是继白洋淀、衡水湖之后的华北第三大洼淀，是河北省南部唯一的内陆淡水湿地生态系统，其南临滏阳河，东有支漳河，东北有留垒河，北有牛尾河，水域面积0.31万公顷，其中有集中连片池塘400多公顷。盐碱水水质主要为重碳酸氯化物钠镁型水和重碳酸硫钠水，水体中阳离子主要为 K^+、Na^+、Ca^{2+}、Mg^{2+} 等，阴离子主要为 CO_3^{2-}、HCO_3^-、Cl^-、SO_4^{2-} 等。长期以来，池塘以大宗淡水鱼精养为主，由于近年来，饲料、苗种等养殖成本不断增加，养殖增收空间越来越小。

盐碱地池塘-大宗淡水鱼套养凡纳滨对虾模式，是针对养殖现状，在河北省水产技术推广总站和淡水养殖创新团队相关专家的指导下，尝试开展的大宗淡水鱼套养凡纳滨对虾试验示范。通过这种立体养殖模式，有效提高养殖水体利用率，能够实现"一水两养、一季双收"的目的，在不影响大宗淡水鱼正常养殖的情况下，多收一茬凡纳滨对虾，帮助养殖户实现了增产增收，取得了较好的经济效益。

邯郸市水产技术推广站自2016年起在河北省水产技术推广总站的指导下，在永年区广府特种水产养殖场开展盐碱地池塘-大宗淡水鱼套养凡纳滨对虾模式的构建，为盐碱地池塘立体养殖提供技术支撑。示范点位于永年区广府镇东关。利用原有大宗淡水鱼养殖池塘套养凡纳滨对虾，养殖池塘面积6公顷。

二、主要做法

（一）池塘设置及消毒

示范点共有15个养殖池塘，面积为0.33～0.53公顷，总面积共6公顷，池塘水深 2.5 米，养殖水源为过滤后的永年洼水，养殖池塘池底平坦，底质为泥底。每个池塘均配备 1 台 3 千瓦叶轮式增氧机。做好池塘消毒，定期调节水质。每年冬季将池塘晒干后用漂白粉等药物彻底清塘，然后进满水至次年春季使用，经过冬季的沉淀矿化可在一定程度改善水质。

（二）养殖模式及苗种投放

该示范点主养鱼类为草鱼，搭配鱼类为鲤、鳙、鲢，同时套养凡纳滨对虾。根据池塘和水质情况，合理选定放养时间。每年 3 月中下旬，投放体质健壮的大规格鱼种，培肥水体。5 月 20 日前后选择体格健壮，经淡化标粗的凡纳滨对虾苗，按每公顷 15 万尾密度投放。每公顷放 70～100 克的草鱼大规格苗种 15 000 尾，搭配鲤 3 000 尾，鲢 4 500 尾，鳙 1 500 尾，其中搭配鱼规格应不大于主养草鱼规格，再每公顷套养经淡化后的健康凡纳滨对虾苗 150 000 尾（图 23-1）。

图 23-1　凡纳滨对虾虾苗投放

（三）水质改良调控

在虾苗放养前 15 天还应进行药物消毒，最好使用氯制剂如二氧化氯、漂粉精等充分消毒，彻底杀灭致病菌和敌害生物，不使用碱性强的消毒药物（如生石灰）。调节 pH、氨氮时，先使用轮虫净、阿维菌素杀灭轮虫等浮游动物后，再使用明矾、降碱灵、EM 菌等降解 pH 和氨氮。当检测 pH 在 7.7～8.3，氨氮小于 1 毫克/升，有毒氨小于 0.1 毫克/升，水质理化指标达标后再进行肥水。同时，使用生物复合肥和光合细菌肥水，不使用碱性肥料肥水，使水色达到黄绿色、黄褐色或茶褐色，透明度在 25～30 厘米，即可放苗。肥水下塘是凡纳滨对虾养殖成功的第一步。在养殖前期，虾苗下塘后

20 天左右，进行第一次水体消毒，要选择温和、刺激性小的消毒药物（如二溴海因、溴氯海因、聚维酮碘、二氧化氯等）。以后每 15 天消毒 1 次，最好交替使用药物，避免产生耐药性，降低药效，也不要随意增减药物剂量。在放苗前 3 天施用光合细菌 37.5～75 千克/（公顷·米）调节水质，以后每 10～15 天施用 1 次；至中后期改用复合菌如复合芽孢杆菌 15 千克/（公顷·米）、EM 菌 15 千克/（公顷·米）等调节水质，每 10～15 天施用 1 次。

（四）日常管理

强化日常管理，合理配置增氧机，按照每 0.33 公顷池塘配置 1 台 3 千瓦的标准配足增氧机。生长旺季根据需要及时开机增氧，以使池塘溶解氧不低于 4 毫克/升，从而满足鱼虾生长需要。按照"四定"投喂方式及时投喂，在夏季高温季节时，根据天气和生长情况，及时注入新水，保持水质良好。

（五）疾病防治

在疾病防治方面要做到"以防为主、防治结合"。在平时饲料中添加一些维生素 E、维生素 C、大蒜素、聚维酮碘、三黄粉等药物进行防治，要做到定期使用微生物制剂和底质改良剂，调节水质和底质；尽量少用抗生素和消毒药物，以防把水体中大量的有益藻类和菌群杀灭，引起水质突变，导致整个池塘生态环境的恶化。发病时应使用针对性较强的药物治疗，宜先改善好底质和水质，再进行对症治疗，使用内服药物（中西药结合）1～2 天后，再进行水体消毒。目的是提高鱼虾自身的免疫功能，减少因水体消毒导致水质变化，而使鱼虾产生应激反应。进行水体消毒时，要选用较为温和、刺激性小的药物，如二溴海因、二氧化氯、溴氯海因、碘制剂等。购买药物应注意鉴别药品的真伪，使用前认真阅读药品说明书，不要随意增减药物剂量，保证用药的安全性。

三、主要成效

2016 年起，邯郸市水产技术推广站在本市永年区广府特种水产养殖场试养推广 6 公顷，每公顷产成鱼 12 210 千克、凡纳滨对虾 570 千克，每公顷增收 20 400 元，每公顷新增效益 12 000 多元，效益十分显著。经过几年推广，目前永年区发展大宗淡水鱼套养凡纳滨对虾 33.33 余公顷，每公顷产成鱼 13 815 千克，每公顷产凡纳滨对虾 690 千克，每公顷增收万余元，经济效益十分可观。大宗淡水鱼套养凡纳滨对虾通过各类生物共生互养，使养殖生物和非养殖生物与水域环境之间形成一个合理的物质循环、能量流动系统，从而保持水域生态要素达到相对平衡，实现"一水两养、一季双收"，取得较好的经济效益和生态效益（图23-2、图23-3、图23-4）。

图23-2　凡纳滨对虾养殖中期打样

图23-3　凡纳滨对虾成虾

图 23-4　捕捞凡纳滨对虾

四、经验启示

发展盐碱地池塘—大宗淡水鱼套养凡纳滨对虾模式，可充分利用有限水域资源获得较高的经济效益，同时可有效地改善水域生态环境，对建设资源节约型、环境友好型社会具有极大的推动作用。在养殖池塘水面无法扩大的情况下，向单位水体要效益、要产出是目前积极可行的方向之一，也是未来水产养殖业发展的方向之一。据估算，示范点在扣除凡纳滨对虾苗种的投入之外，可以实现每公顷新增效益 12 000 元以上，仅此一项便可实现全年增收7.2 万元以上，对于当前大宗淡水鱼产品价格低迷的现状而言，无疑是养殖户有效增收的最佳手段之一。盐碱地池塘-大宗淡水鱼套养凡纳滨对虾模式是在盐碱地池塘实现"一水两养、一季双收"的有效模式，对在邯郸市盐碱地池塘养殖区实现水产养殖业转型升级提供了可靠模板和有效宣传，对于助力邯郸乡村振兴有极大的帮助。近年来，这一模式在邯郸永年洼区域完成了有效地推广，促进了养殖户的增产增收，丰富了本地水产品市场的种类。

盐碱地池塘-大宗淡水鱼套养凡纳滨对虾模式适宜在华北地区黑龙港流域盐碱池塘进行示范推广，建议制定相关的标准规程。

邯郸市水产技术推广站　王晓宁

永年区水产技术服务站　邢会民

24

内蒙古"以渔降盐、以渔降碱"
盐碱地渔农综合利用

一、基本情况

乌拉特中旗徽蒙农牧专业合作社成立于 2016 年 1 月，注册资金为 160 万元，合作社位于乌拉特中旗牧羊海牧场，目前精养面积 66.67 公顷，中华绒螯蟹套养青虾、对虾，年产中华绒螯蟹 7.5 万千克、虾 4 万千克，是一家集养殖、农作物种植、农产品销售为一体的农牧专业合作社。

二、主要做法

巴彦淖尔市地处高寒高海拔区域，毗邻黄河，有大片的盐碱地和盐碱水面，盐碱化严重的土地上，发展农业只能种植饲料玉米、向日葵等耐盐作物，想要发展高附加值农业非常困难。如今一场"盐碱水虾"的奇迹正在这片土地上发生。"盐碱地不能种庄稼，那么盐碱水能不能养鱼？有些鱼耐盐量较高，甚至喜欢含盐量高的水域。"中国水产科学研究院东海水产研究所的农科专家在 20 世纪 90 年代初提出了这一设想。近 30 年来，农科专家不断筛选合适的鱼种，因地制宜地设置养殖场、调整养殖方式等，探索"以渔降盐、以渔降碱"的盐碱地渔农综合利用模式。

乌拉特中旗徽蒙农牧专业合作，新建精养鱼虾蟹套养面积 200 公顷，利用项目区现有水资源优势，采用鳜-蟹、虾生态养殖方法，即鳜套养中华绒螯蟹、对虾养殖技术，其中套养鳜主要是利用蟹池内与中华绒螯蟹争食、争氧、争空间的野杂鱼、虾做饵料，有利于中华绒螯蟹产量和品质的提升；套养鲢主要用于消耗水中的浮游生物，起到改善水质作用。套养技术的应用可充分挖掘水体生产潜力，是水产养殖结构调整的一种可行的模式。

三、主要成效

合作社新建精养池塘 200 公顷，开展立体养殖后年产鳜 2.5 万千克、蟹 15 万千克、虾 2.5 万千克，年可实现经济效益 1 000 余万元。本项目的实施有效地推动当地水产养殖向规模化、现代化转变，提高鱼塘的利用率，同时也提高了产品的产量与质量，增加了收入。能够直接带动周边 10 余户农民发展水产养殖，间接带动周边 30 余户农民种植玉米等饲料。按每户养殖规模为 0.67 公顷计算，年收入可达 15.884 万元，按每户 4 人计算，人均收入可达 39 710 元。

合作社从低洼盐碱地的改造入手，通过多次外出考察学习，借鉴了立体养殖技术，引进了鳜、蟹、对虾等适应性强的新品种，同时采取立体养殖模式，变治碱为用碱，充分利用盐碱地发展水产养殖业，带动周边农民发展。

四、经验启示

合作社利用低洼盐碱荒地，发展"以渔治碱"生态养殖，形成种养良性循环的生态农业生产系统，有效遏制了项目区土壤盐渍化；利用湖泊，按照科学比例投放草食性、滤食性、吃食性鱼类，发展"以渔养水"生态养殖，在发展渔业生产的同时，降低了水域富营养化程度，改善水质，有效地保护了水域生态环境。

实践证明，"挖塘降盐、以渔治碱"能够解决盐碱地治理过程中洗盐排碱水的出路问题，同时盐碱地渔业治理模式具有新增投入少、治理周期短、提高产业效益的优势。

巴彦淖尔市水产服务中心　贺　培　郭　盛

25

内蒙古盐碱地中华绒螯蟹养殖

一、基本情况

近年来，内蒙古自治区巴彦淖尔市水产养殖业依靠黄河水的资源优势迅速发展起来，但常规鱼类养殖由于成本上升、市场冲击等原因，出现了增产不增收的情况。幸而，中华绒螯蟹等新品种已在本地区实现成功养殖：池塘人工种植水草、定向培藻等配套技术比较成熟，渔业新机械的推广使用及对养殖尾水的无害化处理也都步入正轨。良好的发展势头带动了旺盛的苗种需求。乌拉特前旗宜渔养殖面积较大，主要集中在乌梁素海周边的盐碱地、苇田，蟹苗需求量虽大，但都依靠外调。而外调苗种面临成活率都无保障、生长周期变化、抗病力低等多方面的问题，已经严重影响了中华绒螯蟹的产量和经济效益。因此，探索新的养殖模式已刻不容缓。

在这种情况下，根据当地自然、地理条件、种植历史、灌排特点等，有针对性地发展盐碱地渔农综合利用（稻田培育蟹苗）、盐碱水域增养殖（苇田养蟹）、盐碱地池塘养殖〔池塘人工种植水草、定向培养优质藻类（硅藻和绿藻）实现生态健康养殖〕创新产业，带动产业升级，就成为一种很好的选择。

乌拉特前旗新安福源海农贸养殖专业合作社成立于 2016 年，主营淡水水产品养殖及销售、农作物种植。2020 年通过"国家级健康养殖示范场"考核验收，树立了健康养殖绿色发展示范典型。合作社通过自治区水产推广中心技术处、市水产服务中心、旗水产服务中心指导，并与辽宁省盘锦市盘山县中华绒螯蟹研究所、光合蟹业有限公司技术合作，已连续三年进行小面积稻蟹综合种养试验，苇田增殖养蟹，池塘生态虾、蟹套养试验示范，掌握了适应本地区养殖环境的技术优势。

二、主要做法

2022年，合作社种植、养殖基地利用23.33公顷地进行稻田培育扣蟹苗（光合一号）试验示范，水稻品种选择"龙稻18""富源四号"。苇田养蟹40公顷、池塘人工种草（苦草、轮叶黑藻、伊乐藻）生态虾蟹套养养殖2公顷。技术及模式总结如下：

（1）蟹苗培育采取稻蟹共生的新型种植、养殖结合模式

水稻种植模式：旱直播，开展测土一次性施肥、生物防虫病技术，扣蟹养殖采用早放精养、科学投饵、测水调控、生态防病技术，使中华绒螯蟹在稻田生态环境中生长，提高蟹种成活率和规格，实现立体生态综合种养，开展稻蟹综合种养技术集成、示范、观摩服务。

（2）池塘生态虾蟹套养模式

A. 人工种植水草，定向培养小球藻、硅藻调水，用芽孢杆菌、光合细菌等微生物改底，投喂螺蛳养蟹。

B. 合理利用黑光灯诱虫为中华绒螯蟹提供天然饵料，节本增效。

C. 利用涌浪机、变频增氧机实现节能增效，综合应用远程控制增氧机等各种养殖设备。

D. 按照农业农村部的水产绿色养殖"五大行动"要求，做好养殖尾水处理和用药减量行动，认真落实水产品合格证制度。

（3）开展大规格中华绒螯蟹苗种培育和健康生态养大蟹技术模式及稻田套养蟹苗研究与示范，不断完善和创新。

（4）开展中华绒螯蟹优质动物性饵料、稻田底栖生物（浮游动物、水蚯蚓、田螺等）培养和投喂技术示范。

（5）通过产学研相结合的合作方式，集成、示范和推广稻渔（鱼、虾、蟹）综合种养新技术、新方法，构建盐碱水域苇田增养殖精品蟹模式。

三、主要成效

（一）社会效益

合作社最初由6人发起，到现在带动常年就业12人。稻蟹综合种养模式的应用推广，既可改良盐碱地、增加粮食产量，又为当地中华绒螯蟹养殖提供了优质种苗。开发苇田养蟹可提高乌梁素海周边苇田盐碱地的利用率，改善水环境，增加优质水产品的供给。合作社充分合理利用当地资源，发挥

示范区辐射带动作用，积极主动为本地区周边渔户提供生态健康养殖咨询和培训服务，联系和示范带动周边养殖渔民 50 户以上，提高周边渔户对生态健康养殖的认知程度和技术水平。

（二）生态效益

池塘定向培养硅藻、小球藻，合理运用芽孢杆菌、光合细菌调水，既可以为养殖品种提供天然饵料，又可以提高水体溶解氧、降低氨氮、亚硝酸盐、硫化氢，为养殖品种建立良好的生存环境，让养殖真正做到了少用药或不用药，同时也解决了养殖尾水净化问题，达到生态健康养殖效果。

（三）经济效益分析

（1）苇田养蟹 40 公顷　承包费、蟹苗、人工、调水改底等投入 12 万元，商品蟹产出 0.6 万千克×60 元/千克＝36 万元，每公顷效益 0.6 万元。

（2）池塘生态养殖 2 公顷　蟹苗、凡纳滨对虾苗、动保产品、水电、饲料等投入 3 万元，产出商品蟹 1 200 千克×100 元/千克＝12 万元，虾 500 千克×80 元/千克＝4 万元，每公顷效益 6.5 万元。

（3）稻田蟹苗 23.33 公顷　稻种、肥料、整地、防逃设施、大眼幼体、黑光灯、饲料、水电费等预计投入 35 万元，产出稻米 10.5 万千克×4 元/千克＝42 万元，蟹苗 1.75 万千克×20 元/千克＝35 万元，每公顷效益 1.8 万元。

四、经验启示

稻蟹、稻渔综合种养技术，盐碱地苇田养蟹，池塘生态健康养殖技术的应用既能改良盐碱地、调整种植结构，又能解决当地高品质的蟹苗供应问题，打造了可复制、可推广的技术模式样板，辐射带动生态健康养殖技术模式广泛应用，助力水产养殖业绿色发展。

巴彦淖尔市水产服务中心　佟春光　胡鹏飞

内蒙古盐碱地池塘＋高位棚养殖

一、基本情况

黄河流经包头境内全长 214 千米，沿黄地区均为盐碱地，且盐碱化程度较重。

包头市水产养殖主要集中在九原区、东河区、高新区、土右旗、达茂旗以及固阳县。2022 年，全市水产养殖面积 1 886 公顷，水产品养殖产量为 7 773 吨，其中九原区水产养殖面积 573 公顷、水产品养殖产量为 4870 吨。天佑生态农业科技有限责任公司位于包头市与巴彦淖尔市交界处的黄河之滨，成立于 2011 年，共有滩涂盐碱地面积 85.33 公顷，其中水产养殖面积 38.8 公顷、高位棚 2 000 米²，另外有 15 000 米² 的温室大棚养殖车间正在进行改造（图 26-1）。

图 26-1　天佑生态农业科技有限责任公司

天佑生态农业科技有限责任公司是包头市财政支持现代农业示范基地，包头市农畜产品质量安全追溯基地，包头市农牧业产业化重点龙头企业，被全国水产推广总站认定为内蒙古自治区水产绿色健康养殖技术推广"五大行动"骨干基地，连续三次被农业农村部评为水产健康养殖示范场。公司与内蒙古农业大学实行校企合作，进一步强化科研技术力量，已形成了以水产养殖为主的多元化发展模式。

在包头市畜牧水产推广服务中心与九原区畜牧水产中心的指导下，开展"盐碱地池塘＋高位棚"水产养殖模式示范。苗种在高位棚养殖车间培育到一定规格时，再分池倒入外塘养殖。商品鱼达到上市规格或冬季外塘结冰封塘时，再倒入高位棚循环水车间内暂养。通过此技术模式的利用，解决水产品集中上市销售难的问题，破解了包头当地水产品因冬季封池不易捕捞销售的难题。盐碱水经过水产养殖循环利用后，起到了洗盐排碱的作用，促进生态环境修复，既节省了资源，减轻了污染，同时也实现了渔业增产、渔民增收，对内蒙古沿黄地区盐碱地综合开发利用有积极的促进作用。

二、主要做法

（一）水产养殖品种

包头海拔高、气温低，天佑生态农业科技有限责任公司充分利用得天独厚的自然环境条件，选择虹鳟因地制宜地开展冷水鱼养殖，引入黄河水，选择著名品种黄河鲤开展特色养殖；同时，选择耐盐碱的、市场销售力强的、养殖效益好的大口黑鲈、杂交鲟等品种开展名特优水产品健康养殖。

（二）养殖技术模式

1. 养殖设施

高位棚养殖车间共 2 000 米^2，有 44 个 5 米×6 米的标准养殖池，总水体 1 800 米^3。养殖池壁顶端高于室内地面 1 米，池底设排水孔，直径为 10 厘米；每个池都设有进水口、充气设备，进排水设施完善。主要包括蓄水池、砂滤池、沉淀池、泵房、进水管道、过滤网等。高位棚养殖车间为苗种生产创造最适宜的生态环境，实行不同品种分养、不同规格分池、专人专管，利用微生物制剂加强水质调控，做到养殖科学化、管理现代化，已逐步形成适宜公司发展的养殖模式（图 26 - 2）。

2. 循环水再利用

高位棚车间排放的养殖水进入室外池塘与沟渠后进行再利用，与沟渠内

图26-2　高位棚养殖车间

原有引入的黄河水混合后，仿黄河生态环境养殖著名品种黄河鲤，沟渠内养殖的黄河鲤不进行饵料投喂，最大程度保证商品鱼的品质。室外池塘与沟渠养殖后的水进入沉淀净化池，净化后达标的水回到高位棚养殖车间，养殖过程中实现了循环水再利用（图26-3）。

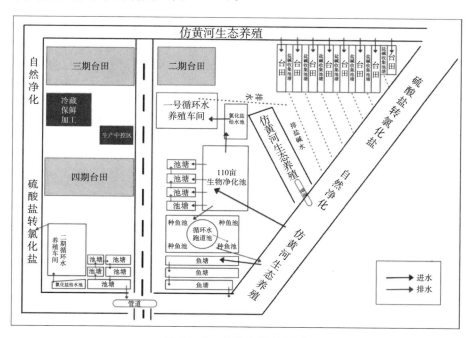

图26-3　养殖水循环利用

3. 苗种培育

包头市处于内蒙古西部地区，气温低，水产品养殖周期短。天佑生态农业科技有限责任公司充分利用高位棚养殖车间受气温环境影响小、池水温度稳定、易控等特点，提前按养殖品种特性及生产要求，分阶段、分批次进行苗种培育，为室外池塘及订单养殖户提供优质苗种，降低了养殖成本，延长了养殖周期，提升了水产品上市规格。通过采取高位棚育种养殖、循环水养殖、生态养殖、农户合作养殖等多种模式，实现养殖规模化、集约化、现代化。

4. 苗种驯化

在高位棚养殖车间内，苗种经过饵料驯化及水质驯化后，已逐步适应了包头水质条件与养殖环境，提高了苗种成活率与养殖效率。5月，气温升高后，外塘池水温度稳定，按照品种特性与生产需要，进行分池，倒入室外池塘养殖。冬季气温降低，在外塘结冰前，适时将未销售的外塘及仿生态渠内养殖的鱼倒入高位棚车间内暂养待售（图26-4）。

图26-4 仿生态渠

（三）经营模式

天佑生态农业科技有限责任公司引进区外优良品种和先进技术，充分利用区外广阔水产品销售市场，采用"公司＋基地＋养殖户"的先进经营模式，与养殖户签订订单，推行订单养殖。通过实行"统一养殖品种、统一技术管理、统一饲料供应、统一规格标准、统一收购销售"模式，充分保证了水产品的质量，市场竞争力与养殖效益得到显著提升。

三、主要成效

2022年，天佑生态农业科技有限责任公司开展苗种培育直接收入37万元，黄河鲤、鲈、鲟等商品鱼销售收入265万元，带动周边订单养殖户年增加收入 2.3 万元以上。

四、经验启示

九原区是包头市水产养殖重点区，渔业是九原区的传统产业。天佑生态农业科技有限责任公司是九原区水产重点示范企业，在天佑开展"盐碱地池塘＋高位棚"水产养殖模式示范，能充分发挥项目的引领与示范带动作用。发掘沿黄地区盐碱地养殖优势，在养殖户与市场之间架起流通桥梁与纽带，解决水产品因集中上市而导致的销售难题。通过引进优良品种、采用先进技术，利用科学化管理手段、实行现代化运营模式，实现"良种、良法、良技、良销"有机融合，提高了养殖产量与养殖效益，对全市水产养殖结构的调整与优化有积极的促进作用，推进了包头市渔业高质量发展，推动了内蒙古沿黄地区盐碱地综合利用。

包头市畜牧水产推广服务中心　李　艳

27

内蒙古盐碱地凡纳滨对虾
棚塘接力设施养殖

一、基本情况

包头市是内蒙古自治区西部较大的沿黄城市，黄河流经包头境内全长214 千米，沿黄地区均为盐碱地，且盐碱化程度较重。

优然种养殖农民专业合作位于黄河之滨，隶属于包头市九原区哈业胡同镇打不素村。"打不素"是蒙古语译名，意为"咸盐圪旦"，土壤盐碱化程度可见一斑。

包头市优然种养殖农民专业合作社成立于 2012 年，是一家集生产、经营、销售为一体的专业合作社，总占地面积 56.67 公顷，其中水产养殖面积12.13 公顷，有 9 900 米^2 和 8 600 米^2 的智能温室 2 个，用于开展凡纳滨对虾工厂化淡化与标粗（图 27 - 1）。

图 27 - 1　优然种养殖农民专业合作社

优然种养殖农民专业合作社是包头市农牧业产业化重点龙头企业，被评为带动地方经济发展突出贡献企业，被全国水产推广总站认定为内蒙古自治区水产绿色健康养殖技术推广"五大行动"骨干基地，被农业农村部评为水产健康养殖示范场、国家级示范社。经过多年的探索与发展，优然种养殖农民专业合作社已形成了以凡纳滨对虾养殖为主的多元化发展模式。

在包头市畜牧水产推广服务中心与九原区畜牧水产中心的指导下，优然种养殖农民专业合作社开展"盐碱地工厂＋棚塘"养殖凡纳滨对虾模式示范。在智能温室内的淡化车间选择投放 SPF 虾苗时进行淡化，淡化完成后，将虾苗转入智能温室标粗车间进行首次标粗，当虾苗达到一定规格后，再分池转入棚塘进行二次标粗，待规格达到 120～160 尾/千克时，再分池倒入室外池塘进行成虾养殖。

内蒙古沿黄地区温度低，凡纳滨对虾养殖时间短，导致上市规格小、产量低。开展"盐碱地工厂＋棚塘"凡纳滨对虾养殖，利用加温设施设备控制淡化、标粗过程中的池水温度，在池塘上加盖大棚进行二次标粗，可最大限度减少气候环境对养殖凡纳滨对虾的影响，降低应激、方便运输与投放，可增加养殖时间 28～35 天，有效提高虾苗成活率与凡纳滨对虾的商品率，使包头当地养殖的凡纳滨对虾提前销售，抢占市场先机，与区外调入的商品虾错峰上市，价格高、效益好。

二、主要做法

（一）凡纳滨对虾工厂化淡化技术

在智能温室内的淡化车间选择投放规格为 0.5 厘米的 SPF 虾苗，放养密度一般为 10 万尾/米^3。通过水体交换，每天降低池水盐度，但降幅不得超过 3，一般经过 7～10 天淡化后，虾苗体长由原来的 0.5 厘米增加到0.8～1 厘米时，避开虾苗蜕壳期，转入标粗池进行大规格虾苗培育。虾苗投放前，全池泼洒维生素 C 溶液和葡萄糖酸钙，降低虾苗因环境变化产生的应激反应，提高虾苗成活率。淡化过程中，需要合理调控增氧、加热设备，确保淡化池溶解氧在 6 毫克/升以上，水温保持在 25～28℃，pH 在 7.5～8.5 为宜，氨氮含量应控制在 0.1 毫克/升以下，满足淡化期间虾苗正常摄食蜕壳生长需求。放苗后投喂卤虫、虾片饵料作为开口饵料，每天投喂 6 次（图 27 - 2）。

（二）凡纳滨对虾工厂化标粗技术

将淡化好的优质虾苗倒入智能温室内进行首次标粗，放养密度一般为 3 万尾/米^3，淡化暂养 20～30 天，待标粗池水的盐度与棚塘池水的盐度相近，

图 27-2　凡纳滨对虾工厂化淡化

可分池倒入棚塘进行二次标粗。标粗期间，每天降低的盐度不超过 1，重点做好水质调控、矿物质补充，做到合理投喂，加强日常管理与病害防治。放苗前 5 天，选用 EM 菌剂进行肥水，每天投喂 4 次，每 3～5 天要进行 1 次肥水和池底改良，每间隔 3 天全池泼洒钙、镁、钾等微量元素产品，满足虾苗对矿物质的需求，合理调控加热设备，使水温维持在 25℃以上（图 27-3）。

图 27-3　凡纳滨对虾工厂化标粗

（三）凡纳滨对虾棚塘二次标粗技术

在池塘上加盖钢结构温室大棚，棚高 5～6 米，棚两侧设 1 米宽的通风口，以利于温度控制。包头地处内蒙古高原，风沙大，建成后的大棚要具备防大风甚至暴风的能力。

将标粗好的、体质健壮的虾苗通过地下暗管自动排入棚塘池内进行二次标粗（图 27 - 4）。随时关注天气变化，根据实际情况与养殖需要及时通风，控制池水温度，做好水质调控、合理使用动保产品，以提高凡纳滨对虾的体质，并做好病害防治工作。待规格达到 120～160 尾/千克时，再分池倒入室外池塘进行成虾养殖。

图 27 - 4　凡纳滨对虾棚塘池二次标粗

虾苗分池，不需要人工出塘投放，只需将地下暗管打开，虾苗自动排出进入指定池，减少了对虾苗的损伤，进一步提高了凡纳滨对虾的养殖成活率。

（四）经营模式

包头地处祖国北方，温度低，每年凡纳滨对虾苗种投放的时间晚，从山东、海南等地调运的虾苗一般情况下均为尾苗，虾苗品质差，成活率低，不易养殖，效益低，挫伤了养殖户的积极性，不利于凡纳滨对虾行业发展。

优然种养殖农民专业合作社开展"盐碱地工厂＋棚塘"养殖凡纳滨对虾模式示范应用，减轻了包头地区温度低、温差大等自然条件的限制。合理利用智能温室、棚塘等现代化设施设备，分批次、分阶段开展凡纳滨对虾的淡化、标粗与成虾养殖，做到了科学合理，使资源利用率最大化。

淡化、标粗后的虾苗一部分由优然种养殖农民专业合作社自养成商品虾，一部分被周边盟市没有凡纳滨对虾淡化、标粗能力的养殖户购买。第二批淡化、标粗的虾苗作为苗种销售至鄂尔多斯市、巴彦淖尔市及周边的小养殖户直接进行外塘养殖。经过本地淡化、标粗养殖后的虾苗，已逐步适应了包头水质条件与养殖环境，比从区外购买的标粗虾苗价格低、成活率高，进一步降低了成本，提高了凡纳滨对虾的养殖效益，带动了周边盟市凡纳滨对虾的产业化发展。

三、主要成效

2022 年，优然种养殖农民专业合作社销售凡纳滨对虾淡化虾苗 150 万尾，直接收入 10.5 万元；销售凡纳滨对虾标粗虾苗 150 万尾，直接收入 22.5 万元；商品虾销售收入 382 万元。

四、经验启示

凡纳滨对虾是广盐性品种，生长速度快，养殖周期短，是盐碱地养殖的优良品种，盐碱水养殖的凡纳滨对虾口感好、品质高，具有较强的市场竞争力。目前，内蒙古自治区西部沿黄各盟市均开始养殖凡纳滨对虾。凡纳滨对虾是推进盐碱地综合开发利用的优选水产养殖品种，因凡纳滨对虾市场竞争力强，养殖效益高，也是推广的优选品种。2022 年，包头市水产品养殖产量为 7 773 吨，全市凡纳滨对虾养殖产量为 150 吨，凡纳滨对虾养殖产量仅占总产量的 2%。由此可见，包头地区凡纳滨对虾养殖技术未能大面积推广应用，但沿黄地区的盐碱度等水质条件适宜养殖凡纳滨对虾，产业发展潜力较大，包头地区应大力推广凡纳滨对虾养殖技术。

目前，包头市凡纳滨对虾养殖技术已逐渐成熟，但虾苗淡化、标粗仍是发展的薄弱环节。开展凡纳滨对虾工厂化淡化、标粗技术应用，建设包头凡纳滨对虾育苗基地，攻克示范推广凡纳滨对虾养殖技术核心难题，推广盐碱地凡纳滨对虾棚塘养殖技术，可有效缓解包头水产养殖品种少、养殖结构简单、集中出塘销售、市场竞争力差、养殖效益低的压力，为内蒙古沿黄地区盐碱地综合开发利用探索一条新技术途径，做好盐碱地特色农业这篇大文章。

包头市畜牧水产推广服务中心　李　艳

28 内蒙古盐碱地螺旋藻养殖

一、基本情况

内蒙古自治区鄂尔多斯市鄂托克旗现有螺旋藻产业园 826.67 公顷，入驻企业 21 家，螺旋藻养殖大棚 4921 座，螺旋藻养殖面积 328.07 公顷，该盐碱水类型属碳酸盐型盐碱水。鄂托克旗螺旋藻产业园区位于"北纬 39 度螺旋藻黄金生长带"，年日照平均超过 3 000 小时，阴雨天少，有利于藻的光合作用，适宜于螺旋藻养殖，且昼夜温差大、气候干燥，特别有利于蛋白质等物质的积累，园区周边 100 千米范围内无污染企业，该区域是发展螺旋藻产业的优良地带。

盐碱地螺旋藻大棚内置跑道式养殖是在设施化大棚内置跑道式养殖池，从碱湖中取用母液碱及小苏打配制养殖营养液进行螺旋藻养殖。1995 年，内蒙古农业大学乔辰教授带领的螺旋藻课题组在鄂托克旗的碱湖中发现了中国自己的螺旋藻藻种——鄂尔多斯钝顶螺旋藻。中国螺旋藻产业知名专家胡鸿钧教授指出，天然钝顶螺旋藻是世界上最优质的螺旋藻之一，蛋白质含量高，而且是唯一含有 DHA 的优良藻种，这在国内外还尚属首次发现。胡鸿钧曾为鄂托克旗螺旋藻产业题词："中国螺旋藻产业的希望"。

二、主要做法

（一）设施构造

（1）大棚的选择　设施化大棚主要用跑道式养殖池，采用铁管或钢管搭建地面以上跨度为 5.67 米、高度为 1.2 米、长度为 100～120 米的拱形结构大棚，并用 0.1 毫米透光的塑料膜封闭；内置环形跑道式水泥池或无杂质的细沙铺地塑料覆盖养殖池，池深 0.45 米，池宽 5～6 米，池长 100～120 米，在池中间建 95～110 米塑料隔墙一道，高度 0.45～0.50 米（图 28-1、

图 28-2）。

图 28-1　螺旋藻养殖大棚（外部）

图 28-2　螺旋藻养殖大棚（内部）

（2）设施的配备　配备搅动养殖液的叶轮搅拌器及进排水设施，使用 1.5～2.2 千瓦变频电机带动叶轮的搅拌器。此装置可以促进水体流动，增加气体和营养物质交换，加强光合作用，促进螺旋藻健康生长。

（二）养殖液配置

从碱湖中取用母液碱及小苏打配制养殖营养液，养殖过程中养殖池营养液 pH 控制在 9～10.5，当 pH 高于 11.5 时补充二氧化碳，将 pH 降低至 9～10.5；养殖池营养液液面的高度控制在 260～340 毫米；养殖池营养液温度应控制在 25～38℃，根据温度变化采取通风或保温措施。

（三）品种选择和接种

选用钝顶螺旋藻或极大螺旋藻，经扩大培养后放入养殖大棚进行养殖生

产；接种当日气温达到 20℃以上，接种时间早上 8：00～10：00，接种
OD$_{560}$值为 0.1。

(四) 养殖与采收

养殖时间一般为 4～6 天，藻液 OD$_{560}$值达 0.6 以上可进行采收，0.2 以
下停止采收。养殖过程中注意观察营养液颜色和螺旋藻有无死藻、虫害情
况。用显微镜观察有无杂藻、原生动物及其他浮游生物等情况，特别是轮
虫；虫害防治贯彻"预防为主，积极防治"的方针，轮虫用 0.01%～
0.015%的碳酸氢铵溶液进行防治，水蚤则通过阻隔成虫进入大棚的方法
进行防治。

(五) 营养不良和藻种退化处理

养殖池内的藻液出现发黄等营养不良的现象，应及时添加营养。显微镜
观察，螺旋藻呈压缩弹簧状或其他异常状况，如出现藻体个小、采收量锐
减，应更换藻种或补充营养液，特别严重时应彻底清池。

(六) 藻粉的制备

养殖液经过沉淀池或旋流除沙器将沙子除去后，用 350～400 目滤布过
滤得到藻泥，用清水洗涤藻泥 1～3 次，清洗后藻泥 pH 应为 7.0～8.0，藻
泥存放时间春秋季不得超过 4 小时，夏季不得超过 2 小时；洗好的藻泥用离
心喷雾式干燥设备进行干燥，控制进风温度在 180～200℃，控制出风温度
在 68～78℃，塔压空载在 0.3～0.8 兆帕，并保证藻粉的水分、颜色稳定均
一。藻粉应存放于避光、干燥、清洁的专用仓库中，不得与有害、有毒、易
污染的物品同时贮存（图 28-3）。

图 28-3　螺旋藻粉

三、主要成效

2022 年，园区生产螺旋藻粉达 5 000 吨，占全国总产量的 40％以上，全球总产量的 30％以上；生产螺旋藻片 400 余吨，藻蓝蛋白粉 80 余吨。作为全球最大的螺旋藻规模化产业集群养殖基地、全球主要的螺旋藻粉和藻蓝蛋白粉出口基地，不仅产能在全球独大，产品质量也得到国外客户高度认可，70％以上产品远销到美国、德国、英国、法国等 20 多个国家和地区。园区产业带动就业人员 1200 多人。螺旋藻生长繁殖快，周期短，人工栽培时从接种培养到收获只需 4～8 天。以每千克干藻含植物蛋白 600～700 克计算，每公顷水面收获的干藻所含的营养价值相当于 45 吨大豆，单位蛋白质产量比大豆高出 25 倍。螺旋藻大棚内置跑道式养殖，促进产业转型升级，通过项目带动、资金引导，加快低值水产品、水产保健食品综合开发，促进水产加工业向纵深发展，科技含量高、附加值高的精深水产加工产品不断涌现。其中，通过实施"以渔改碱"，以螺旋藻养殖与加工为突破口，不仅为当地农民提供就业岗位，助力当地经济发展，且为北方地区盐碱地生态利用探索出一条新路子。

四、经验启示

鄂尔多斯市鄂托克旗螺旋藻养殖发展已成规模。由于采用的是跑道式大棚养殖，底层用塑料薄膜防渗，薄膜隔离养殖液与土壤，螺旋藻养殖对土地类型没有特殊要求；而且，养殖液呈碱性，养殖中偶尔的渗漏对盐碱地的影响极为有限，可有效开发利用盐碱水。我国人多地少，食用蛋白、饲用蛋白日趋紧缺，开发不占陆地资源的螺旋藻意义深远。螺旋藻是一种新型"药食同源"的优质菌体蛋白，具有很高的营养、保健、医药价值，其生长繁殖快、光合能力强，既是单位面积蛋白质产量最高的物种，又是优化空气质量的能手。实现江河湖海农牧化，利用水面生产高质量的蛋白质，是保障粮食安全的重要抓手。螺旋藻养殖过程中可以吸收二氧化碳释放氧气，螺旋藻固碳被收获后，将碳转移出水体。这个过程提升渔业碳汇，减少空气中的二氧化碳，并减缓水体酸化和气候变暖。

鄂尔多斯市农牧技术推广中心　王　婷　王　浩

29 内蒙古盐碱地"棚塘接力"凡纳滨对虾养殖

一、基本情况

内蒙古自治区鄂尔多斯市准格尔旗、达拉特旗和杭锦旗现有凡纳滨对虾"棚塘接力"核心示范点 6 个,淡化棚(车间)10 000 米²,标粗棚 12.73 公顷。养殖区域属于黄河流经区域,常年少雨,地表水分不断蒸发富集了盐碱,形成了大面积无法耕种的盐碱地,土地盐碱化严重,该盐碱水类型属碳酸盐型盐碱水。

凡纳滨对虾"棚塘接力"养殖模式,是针对西北地区有效积温低、温差大、生长周期短的物候条件,优化养殖结构,改善池塘设施,搭配建设节能日光温棚,利用冬末春初时段,在温棚条件下提早淡化、标粗凡纳滨对虾苗种,适时转入室外池塘养殖,极大缩短养殖周期的一种养殖模式。"棚塘接力"即室内淡化(4 月中旬进苗)10 天,大棚标粗(4 月底至 5 月底进棚)30 天得到 3~5 厘米苗,池塘养殖(5 月底至 6 月初进塘)50 天达到 80 尾/千克即可上市,该模式可以延长养殖周期,实现一年养殖两茬虾。2021 年以来,鄂尔多斯市农牧技术推广中心与中国水产科学研究院南海水产研究所、内蒙古自治区农牧业技术推广中心紧密合作,实施国家重点研发计划"蓝色粮仓科技创新"重点专项子项目"西北硫酸型盐碱水精准养殖模式构建与示范应用"积极推行凡纳滨对虾"棚塘接力"养殖模式,示范点位于杭锦旗独贵镇独贵村内蒙古渔农科技有限公司。

二、主要做法

(一)"棚"构造

(1)淡化车间　车间高出地面至少 3 米,主结构采用"砖混+钢架结构",顶覆塑料膜,保证充足的采光量(图 29-1)。

图 29-1 淡化车间

（2）淡化池 以室内淡化池为宜，池规格直径 3 米×高 1.45 米。池底向中央排水口倾斜，倾斜度 1%，中央设锥形排水区和排污口。同时，设置配套蓄水池，且最少有两个，蓄水池的容量应满足淡化标粗池 1/4 以上的用水量。

（3）标粗大棚 东西向，棚高出地面至少 2 米，采用镀锌钢管作为支撑架，上覆单层塑料薄膜。根据标粗池的面积和养殖产量确定小棚面积的大小（图 29-2）。

图 29-2 标粗大棚

（4）标粗池 标粗池面积为 0.07~0.13 公顷，土池深 1~2 米，放苗前平均水深 1~1.5 米，池底需均匀放置纳米盘，罗茨鼓风机外部通过连接池底纳米盘实现标粗池供氧。

（5）配套设施

A. 增氧设备 可采用罗茨鼓风机带气石，一般每平方米应有 1 个气石或纳米盘,以保证溶解氧在 5 毫克/升以上。

B. 控温设备 水体加热主要通过使用锅炉加热的方式,标粗棚使用塑料膜,有利于白天吸收阳光提高水温。淡化和标粗期间水温应控制在虾苗的最适温度 28℃左右。

C. 进、排水设施 进水可利用水位差,也可采用水泵抽水的方式,排水要方便。进水要用 80 目的双层筛绢网过滤,要经常清洗筛绢网并防止冲破,必要时更换,避免敌害生物进入。

D. 备用发电机 淡化和标粗期间要配置备用的发电机组,其功率可按增氧设备功率的 1.5 倍配置。

(二)"塘"构造

池塘采用长方形,东西走向,面积 0.67～1.33 公顷,水深 1.8～2.5 米,淤泥深小于 0.2 米,池埂高 2.5～3.5 米。池的两端设进、排水设施。配备增氧设备。每 0.33 公顷池塘安装 3.0 千瓦增氧机 1～2 台,在池塘载虾量增加的情况下,增加增氧机台数。

(三)温棚阶段

1. 虾苗淡化

(1)水质要求 水质应符合《渔业水质标准》(GB 11607—1989)的要求。放苗前先配置好与仔虾池水相应的盐度、温度、pH,对配置好的"人工海水"要充分曝气,在进苗之前要检测 pH、氨氮、亚硝酸盐等指标,如有异常及时调整。

(2)淡化密度 放养密度控制在 5 万～8 万尾/米³ 为宜。

(3)饲料投喂 投喂卤虫无节幼体、虾片等。

(4)水温控制 淡化池水温应保持在 25～28℃。虾苗经过长时间运输在进入淡化池前,淡化池的水温应和运输虾苗的水温相同,之后才需要逐步提高水温,到出苗前几天还要降到和室外水温相适应。水温过高时,可以通过加注冷水或者开窗通风等方式降低水体温度。

(5)淡化操作 采取逐步淡化的方法,淡化时应遵循以下原则:用于淡化虾苗的淡水必须消毒、曝气,并调理水质符合养殖生长要求。仔虾第 5 期0.5 厘米左右开始淡化,淡化宜于白天进行,从虾苗进入淡化池第 2 天开始,每天进行 1 次换水,每次换水 5～20 厘米,保持淡化池水温、水色和营养盐类的稳定和平衡。淡化速度前快后慢,一般需淡化 10 天。将盐度从 20左右降到与外塘水体盐度一致,虾苗为 1 厘米左右,成活率 80% 以上。

2. 虾苗标粗

在标粗棚进行，用时 30 天左右，将虾苗养殖至 3～5 厘米，成活率 85%以上。

（四）池塘阶段

用时约 50 天，规格 60～80 尾/千克，每公顷产 4 500 千克。

1. 环境

产地环境应符合 GB/T 18407.4—2001 的要求。水源应符合 GB 11607—1989 的规定。通水、通电、交通方便、环境无污染。

2. 放养前准备工作

（1）清塘消毒　池塘都要清淤，晒池底，干塘期一个月以上。进水水深 1.2 米（边深），每个池塘必须在 3 天内加满，进水需经 80 目双层网过滤。傍晚用 50 克/米³ 的漂白粉全水体消毒，开增氧机半小时，搅拌均匀。消毒 24 小时后，每公顷用 375 千克茶籽饼（浸泡 12 小时后），清除野杂鱼类。3 天后可以放苗。

（2）肥水　在放苗前对池塘水体进行培藻肥水，一般采用有机肥作为基肥，看水色和透明度酌情增减用量。放虾苗前一天使用密网拉池塘两次，清除杀灭竞争性敌对生物、青苔等丝状藻类以及一些田螺，以提高虾苗的成活率。

3. 虾苗放养

（1）放苗环境　放苗时，虾池水深 60～80 厘米，水温 22℃以上，避免在大风、暴雨天放苗。

（2）放养时间及密度　5—6 月放苗，半精养池以 1 万～2 万尾为宜，精养池以 3 万～5 万尾为宜。

4. 饲养管理

放苗后，即可投喂饲料，投饵量为每万尾虾苗每次投 5～10 克/次。配合饲料日投饵率以虾体重的 3%～8% 为宜。

5. 日常管理

（1）巡池　每天凌晨和傍晚各巡塘 1 次，观察水质变化，检查虾的活动、摄食情况，检修养殖设施，发现问题及时解决。

（2）测定水质　每天测定水温、pH、透明度等水质要素。定期检测溶解氧、池内浮游生物种类及数量变化。定期（10～15 天）测定虾的体长、体重等生长指标，每次测量尾数应大于 30 尾。

6. 病害防治

坚持"预防为主、防治结合",发现病死虾要及时捞出,对捞出的病死虾进行体表和体内检查,确定病因后再选用药物,严禁不明病因乱用药物,严禁使用违禁药物,严格遵守休药期规定。用药时必须按药物说明使用,一不能减量,二不能超量,用药后要如实填写水产养殖用药记录。

三、主要成效

以 2022 年为例,核心示范点内蒙古渔农科技有限公司,占地 11.6 公顷,养殖水面 8 公顷。已建成凡纳滨对虾标准淡化车间 1 座,占地 350 米^2,单批次可淡化虾苗 1 000 万尾;建成标粗棚 2 座,占地 0.53 公顷。年产凡纳滨对虾 25 吨,每公顷产量达 3 750 千克,规格 60～80 尾/千克。淡化成活率达 80％以上,标粗成活率达 85％以上。凡纳滨对虾"棚塘接力"养殖模式能够提高养殖成活率,缩短养殖周期,大大提高了土地利用率,提升养殖效益,增加渔民收入、创造就业机会,对于缓解水资源危机和改善恶劣盐碱水土生态环境也具有重要意义。

四、经验启示

在西北地区盐碱地水源较好的地区开展凡纳滨对虾"棚塘接力"养殖模式,既能有效提高凡纳滨对虾养殖成活率,避开高温期与高密度的"双高"风险期,还能大大提高土地利用率,改良盐碱地土壤土质,起到改良盐碱地的作用,给当地老百姓提供就业机会。凡纳滨对虾"棚塘接力"养殖模式,是一种全新的凡纳滨对虾养殖新出路。此模式有力证明了利用盐碱地及农田灌溉渗水资源发展特色品种养殖是改善西北水产品品种单一、效益低等"短板",提升"以渔改碱"水平,优化产业结构,促进渔业绿色发展的有力措施。盐碱地原本的生产力几乎为零,通过水产养殖把土地生产力提高,促进当地的乡村振兴,也是一举多得。有着大量闲置土地资源的内陆盐碱地区或将成为下一块养虾热土。

鄂尔多斯市农牧技术推广中心　吴　桃　张子军

30

内蒙古盐碱池塘凡纳滨对虾养殖

一、基本情况

内蒙古自治区鄂尔多斯市准格尔旗、达拉特旗、杭锦旗现有凡纳滨对虾池塘养殖面积约266.67公顷。

盐碱地凡纳滨对虾池塘养殖技术，是在充分利用盐碱地土地资源的基础上，通过直接应用盐碱水或调节其他水资源后进行凡纳滨对虾的养殖，该技术能使荒芜多年的盐碱地变废为宝，是开辟盐碱地开发与利用的有效途径之一。通过该技术，解决了盐碱地（水）池塘水体菌藻调控、工厂化苗种淡化、标粗等技术，查明了典型盐碱地地下水和地表水的水质特点及其离子组成的变动规律，可为盐碱地凡纳滨对虾及其他水产养殖用水的处理与离子调配提供参考，该技术填补了内蒙古地区虾类养殖的空白，是一项能够发展新型产业，助力乡村产业振兴的重要水产养殖技术。

2017年起，鄂尔多斯市开始在杭锦旗盐碱地进行凡纳滨对虾的试验示范工作。2019年，经过反复试验，该市突破了凡纳滨对虾养殖淡化、标粗技术瓶颈，并依据盐碱地特性、气候条件等因素，因地制宜，自主研发了"人工海水"配方，不仅提高了虾苗淡化成活率，还大幅降低了生产成本。经实践应用，虾苗淡化成活率达80%以上，成本较其他方法降低50%以上，项目成果被鉴定为自治区领先。2020年，"黄河流域凡纳滨对虾健康养殖示范与推广"项目荣获内蒙古自治区"农牧渔业丰收奖二等奖"，总结的"盐碱地凡纳滨对虾健康养殖"技术，被内蒙古自治区农牧厅认定为"主推技术"在全区范围内推广。

二、主要做法

（一）池塘的条件

池塘长方形、东西向、池底 U 形（图 30-1）；池塘宽度为 40～60 米，长大于 40 米，池深 1.5～2.5 米（池边 1.2 米，中间 2.5 米），水深 1.2～2.0 米，进水口、排水口坡度 40～60 厘米高。

图 30-1　池塘全景

（二）配套设施

（1）供电　变压器≥22.5 千瓦/公顷；发电机＞18 千瓦/公顷。

（2）增氧机　功率≥11.25 千瓦/公顷。

（三）养殖管理

1. 放苗前准备

（1）晒池底，干塘期 1 个月以上。

（2）进水水深 1.2 米（边深），每个池塘必须在 3 天内加满，进水需经 80 目双层网过滤。

（3）对于内陆盐度＜0.5 的盐碱水，要加入适量的微量元素。

（4）按照消毒程序，傍晚用漂白粉 50 克/米^3 剂量，开增氧机半小时，搅拌均匀，全水体消毒（有效氯＞12 克/吨）。3 天后可以放苗。

（5）消毒 24 小时后，每公顷用 375 千克茶籽饼（浸泡 12 小时后），清除野杂鱼类。

2. 放苗

（1）放苗时间　用茶籽饼后 3～5 天放苗。

（2）放苗密度　每公顷放苗量 30 万尾。

（3）放苗水质　14：00 时 pH<8.6。

3. 投喂

（1）1～7 日龄（体长约 2.5 厘米内）　每公顷每日投喂开口料7 500克。

（2）7～15 日龄（体长约 4 厘米内）　每公顷每日投喂 7 500～22 500克。

（3）15～25 日龄　不定量，每日 2～3 餐，控料时间 3～4 小时，2%放料台。池塘面积<0.2 公顷，放置 1 个料台。面积>0.2 公顷，放置 2 个料台，上下风口各 1 个。料台放置深度大于 1 米。

（4）25～30 日龄　一日 3 餐（07：00、12：00、17：00），控料时间 2 小时，2%放料台。

（5）30 日龄至收虾　一日 3 餐，控料时间 1.5 小时，2%放料台。

在料台查料的同时，每天上午至少 1 次抛网刮底检查，看虾、查料。

4. 水质调控

（1）水质指标　盐度>0.7；沉淀度<10 毫升/升；溶解氧（DO）5～8 毫克/升；pH 7.8～8.6（日波动<0.5），其中 07：00 时 7.8～8.0，14：00 时 8.4～8.6。氨氮<1.0 毫克/升；亚硝酸盐：海水<2 毫克/升，淡水<0.2 毫克/升。

（2）水质调控　水质调控核心是控制 pH 阈值，当 14：00 时 pH 检测>8.6，全池投放发酵料液 180 千克/公顷，白天加开增氧机曝气；每次泼洒后 1 小时，再一次监测 pH，循环泼洒，直到达标；停料或减料。

当 07：00pH 检测<7.8，或者是 15：00 检测<8.4 时，减料或停料，夜里加开增氧机；傍晚投块状石灰 75 千克/公顷，次日泼洒发酵料。

监控溶解氧（DO），当 DO>8 毫克/升时，措施同降 pH。当 DO<5 毫克/升，开增氧机并减料或停料。当 DO<2 毫克/升，加增氧剂（过碳酸钠）、停料、加开增氧机。

5. 换水

如井水水质指标良好可直接添换水；用蓄水池换水，要执行消毒程序。

三、主要成效

鄂尔多斯盐碱地凡纳滨对虾池塘养殖技术成为了乡村扶贫致富的明星养殖技术，受到地方政府和农户的极大关注，2019—2022 年期间，中央电视台、《环球时报》《内蒙古日报》、鄂尔多斯电视台等多家媒体先后进行了报道宣传。

以 2022 年为例，鄂尔多斯市盐碱地凡纳滨对虾养殖面积 8 398 公顷，产值 32 391.1 万元，平均产值 38 569.5 元/公顷。对于养殖周期 1 年左右的鱼类养殖，凡纳滨对虾养殖周期只需要 3 个月，缩短了养殖时间。当前盐碱地养殖凡纳滨对虾平均产量为 4 500 千克/公顷，成本为 45 000 元/公顷，销售平均价格 60 元/千克，产值为 270 000 元/公顷，净产值为 225 000 元/公顷，远高于当地水产品养殖的平均产值，具有良好的经济效益，是助力乡村产业振兴的优良模式。同时，盐碱地养虾根据"盐碱随水而来，随水而去"的特点，以渔业开发为基础，以生态治理为目标，还可达到"以渔降盐、以渔治碱、种养结合"的效果（图 30-2）。

图 30-2　凡纳滨对虾养殖池塘

四、经验启示

内蒙古西部黄河流经区域是我国盐碱化土壤分布面积较广、土壤积盐较重的地区。实践表明，发展盐碱地生态渔业，可以发挥"以渔降盐、以渔改碱"作用，实现盐碱地水土资源化利用，是治理盐碱地提供后备耕地资源的有效手段，拓展了渔业发展空间，提高渔业综合生产能力。同时，可提高农民收入，促进落后地区发展，对于缓解水资源危机和改善恶劣盐碱水土生态环境也具有重要意义。

鄂尔多斯市农牧技术推广中心　王　浩　吴　桃

31 内蒙古盐碱地高标准渔农综合种养

一、基本情况

内蒙古自治区鄂尔多斯市准格尔旗、乌审旗、达拉特旗、杭锦旗现有稻渔稻蟹综合种养面积 400 公顷。

盐碱地高标准渔农综合种养模式是利用黄河水灌溉，将稻田里的碱水渗入排水环沟内，排水环沟沟沟相连，将碱水汇集到循环池内，池内的水用水泵抽入渠内，再灌溉稻田。在循环池内和环沟内放入鱼、稻田内放入蟹，实现了用稻田水养鱼蟹，鱼蟹的粪便又是水稻种植的肥料。此模式具有"一水两用、一田双收"的特点，能获得较高的经济效益，激发了农民种田意愿，不仅减少了土地抛荒，而且还实现了很多盐碱地种植水稻，很好地起到了稳定水稻生产的作用，同时能减少药肥使用。稻田综合种养利用生物共生互促原理，"减肥减药"效果明显。研究表明，稻渔综合种养能使鱼虾粪便等营养物质被循环利用，增加土壤有机质和养分含量，有效改善贫瘠土壤的肥力水平，氮肥平均投入可比水稻单作模式减少 30% 以上；同时由于鱼虾类捕食稻谷的害虫，减少农药使用，稻渔综合种养相比单纯种稻可减少农药使用量 50% 以上，有效降低了农业面源污染，促进形成生态绿色的种养环境。此外，提升了产品品质，稻渔综合种养可产出生态优质水稻，也增加了生态优质水产品供应（图 31-1）。

近年来，鄂尔多斯市水产技术部门进行试验示范，在准格尔旗大路镇小滩子村，建成农田（水稻）面积 70 公顷，农田拥有排水环沟 12 000 米，总计 72 000 米^2，循环池 1 座 4 500 米^2，打造成为集水稻种植、鱼虾蟹立体养殖的高标准渔农综合种养示范田。此模式提高资源利用率，并改良盐碱土地，为农牧民提质增效、增产创收。同时，打造鄂尔多斯市的渔业创收亮点，推进乡村振兴，拓宽农牧民增收渠道。

图 31-1　稻渔综合种养

二、主要做法

(一)田间工程

(1)田埂加固　加固夯实养蟹稻田的田埂,根据土质情况顶宽 50~100 厘米,高 50~80 厘米,内坡比为 1:1。

(2)防逃设施建设　每个养殖单元在四周田埂上构筑防逃墙。防逃墙材料采用尼龙薄膜,薄膜高出地面 50~60 厘米,每隔 50~80 厘米用竹竿作桩。对角处设进、排水口,进、排水管长出埂面 30 厘米,将防逃网套住管口,防逃网目尺寸以养殖蟹苗不能通过为宜,同时可以防止杂鱼等进入稻田与蟹争食。

(二)扣蟹暂养

待稻田插秧后,根据气温、供水条件等及时起捕扣蟹投放到养殖稻田。

(1)扣蟹暂养区改造　选择靠近养蟹稻田、水源条件好的冬闲池塘或预留一块稻田作为暂养区。暂养区沟坑深度要达到 1.5 米,并预先移栽水草。水草首选当地常见种类,并注意疏密搭配,总面积占暂养区 2/3 左右。

(2)扣蟹选择　选择规格整齐、体质健壮、体色光泽、无病无伤、附肢齐全,特别是蟹足指尖无损伤,体表无寄生虫附着的扣蟹。

(3)饵料投喂　当水温超过 8℃时,要适时投喂精饲料,增强扣蟹的体质。根据水温和摄食情况,可按蟹体重 0.5%~3% 投喂。

(4)水质调控　及时调水,水质要求盐度 2 以下、pH 在 7.8~8.5。注意换水时间,确保水温变化幅度不大。使用井水时,一定要注意应充分曝气和提高水温。

（5）日常管理　坚持每天早晚巡查，主要观察扣蟹摄食、活动、蜕壳、水质变化等情况，发现异常及时采取措施（图31-2）。

图31-2　循环池

（三）病害防治

（1）降低密度　北方地区冬季扣蟹需集中越冬，待春季气温回暖，需及时分塘降低密度。扣蟹暂养至水稻插秧后应及时起捕投放，避免暂养区内密度过高诱发疾病。

（2）增加溶解氧　暂养区可根据实际条件增加微孔增氧等设施，提高水体溶解氧含量。

（3）合理投喂　根据暂养区密度，适量投喂，既保证饵料充足，又要防止过多投喂影响水质。

三、主要成效

以2022年为例，核心示范点准格尔旗内蒙古承泽稻渔生态农业观光有限公司共同种植稻田70公顷，产稻40万千克以上（图31-3），产蟹0.5万千克以上，产鱼4万千克以上，可增收4 500元/公顷。发展盐碱地高标准渔农综合种养，不仅提升了水田综合产值，提高了农民耕种的积极性，还能让水生动物在同一个生态系统中发挥共生互利的生态效应。通过"一水两用，一地双收"，实现稳粮、促渔、增效、提质及生态修复等多重功效，此模式是种植业和水产养殖业的有机融合，不仅实现"饭碗牢牢掌握在自己手中"，而且更有利于促进种植户增产增收，稳定水稻面积、促进粮食生产、改善稻米品质。促进了三产融合，推动稻渔综合种养与休闲渔业、旅游业有机结合，不断延长产业链，提升价值链。

图 31-3　稻田

四、经验启示

盐碱地高标准渔农综合种养模式是以"以稻养鱼，鱼肥养稻"为基本原则，在提高稻田产量的同时利用稻田空隙地（包含周边空地和环沟等）养殖鱼虾蟹等，以提高经济收益，是一种鱼肥、粮高、增收、环境友好、可持续绿色发展的综合性产业。鄂尔多斯市沿黄河周围闲置盐碱地众多，目前只有少部分于水产养殖能够创造经济价值，如果利用盐碱地进行"稻鱼综合种养"和"凡纳滨对虾"等特色养殖，可最大程度提高资源利用率，并改良盐碱土地，为农牧民提质增效、增产创收。同时，可打造鄂尔多斯市的渔业创收亮点，推进乡村振兴，拓宽农牧民增收渠道。此外，盐碱地高标准渔农综合种养模式是系统工程，其中水稻种植和水产养殖属于两个不同的技术工种，能否既掌握种植和养殖技术，又使不同配套技术有机融合，是对盐碱地高标准渔农综合种养模式从业者的基本要求，也关乎盐碱地高标准渔农综合种养模式的成败和效益高低。

鄂尔多斯市农牧技术推广中心　张子军　王　婷

32

辽宁锦州盐碱地池塘-稻田
渔业综合利用

一、基本情况

北镇市位于辽宁省西部，医巫闾山东麓，历史文化悠久，自然资源丰富，现代农业根基深厚，特色鲜明，种养殖业齐发展。现有养殖水面千余公顷，其中李长明渔场坐落于北镇市赵屯镇赵荒地村，与盘锦市胡家镇接壤，渔场占地面积 133.33 余公顷，地处盐碱地带，水土富含 K^+、Na^+、Ca^{2+}、Mg^{2+} 等阳离子和 Cl^-、SO_4^{2-}、HCO_3^- 等阴离子，pH 在 8.0 左右。当地土壤盐渍化严重，作物无法正常生长，可耕种土地和水资源紧缺。

近年来，盐碱地综合渔农利用在产出高效、资源再利用、环境友好方面效果突出，长明渔场从最初的挖塘围坝、泡水洗盐，盐碱地已得到充分改良，现已成功种植水稻并发展稻田养蟹 66.67 余公顷。为更好地增加经济效益，2015 年开始尝试凡纳滨对虾养殖，获得成功后，开始规模化养殖凡纳滨对虾。发展盐碱地渔农综合利用可有效防止土壤板结，使水土资源得到高效利用，环境友好的同时也为当地渔农带来了可观的经济效益。

二、主要做法

（一）水稻种植

在上一年秋季收获后，稻田采取大犁深翻灭茬，深度一般可达 25～30 厘米。每年 4 月初开始旋耕，旋地同时施入掺混复合肥料，每公顷用量 600 千克。4 月底开始泡田耙地，大约 10 天根据农时适时插秧，插秧后及时观察苗情，若出现黄化弱苗长势不佳等情况立刻排水洗盐，再重新灌水补充，反复这一操作至成功缓苗。上述情况多存在于盐碱地改良的最初几年间，现土壤改良效果显著，很少出现这种情况，基本排水洗盐 2 次左右。在插秧 1 周后，及时追施每公顷 75 千克尿素，作为返青肥助于缓苗。在水稻进入成熟期前视情况追施钾肥，以促早熟保证穗粒饱满，一般每公顷用量在75千克以下，其间视杂草严重与否及时采取措施，喷施对螃蟹无害的除草药。水稻一般在每年10月初进行收割。

（二）稻蟹共生

在稻田插秧前围好中华绒螯蟹防逃网。选择健康且活力强的蟹苗。每年投入蟹苗时，选择扣蟹和蟹花各一半进行投放。扣蟹按200只/千克的规格，每公顷投入15 000只左右；蟹花按15万只/千克的规格，每公顷投入33万只左右（图32-1）。

图32-1 稻蟹共生模式

投入扣蟹一般选择在成功缓苗即插秧10天后进行投放，并于6月开始喂料，通常喂食冻鱼和专业蟹料，喂料地点选择在距岸边10厘米左右，这样便于观察进食情况，即吃即喂，吃光后再喂下1次。随着蟹苗的长大，喂料也逐渐增多，到售卖前保持一天一喂的频率，并选择喂食海鱼以增加膏体蛋白含量，使成蟹味美、营养丰富。水稻收割前开始售卖中华绒螯蟹。

投入蟹花一般在插秧后即可投放，视情况开始喂料，1千克蟹花喂成扣蟹需喂食螃蟹专用料400千克。待长成扣蟹后视当年售价情况选择售卖或建池冬储。

（三）凡纳滨对虾养殖

1. 虾池设置

凡纳滨对虾养殖池塘一般根据实际情况设计池子大小，长明渔场池子面积多为1公顷或0.53公顷1个，共占地20公顷，其中虾池均按每公顷1千瓦配备增氧机数个（图32-2）。

在每年四月中旬开始整理池子，先用泥浆泵排出淤泥，再放入 30 厘米水后消毒，消毒剂一般采用生石灰，用量为每公顷 2 250 千克。7 天后加入氨基酸类营养物和各种藻类进行肥水，配水选择河水和地下水掺混，随时测定盐分含量调整加水量。

图 32 - 2　养殖池塘配备增氧设备

2. 虾苗投放和喂养

每年在 5 月末投入规格整齐、虾体健康、反应敏捷的虾苗，投放密度为 30 万～45 万尾/公顷。放苗后每天进行水体监测，测定溶解氧、pH、氨氮含量和亚硝酸盐含量等，通过判定氧、盐含量，调节水体健康，多采用光合细菌和 EM 菌剂等调节，及时关注水体健康和虾体病害。

每个虾池配备食台（图 32 - 3），观察进食情况随时安排喂料，根据虾苗生长情况严格选择喂食饲料规格，喂料频率从最开始的早中晚到虾苗成长后期逐渐增加喂食频率。

图 32 - 3　对虾池饵料台

三、主要成效

首先，盐碱地水土改良取得显著成效，有效改善土壤结构，提高土地综合利用率，在改善生态环境的基础上，盐碱地水土资源也得到了充分利用。其次，尝试的多种水产养殖方式都取得了成功，且经济效益显著提高。就2021年而言，水稻种植面积100公顷，每公顷产量在9 000千克左右，每公顷效益15 000元，种植水稻总效益可达150万元。稻田养蟹100公顷，每公顷效益可达7 500元，养蟹总效益可达75万元。除此之外，养殖凡纳滨对虾的总效益要远高于稻蟹养殖，按往年正常光景，每公顷产量5 000余千克，每千克售价40元，去除每公顷成本，净收入每公顷10万元以上，且盐碱水养殖凡纳滨对虾品质优良、风味独特，远超稻蟹模式的净收益。长明渔场在提高盐碱水域综合生产能力的同时，也在助力乡村振兴、巩固拓展脱贫攻坚成果、保障国家粮食安全等方面也取得了优异成绩，充分发挥养殖示范户带头作用，有效带动周边养殖户的养殖热情，并主动提供技术咨询，耐心解答养殖过程中所遇到的难题，逐渐形成盐碱地水产养殖的新业态，推动当地水产养殖业的发展。

四、经验启示

通过逐年的盐碱地水土改良的尝试，农民的经济收益、生态环境效益和社会综合效益都得到了显著提高和改善，逐渐摸索出来的养殖模式、养殖技术也成为示范标杆。从综合成效上看，凡纳滨对虾的盐碱地养殖收益良好，现已作为长明渔场主要收益来源，近几年凡纳滨对虾产量水平稳定，品质优良，经济价值高，市场认可度也高，开辟了当地盐碱地综合治理、利用的新途径，可助力精准扶贫，拓宽增收渠道。希望在稳定生产基础的同时，不断进行新的养殖方式的尝试、新的养殖技术的学习，有关机构提供更多的学习交流平台，实现现代农业的绿色可循环发展。

北镇市农业农村局　崔张佳卉　陈丽新

33

辽宁鞍山市盐碱地池塘-稻田
渔业综合利用

一、基本情况

辽宁省鞍山市海城市西四镇地处环渤海经济区腹地，地理条件对盐碱地的形成影响很大，周边耕地多为盐碱地，受土壤特性的影响作物很难生长。原来闲置荒芜的盐碱地，现在已经变废为宝，通过挖渠建池整地的综合治理改变了盐碱土飞扬、侵蚀农田的状况。经过化验检测盐碱水富含各种微量元素、矿物质等，比较适合鱼虾蟹的生长，而且效益良好，在辽宁省海城市西四镇南海村可以看见大片盐碱地上的一个个池塘和稻田，共 8.67 公顷，这里便是海城市西四镇赵汝和养殖场，养殖场主要养殖凡纳滨对虾及孵化虾苗、虾苗标出，以及稻田中华绒螯蟹、花白鲢等品种养殖。充分利用了盐碱水、盐碱地、减少排放盐碱水的同时还实现了鱼、虾、蟹的增产。

二、主要做法

近几年来，通过盐碱地水产养殖技术的实施，在盐碱地水产养殖的产量及经济效益产出上取得了突破性进展，同时也创建了渔业可持续开发利用的模式（图 33-1）。

（一）品种筛选增效益

市场的持续需求与稳定的产出，是鱼虾蟹产业未来的发展方向。凡纳滨对虾是适合在海城地区的盐碱水中养殖的品种。盐碱水养殖的水产品带一点海鲜味。以虾为例，盐碱水养殖的虾风味独特，肉质鲜甜口感好，产量每公顷能达到 5 000 余千克。

（二）凡纳滨对虾的养殖

1. 放苗前的准备与池塘管理

每年 3—4 月开始收拾坑底，用生石灰或者漂白粉杀菌消毒，然后加水

图 33-1　盐碱地池塘-稻田

至 1.5 米后开始养水，偶尔开动增氧机让水活动起来，平均每 0.2 公顷的池塘用 1 台增氧机，盐碱地各项水质指标均适合虾蟹的生长。

2. 苗种孵化及放苗

每年 4 月开始引进虾苗，放苗前几天检测水的各项指标是否正常，如果达到正常的标准就可以放苗，每年放苗前都要试苗，试苗成功了才可以往大棚里放苗，由于虾苗比较小适合在温度 25℃以上的环境下生长，所以需提前扣好大棚，如果温度不够需通过锅炉取暖。在大棚里养到 1 个月左右达到 6 000 尾/千克的时候就可以往外塘分坑，外塘放苗的时间在 5 月 10 日以后，外塘的温度必须达到 20℃上下才可放虾苗，避免成活率不高的问题，放苗的密度过大容易出现较多的养殖问题，通常每年 1 公顷放苗 30 万尾。

3. 饲料与投喂管理

放苗后虾苗需要适应一下新的环境，刚开始前 3 天不用投料，3 天后可以按照放苗的数量比例投喂饲料，每天喂 3 次，6 小时喂 1 次；先期可以多喂一点，增强体质避免得病，中后期必须控制好料，掌握在 40 分钟把料吃完；后期天气热需控制喂料数量，料喂多了剩余饲料会臭水，导致各项指标升高，影响对虾的生长；每 10 天测量一下虾的大小，看对虾是否正常生长。

（三）稻田中华绒螯蟹的养殖

每年 4 月开始泡田，5 月开始耙地平整稻田、施肥，5 月底可以栽秧，等到 6 月中旬稻苗壮实了就可以放入蟹苗。放苗之前把所有地块都用塑料布圈上，防止蟹苗逃跑。蟹苗的规格一般为 70 尾/千克上下，是辽河里野生的蟹苗，每公顷放蟹苗 750 千克。

三、主要成效

以 2022 年为例，种植水稻每公顷平均产量 11 250 千克，而且米质口感都很好，价格还会比普通的水稻价钱稍高一点。中华绒螯蟹总产量 1 500 千克，中秋节前上市，平均价格 35 元，盐碱地的螃蟹肉质鲜甜可口，母蟹满黄、公蟹满膏。凡纳滨对虾总产量 20 000 千克，中秋节前开始出售，每千克 44 元左右，盐碱地养殖的虾与海水养殖的虾味道相近，凡纳滨对虾养殖每年的纯利润达到 50 万元（图 33-2）。

图 33-2　凡纳滨对虾收获情况

四、经验启示

盐碱地是我国耕地"扩容、提质、增效"的现实重要来源，同时，沿海地区是我国最具经济活力和发展潜力的区域，开发盐碱地这一后备土地资源，成为缓解人地矛盾、促进区域经济持续发展的重要途径，因此充分利用、改良和开发盐碱地势在必行。在盐碱地水源条件比较好的地区开展稻田养蟹池塘养虾的模式是一个好的选择，既能改良水质土质，又能实现增收。

鞍山市农业农村局   赵鸿涛

34

辽宁盐碱地池塘生态综合养殖

一、基本情况

目前，鞍山市水产品养殖总面积达 4 305 公顷，其中池塘面积 3 245 公顷，水库面积 838 公顷，稻田面积 1 187 公顷，河沟面积 70 公顷。原来长期闲置荒芜的盐碱地，通过挖渠建池综合治理，缓解了土地次生盐碱化程度，增加了空气湿度，改善了生态环境。在辽宁省鞍山市海城市西四镇耿隆村，有着这样一片生机盎然的景色：蔚蓝的天空下，大棚在阳光下宛如一条泛着闪闪银光的河流流淌在村庄和田野之中。走进这片美景，可以看见大片盐碱地上一排排池塘里，增氧机翻滚出的水花给鱼虾增添活力。这种"挖塘降盐、以渔治碱"的模式一改过去盐碱地"夏季水汪汪、冬天白茫茫"的景象。海城市良奎养殖专业合作社于 2015 年成立，陆续流转了 12.33 公顷的盐碱地，开始了盐碱荒地开发利用的征程，主要养殖金刚虾等，该模式防止土壤返盐返碱，充分利用洗盐排碱水、减少排放，同时促进水产品增产（图 34-1）。

图 34-1 金刚虾养殖池塘

二、主要做法

近几年来通过有关盐碱地水产养殖技术的实施，在盐碱地水产养殖的产量及经济效益产出上取得了突破性进展，同时也创建了渔业可持续开发利用的模式。

良奎养殖专业合作社在养殖前期开展水利建设，在运用物理治理方法和科学养殖技术的基础上，提出"天人合一、因地制宜、绿色开发、提质增效"这一思路，制订并实施"生态＋生产"共赢发展方案，打造"盐碱地产业生态综合体"

（一）品种筛选增效益

市场的持续需求与稳定的产出，是鱼虾产业未来的发展方向。开展基于地域和资源特色的海城式养虾，良奎养殖专业合作社首先加强盐碱地渔业养殖品种的筛选工作，通过对品种耐盐碱性能指标以及生长性能、生理指标、饵料系数等生长指标的综合评价，筛选出更多适合在海城盐碱水中养殖的品种。

（二）养殖技术固基础

放苗前的水质调控：通过对盐碱地水产养殖用水 13 项指标（水温、气味、水色、比重、pH、K^+、Na^+、Ca^{2+}、Mg^{2+}、Cl^-、SO_4^{2-}、碳酸盐碱度、矿化度）的测定结果，针对养殖区不同水质类型进行综合水质调控和管理（包括生物、化学、物理等方面），维持良好的水域环境，减少病害发生。

（三）养殖过程中的水质调控

水质调控的好坏是养殖成败的关键。水质直接影响了养殖生物的生存和生长，要保持好的水质，关键是将水的温度、盐度、pH、碳酸盐碱度、营养盐因子和有益微生物等维持在合理的水平，避免出现应激反应造成对生物的伤害，导致各种继发性疾病暴发。水质调控包括以下几个方面：

（1）降低水体浊度和黏度　控制适宜透明度，定期使用沸石粉等水质改良剂和水质保护剂，降低水体浑浊度和黏稠度，减少有机耗氧量。

（2）稳定水色，保持合理的藻、菌相系统　定期向养殖水体投放光合细菌等微生态制剂，促进水体的微生态平衡。根据水色情况，不定时施肥。

（3）合理加水　视具体情况在初春后要注重养殖池塘的蓄水。放苗后，根据条件许可和需要补充新水。每次加水应控制在 10 厘米左右，以 10 天加1 次水为宜，以改善水质，促使对虾蜕壳和鱼类生长。

（4）科学投饵　合理投喂质高品优的饲料，避免劣质饲料引起有机质大量积累，导致池水污染。

（5）定期消毒　在养殖过程中应坚持 7～10 天使用 1 次消毒剂，减少水质中的细菌总数。注意消毒剂使用应和生物制剂错开 5～7 天使用，以免影响生物制剂的使用效果。

（6）合理使用增氧机　一般半精养模式0.3公顷必须配备3千瓦增氧机1台，有条件的地方可适当增加。只有在养殖水体中保持较高的溶解氧水平（5毫克/升以上），才可有效减少鱼虾的发病率，促进生长。增氧机的使用要视天气情况、养殖密度、水质条件以及养殖生物活动情况而定，精养池养殖前期一般每天开机时间不少于5小时，养殖后期不少于18小时，天气异常要适当延长开机时间。

（7）水质改良　盐碱水矿化度在5以上的池塘，在补加新水以后要及时进行水质检测，适时添加水质改良剂，使养殖用水的各项理化指标保持在适宜的范围内。

（四）池塘正常水质条件

养鱼池塘，应保持水深2.0米以上，透明度20～40厘米，pH 7.5～9.0。对于重度盐碱水，应有淡水水源进行调整，并结合人工调配技术进行水质改良。养虾池塘，应保持水深1.5米以上，碳酸盐碱度5毫克/升以下，透明度30～40厘米，pH 7.8～8.6，池水矿化度1～30克/升（图34-2）。

图34-2　养殖水质调控

三、主要成效

（一）打造了新的经济增长点

利用盐碱水和盐碱地发展现代渔业，实现了"变害为宝、变废为宝"的目的。同时，通过开发渔家乐、观光垂钓、生态采摘，推动了美丽乡村建设和产业融合发展。目前，海城市良奎养殖专业社已经有 20 余公顷，每年产生经济效益数万余元，附近农民增收数千余元。

（二）有效改善了生态环境

筛选合适的鱼种，通过"挖塘降水、抬土造田、渔农并重、修复生态"因地制宜地设置养殖场、调整养殖方式等，探索"以渔降盐、以渔降碱"的盐碱地渔农综合利用模式。实践证明，开挖 6.67 公顷池塘可抬田造地 4 公顷，周边次生盐渍化耕地可恢复耕种，起到"挖一方池塘，改良一片耕地，修复一片生态"的作用。

四、经验启示

海城市良奎养殖专业社致力于建设"盐碱养殖＋生态科技园"模式，优化创新创业环境，未来将继续扎根治理，巩固成果，治一方荒芜田地，还一片绿水青山。为推进水产养殖绿色高质量发展，本养殖专业社将继续从以下三个方面展开：一是继续开拓新盐碱地。二是可持续发展，实现在区域内调配好资源，形成更广义空间的生态循环养殖。努力打造"盐碱养殖＋生态科技园"示范样板，为乡村绿色发展做出贡献。三是发展人工智能与水产养殖相结合的智慧养殖。

鞍山市农业农村局　赵鸿涛

35

吉林镇赉县盐碱水域增养殖

一、基本情况

镇赉县渔场创建于 1966 年，属于国有企业，隶属于镇赉县，位于世界三大苏打盐碱地之一，碳酸盐含量较高。现有水产养殖基地面积 4 066.67公顷，其中哈尔淖水库盐碱地水产养殖面积 4 000 公顷，水库东临嫩江，距嫩江主河道 500 米左右，最大蓄水量可达 2 亿米³，平均深度 3.35 米（图 35 - 1）。

图 35 - 1 哈尔淖水库

水库植物资源十分丰富，有塔头草、芦苇、小叶樟及各种水生植物，枝叶繁茂，植株茂密，天然饵料丰富，适合淡水鱼类的生存及自然鱼类的繁殖。淡水鱼中著名的鱼类有鳜、鲤、鲫、草鱼、鲢、鳙、黑鱼、鲇、嘎牙鱼等，共有 4 目、11 科，52 种，以四大家鱼养殖为主，名优鱼类有鳜、细鳞斜颌鲴等，是集水产养殖、信息服务、科技推广、销售于一体的水产大型龙头企业。先后获得国家级水产健康养殖和生态养殖示范区、国家级休闲渔业

· 168 ·

示范基地等荣誉称号，通过了有机水产品认证，被评为省级水产良种场。

二、主要做法

大力规范碱地水域增养殖主体的养殖行为，积极引导养殖主体进行绿色转型，结合自身实际，发挥区域特点和自身优势，积极提升生态化养殖水平，推广盐碱地水域增养殖，积极转方式调结构，合理发展不投饵滤食性、草食性鱼类等增养殖或浅水滩涂多营养层次综合养殖等生态健康养殖模式，实现"以渔控草、以渔治碱、以渔净水"。有序发展盐碱地水域增养殖，构建立体生态养殖系统，增加渔业碳汇，实现产业发展和生态环境保护有机结合。通过推动渔业转型升级，拓展生态、健康水产等重要举措，恢复水生生物多样性，改善水域生态环境。

1. 养殖模式

遴选耐盐碱和经济效益好的品种，主要有花鲢、白鲢、草鱼、鲤、鲫、鲂、鳊、鳜、翘嘴红鲌等耐盐碱品种，苗种在本地池塘进行，利于适应水体环境，培育出大规格、体质强壮的鱼种按照比例投放到水体中。渔场主要的产出品种为花鲢、草鱼、鲤、鲫以及鳜、翘嘴红鲌等凶猛性鱼类，控制小杂鱼，为花鲢提供更多的饵料资源。

2. 以渔降碱

渔场周围有 0.27 万余公顷稻田，土质为碳酸盐型，特点为碱度高、pH高、盐度低；水源为渔场水，pH 8.2 左右。稻田经浸泡后排入渔场，带走部分碱性物质，碱性物质在渔场内经生物吸收，代谢物质为酸性，经过缓冲pH 稳定在 8.2 左右。

3. 轮捕轮放

渔场捕捞方式有明水期生产和冬季冰下捕捞，捕大留小，保持合理的密度，每年春季和秋季放养苗种。

三、主要成效

发展盐碱地水域增养殖产业对保障粮食安全和促进生态文明建设具有重要意义，以"生态优先、科学布局，因地制宜、有限目标，依靠科技、示范带动"为基本原则，开展盐碱地水域增养殖产业科学规划。哈尔淖水库充分利用有效水体，合理投放鱼苗。春季投放花白鲢苗种 1 000 万尾，鳜春片100 万尾；秋季投放花白鲢、草鱼、青鱼、鲂等苗种共 35 余万千克。可年产有机鲜鱼 1 000 吨，冬捕产量 600 吨，单网最高产量达到 150 吨，年产值 1 500 万元。库区水源不但可以满足养鱼用水的需求，还肩负着英台、五家子、茨勒等面积为 3 000 公顷的七个水库以及镇赉县两个乡镇 3.67 万公顷水田的供水任务，是集养鱼、灌溉于一体的大型水库，同时也是一个中转库。

四、经验启示

按照镇赉县委、县政府"三双一旅""双水撬动"产业发展要求，推动养殖、加工、流通、休闲服务等产业融合、协调发展，支持水产品现代冷链物流体系建设，引导活鱼消费向便捷加工产品消费转变；推动传统水产养殖场生态化、休闲化改革，打造集水产养殖、休闲垂钓、旅游观光、餐饮服务一体的休闲观光渔业。建议充分利用盐碱地水域发展水产养殖，采用多种措施综合改良，整合资源，以生态绿色养殖为核心，形成独特的产业发展新模式，同时，积极争取地方政策和资金支持，大力推进盐碱地水产增养殖产业发展。

白城市水产技术推广站　孙　闯

36

吉林盐碱地稻蟹共生模式

一、基本情况

信达农业发展有限公司是吉林省一家以弱碱地有机水稻种植、加工和销售为一体的农业产业化企业。公司坐落于北纬45°国际寒地水稻黄金带、吉林省大安市联合乡万福村。大安灌区嫩江古河道独特的草甸弱碱土壤，没有开垦种植过。土壤pH在7.5～10.5区间，具有碱性品质，属于典型的碳酸盐类型。

公司现有538.27公顷弱碱地水田。其中有机水田200公顷，获得了有机认证且通过了欧盟认证；333.33公顷获得了绿色认证。2021年收获稻谷2 100吨，稻田蟹养殖占地333.33公顷。

二、主要做法

自2019年起开始尝试稻蟹共养的模式。起初，每年投放蟹苗5 000千克，蟹田面积约133.33公顷。经过近两年的不断摸索、试验，目前扣蟹投放量约为24 000千克，大眼幼体投放约为750千克，蟹田面积已达到333.33公顷。水稻按照有机标准种植，使用有机肥，采用人工除草，物理治虫防治病虫害，整个生产过程不施化肥和农药。中华绒螯蟹依靠稻田中的水自由成长，仅以鱼蟹的排泄物为养料自然成长，从而保证有机食品的安全性。准备工作如下：

（1）田埂要求高60厘米，宽40～50厘米，在田埂上覆双层塑料薄膜。环沟是养蟹的主要场所，在田块四周堤埂内侧2～3米处挖沟，沟宽1.5米左右、深1米、坡比1：2，成环形。田间沟主要供中华绒螯蟹爬进稻田觅食、隐蔽用，每隔20～30米开一条横沟或"十"字形沟，沟宽50厘米、深60厘米、坡比1：1.5，并与环沟相通。

（2）要把控好放养大眼幼体质量和放养密度。经过几年的摸索，公司生产基地最适合的蟹苗投放量为：扣蟹一般每公顷投放量45千克，大眼幼体每公顷投放量 1 875 克。放苗的时间要把控好，扣蟹、大眼幼体一般为 5 月中旬至 6 月初。

（3）水稻生长期必须经常调节水位，干湿兼顾。要加强管理，尤其要提前考虑防逃设施的维护、主排水口、雨天等特殊因素的影响。

（4）起捕方法：一是成熟季节，利用中华绒螯蟹上岸习性徒手捕捉，可占产量的 70%；二是用丝网或地笼横拉蟹沟待傍晚蟹绕沟爬行时张网捕捉；三是放干池水捕捉。

三、主要成效

公司与盘锦蟹农合作，采用集中生产、集中养殖、集中捕捞、集中销售回盘锦的方式。合理的利用稻田生产基地的环境资源，并采用科学的养殖方法，达到稻蟹共生，资源利用最大化、收益最大化的良性闭环。自开展稻蟹共养的模式后，体现的优势为：

一是节省人工除草成本。稻田蟹的摄食行为，除去了稻田中的杂草，减少了在水稻栽培过程中的除草工序，减轻了农民的劳动强度。稻田中的杂草，一般都是稻田蟹喜食的天然饵料，如满江红、金鱼藻、苦草等。在稻田中养蟹，不仅可以减免人工除草的劳动，而且还有人工除草无法相比的除草经常性和化学除草剂不可比拟的彻底性，既能省工省钱，又减少了环境污染。二是改善土壤结构。稻田蟹的摄食行为及其爬行运动，对稻田起到了松动泥土的作用，减少了农田中耕的用工。稻田中的水生生物，一般生活在浅泥中或田泥的表面，如藻类就有底生、半底生和浮游三大类。底生藻类，一般着生于稻田的土表，形成冠状群落的藻层，主要由硅藻、绿藻和蓝绿藻组成；半底生藻类主要为丝状多细胞绿藻，其丝状体漂浮于水中，而其组成部分却附着在稻田土表或伸入田泥中。田螺、水蚯蚓等底栖动物，一般生活在稻田的泥表层。稻田蟹在摄食这些水生生物时，客观上达到了使稻田泥土松软通气的效果，有利于肥料的分解和土壤的透气，从而促进稻禾分蘖和根系发育，也减少了农民为松土而中耕的劳苦。三是生产基地生物多样化。稻田养蟹，稻蟹共生，将名特水产品的养殖与水稻种植有机结合，改变了稻田单一的种植结构，获得了"一水两用、一地双收"的良好经济效益、生态效益和社会效益，为发展生态农业创出了一条新路，为广大农村发展创汇农业、脱贫致富提供了一条有效途径。通过种植和养殖带动广大周边农户增收致富，2021 年以"龙头企业＋农户"方式辐射带动农户和贫困户 639 户，实现户均年收入 16 000 元。四是养蟹除虫的费用由原来的 30％减少到 10％，有机质提高 5％（表 36 - 1）。

表 36 - 1   稻田蟹养殖节省人工除草费用情况

年度	养蟹前	养蟹后
2019	1 350 元/公顷	900 元/公顷
2020	1 350 元/公顷	900 元/公顷
2021	1 200 元/公顷	750 元/公顷

四、经验启示

　　稻田蟹、稻田鸭轮种的良性生态循环种养，充分发挥了物种间互利共生的作用，生产出了更多的绿色、有机水稻和水产品。"渔稻共作"模式作为一种互补共生的生态农业系统，在保证水稻的产量不降低的同时，通过提升水稻、水产的品质来增加效益，实现了"粮渔多赢"的最佳效果。

　　稻蟹共养技术的实施既有助于减少农业面源污染，加大资源的循环利用，促进生物多样性保护，恢复生态系统，从而生产出更多质量安全的稻谷和水产品，从源头上提高农产品安全指数，有效促进生态农业发展，又能实现种养户增产增收。蟹类平均每公顷增收 15 000 元以上。同时，还可形成集种植养殖、农渔产品加工及销售、稻田垂钓观赏、餐饮旅游于一体的三产融合产业，引导、带动农民回归农业，回到农村创业就业，建设美好家园，进而使脱贫攻坚成果得到巩固和拓展，集聚更多力量助推乡村振兴（图 36 - 1）。

图 36 - 1   吉林盐碱地稻蟹共养模式

大安市信达农业发展有限公司   于修兰

37

吉林盐碱地中华绒螯蟹生态养殖

在吉林省的西北部坐落着一个盐碱性城市洮南市，其中有一处典型的盐碱地隶属吉林省新欣源农业生态有限公司，通过水产养殖实现了生态治碱。几年前，这里曾是一片荒地，pH 达到 10 以上，遍布着碱蓬草，通过生态养殖中华绒螯蟹，大多数地区土壤的 pH 变为了 7.0，改善了土质，增加了农民的收入，一片荒凉的盐碱地变为了良田。

一、基本情况

吉林省新欣源农业生态有限公司位于洮南市二龙乡三家子村境内，交通十分便利，自然资源条件优越，有大水面和养殖池塘 500 公顷，稻田面积 403 公顷，属于盐碱地。示范区地势平坦，水源充足，比较适合中华绒螯蟹的生长发育，具有较高的综合生产能力，周边无明显工业污染源，生态环境良好。建有集中连片、布局合理、形状规则、设施配套的高标准无公害绿色生态中华绒螯蟹养殖区 133.33 公顷，饲料房 180 米²，管理用房 150 米²，排水渠 760 米。2019 年起，公司就开始实施池塘稻田养殖鱼蟹，拥有丰富的养殖经验，此基地不但具有很好的养殖条件，人员素质也很高。经常参加省市水产部门举办的培训班，同时也带动了周边村民一起发展稻田养殖鱼蟹，具有显著的经济效益、社会效益和生态效益（图 37-1）。

二、主要做法

公司利用得天独厚的养殖自然条件大力发展池塘养殖中华绒螯蟹，示范区阳光充足、水草丰富，中华绒螯蟹可以获得充足的天然饵料，有利于满足和促进中华绒螯蟹的生长。水草不多的地方可以采取人工种植部分水草的方法予以弥补。在每年的 3 月，开展准备工作，修复示范区河渠、围栏以及供

图 37 - 1 池塘养蟹

水设施等。在养殖过程中做到以下几个方面:

(一)关键控制点的监管

为确保示范区工作顺利开展,对示范区基地的监管工作切实到位,严格按照示范区生产标准操作规程进行操作,达到示范效果,保证中华绒螯蟹品质和产量稳固提高,特制订了示范区关键控制点的监管方案,完善示范区监管制度,保证基地关键技术步骤操作到位,使标准化示范区工作领导小组随时全面掌控情况,保证示范基地的产品质量和产量,减少病害的发生及危害,促进示范区工作的深入开展。

(二)监督主体与实施主体

关键控制点监管的任务:每个关键控制点要求技术人员指导到位,对农户实施生产监管到位。关键控制点监管的目标:农户了解关键技术环节并掌握技术达到 100%,有记录;各关键生产环节技术指导面达到 80%,有记录;严格控制影响产品达到有机食品要求的农药、肥料的使用,有记录。

(三)过程监督机制措施

一是加强领导。示范区工作领导小组对示范区工作实行不定期的检查指导,对重点农户重点监督,发现问题及时解决,对责任人实行责任追究。二是实行责任制管理。各相关部门要将监管工作纳入到年初的岗位责任制,并实行考核奖罚制度。

(四)育苗设施

(1)场址选择 场址应选择在水质清新、无污染,要求水盐度达到15~

30；交通便利，供电有保障，淡水水源方便。也可选择在对虾育苗场的池塘进行。

（2）池塘条件　池塘以东西向为好，具防逃设施，池深 2.0 米，水深 1.5 米，池底平整无淤泥。

（3）供水设施　应有淡水沉淀池、淡水蓄水池、淡水机井及供水管道、水泵及过滤设施等。育苗场配备功率 30 千瓦的发电机组 1 台。

（4）水质条件　育苗水质符合 GB 11607—1989 标准要求。每隔 1 周全池泼洒含有效氯 30% 的次氯酸钙 1 次，浓度为 1 毫克/升。结合微生态制剂以及换水等措施调控水质。

（5）苗种的健康状况　附肢健全，活动有力，无寄生病原。

（6）饵料投喂　投喂蟹料和野杂鱼等，日投喂 2 次，投饵 6%～10%。

（五）成蟹养殖

1. 防逃设施的建立

在距养殖区内上沿 0.3 米左右设防逃墙。防逃材料有多种，要达到光滑、坚硬的要求。也可用粗竹竿和含抗老化剂的强化塑料薄膜做成简易防逃墙。

每隔 0.5 米扦一杆竹竿，竹竿高 0.6 米，插入堤内 0.1 米，上面 0.5 米，膜宽 0.6 米，埋入堤 0.1 米，上沿卷一细稻草绳，用细铁丝将其固定在竹竿上，竹竿要在膜的外边，膜要与堤顶压实，这样就形成首尾相接的防逃墙。进排水口，一定要用筛绢网包好，防野杂鱼进入和中华绒螯蟹外逃。

防逃设施的好坏，直接关系到稻田养蟹的成败。防逃设施材料有砖块、水泥板、钙塑板、白铁皮、石棉瓦、平板玻璃、矿石板、塑料薄膜等（图 37-2）。

2. 清野

幼蟹放养前，应预先采用各种方法清除水域的野杂鱼类，减少中华绒螯蟹的天敌，为蟹提供适宜的养殖环境。

3. 蟹种放养

严把蟹种质量关，养殖效益的好坏，苗种至关重要，选购苗种时应注意：选购的幼蟹（蟹种）应当规格整齐，体质健壮，无病无伤，这是首要的也是最基本的条件。内陆纯淡水培育的蟹种要优于沿海地区培育的蟹种。一般来说，沿海地区培育用水有一定的盐度，培育出来的蟹苗不适应内陆水

图 37-2　防逃设施

域，易早熟，生长速度不很理想，所以有条件的话最好自己培育幼蟹。从多年养殖结果看，生态式土池育苗比工厂化水泥池育苗来得好，前者培育的苗种更加适应自然放养，特别是大水面放养。

4. 品系选择

目前，我国用于养殖的中华绒螯蟹来自三个水系，即长江水系、辽河水系和瓯江水系。公司选择了辽河中华绒螯蟹进行养殖。

5. 质量鉴别

首先，从蟹苗购买处了解蟹苗的生产过程，了解是天然蟹苗、天然海水孵化蟹苗、人工海水孵化蟹苗还是井盐水孵化蟹苗，以及饲料投喂、淡化处理等情况。其次，观察外表。要求规格整齐，体表黄褐色，活泼敏捷，手抓松开后立即四散逃去，十分迅速。最后用干法试验。取一定数量的幼蟹用纱网包起，放到阴凉处 10 小时后检查，如无死亡，则为体质健壮、质量上乘的首选优质蟹苗。

6. 扣蟹运输

公司使用的是密封保温车，把蟹苗箱码齐摆好，固定结实，防止倾倒或颠簸破坏。运输时间控制在 24 小时之内，成活率 98%。

7. 科学的放养方法

放养前，尽可能地放均匀一些，范围放大一些。如果是外地采购的蟹种，因历经长途运输，脱水时间较长，则不宜直接投放，而应先将幼蟹进行缓苗处理，即连同网袋一起放入水中浸泡1～2分钟，取出放置3～5分钟，如此反复2～3次，待幼蟹充分吸水，适应水域环境后再按上述方法放养。

8. 饲养管理

（1）饵料投喂　大水域中水草一般较丰富，在前期一般无需投喂，7—9月是中华绒螯蟹生长旺盛期，为了有效地保护好水草免遭大量破坏，此时应及时投喂部分人工饵料，如螺蛳、河蚬、鱼虾肉等，植物性饵料中的谷类、豆类等，以更好地促进中华绒螯蟹快速生长。一般每天投喂1次，在17：00～18：00投喂，日投喂量应按中华绒螯蟹体重的5%～7%，应投喂在水草的浅水区。

（2）水质管理　大水域一般水体畅通，水质不易变坏，但在水草被中华绒螯蟹咬断漂浮水面时应及时捞出，以免在高温季节腐烂败坏水质。同时，禁止有机磷类及菊酯类药物污染水质。另外，每隔15天用生石灰按375～450千克/公顷化水全池泼洒，以改良水质。

（3）日常管理　首先要加强拦网管理，及时检查围栏的网片有无漏洞，如发现漏洞，应及时补修，特别是在洪水季节，中华绒螯蟹很容易随水的流动逃逸。另外，在中华绒螯蟹生长期间禁止打捞水草，禁止放鸭，禁止用渔具进行水下作业，因为这样都很容易造成中华绒螯蟹伤亡，特别是中华绒螯蟹蜕壳高峰期，其危害性更大。

9. 病害防治

（1）水域清塘消毒应尽可能进行。

（2）操作过程中动作要轻、快，尽量不要使蟹体受伤。

（3）采用定期泼洒生石灰与拌饵投喂内服药相结合，尽可能减少病害发生。

10. 成蟹捕捞

9月中旬开始，有相当一部分中华绒螯蟹企图向网围外攀逃，因而适时确定捕捞时间，对提高回捕率、减少中华绒螯蟹逃逸很重要。赶在成蟹自然生殖洄游前集中力量组织捕捞，通常用地笼和蟹簖（迷魂阵）进行定置张捕，捕捞效果较好（图37-3）。

三、主要成效

（一）经济效益

每公顷投放中华绒螯蟹扣蟹22.5千克，扣蟹雌雄比例为1：1，尾重在

图 37-3 起捕中华绒螯蟹

6 克左右，即 160 尾/千克，1 公顷 3 600 尾。每公顷产成蟹 90 千克，规格为 75 克/只，每公顷综合增效 2 250 元。采用"公司＋农户"的形式，带动当地农民增收致富，目前带动当地 20 多户村民发展中华绒螯蟹养殖产业，户均增收万元以上，使中华绒螯蟹养殖产业成为洮南市农民致富的一项重点产业。通过示范区建设，调动当地农民养殖中华绒螯蟹的积极性，促进吉林省西部盐碱地经济落后地区的经济发展。

（二）生态效益

改良了土壤，提高有机质含量，减少化肥和农药的使用，符合发展方向。

（三）社会效益

（1）盐碱地生态养殖中华绒螯蟹积极带动当地农业和中华绒螯蟹养殖的现代化发展，促进农业产业结构的优化升级。

（2）可以提高政府形象，提升政府公信力，拉近干群关系，从实际出发走近群众，为群众办实事办好事，让百姓能够走上富裕之路，促进和谐社会的进步和发展。

（3）辐射带动周边地区农业的发展，促进当地农业产业结构的调整，带动经济发展，并直接或间接为当地农民提供创业和就业机会。农民标准化意识明显提高，示范区内农民和职工的标准化意识已经形成，标准化氛围特别浓厚，领导层、管理层、技术层和农民对标准化意识程度显著提高。

四、经验启示

基地建设以来，产品的知名度有了显著提高，推动了都市现代农业发展，保障农产品质量安全，增强农产品市场竞争力。项目建设的各项内容均按照有利于促进和谐生态养殖可持续发展、生态环境保护与建设的标准进行规划设计，贯彻了和谐生态养殖技术开发和环境整治保护相结合的基本方针，坚持高标准、低污染、无公害、低能耗的发展方向，可保持洮南市生态环境系统向良性方向转化，具有良好的生态环境效益，再整个项目实施中均注重健康养殖模式的研究与示范推广，注重水质的净化处理，实现生态优质高效安全的无公害养殖模式。

应该完善生产设施，进一步扩大产能，提高市场占有率；建立农业标准化体系，继续研究优质中华绒螯蟹，坚持开展和谐标准化技术培训；合理运用广告形式塑造品牌，扩大营销，将进一步扩大广告投入；宣传营销策划方面，应在广告种类、数据统计、效果评估、设计新颖等方面下功夫，避免雷同、无效重复、设计呆板、缺乏创新等现象的产生，努力培养技术队伍，逐步完善激励机制，充实基础工作，改善经营环境。

洮南市农业技术推广中心　杨丽卓

38

吉林盐碱地稻渔综合种养

一、基本情况

吉林省白城市洮北区行政区域面积 2 576.4 千米^2，下辖 12 个乡镇、11 个街道办事处、3 个农场、1 个精品牧业开发区和 2 个经济开发区。地理坐标位于北纬 44°—46°，是世界黄金粮食生产带，世界公认的优质水稻生产区域。

洮北区现有盐碱地稻田近 6.67 万公顷，开展盐碱地稻田综合种养增收技术有多年的积累。近年来，全区把发展盐碱地稻渔综合种养作为调整农业结构、稳定粮食生产、增加农民收入、促进农业向深度广度发展的重要举措来抓（图 38 - 1），利用稻渔共生原理和盐碱地特殊的自然资源环境，生产

图 38 - 1　水产苗种发放现场培训

出优质弱碱性大米和质量安全的水产品，盐碱地稻田中的水生动物不但抗病能力强，而且肉质口感好，深受人们的喜爱。

多年的试验示范和技术推广，洮北区形成了政府引导、市场主导的建设格局，主体框架由 1 个国家级稻渔种养示范区、3 个省级稻渔种养示范区、42 个科技示范户及多个种植、养殖大户等新型经营主体构成。稻渔综合种养已经作为洮北区特色的支柱产业之一。

二、主要做法

（一）稻田工程关键技术

1. 稻田选择

选择遇旱不干、大水不淹、交通便利、地势平坦、靠近水源、水量充沛、无污染、排灌自如、保水性强（土质以黏土和壤土为宜）、面积 0.2～2 公顷的稻田为宜。

2. 田间工程

一是普通稻田的田埂要增高夯实，要求高 50～70 厘米，顶宽 50～60 厘米，底宽 80～100 厘米。二是为了便于中华绒螯蟹蜕壳、集蟹及躲避高温（鱼也怕高温），在距田埂内侧 60 厘米外开挖环沟，沟宽 50～80 厘米，沟深 40～60 厘米，坡度 1∶1.2；环沟面积占田块面积的 5% 以内，工程在泡田耙地前完成，耙地后再修整一次。

3. 防逃设施

为养好蟹的第一要素。在稻田插完秧后、扣蟹放养之前设置防逃墙。防逃墙高 50～60 厘米，内壁光滑，与池内地面成 85° 角，防逃墙材料采用防老化塑料薄膜，紧贴塑料薄膜的外侧，每隔 60～100 厘米插一个长 75 厘米的木棍或竹竿作桩，迎风处要密插，避免大风吹倒，顺风处可相对稀插，桩插入土中 10～15 厘米，内倾 15° 角，用网绳在桩上距地面 50～60 厘米处连接并拉紧，塑料薄膜下端埋入泥土中 15～20 厘米，上端固定在拉紧的网绳上，防逃膜应无褶，接头处光滑无缝隙，拐角处应呈弧形。注意防逃墙设置时要与稻秧保持一定的距离，避免中华绒螯蟹通过爬稻秧逃跑。稻田的进排水口是中华绒螯蟹（鱼）防逃的关键，进排水管要用双层袖网扎好，并在排水口外设两个固定的小网，以便观察和拦截中华绒螯蟹（鱼）逃逸。

（二）放养（缓苗后放养）

1. 稻田准备

稻田放苗前 20 天不可施农药，放苗用水进入后不可施化肥，放苗前要将地内青蛙、鼠、蛇等清除干净，设置防逃墙。在环沟中尽量培植适量的水草（移栽苦草、轮叶黑藻等沉水性植物），以利于扣蟹的栖息、隐蔽和蜕壳。

2. 放养时间

从 4 月中旬开始扣蟹经 40～60 天的暂养，一般是 6 月上中旬在水稻施完促分蘖肥后，把扣蟹（鱼）放入稻田。

3. 放养密度

可根据养成的规格适当调整。一般每公顷投放 22.5～52.5 千克（每公顷 6 000～9 000 只扣蟹；夏花 1 500 尾/公顷；春片 600～750 尾/公顷，个体 50～100 克）。

4. 日常管理

坚持勤观察，勤巡逻，发现问题及时处理。每天都要看中华绒螯蟹（鱼）的活动情况（尤其是高温闷热天气）和水质变化情况；中华绒螯蟹（鱼）早晚各投喂一次，以熟玉米（或自制颗粒饲料）为主，日投喂量按照中华绒螯蟹（鱼）体重的 3%～5% 投喂，并且观察前一次的剩余食物再决定增加或减少食物；观察中华绒螯蟹（鱼）有无死亡，堤坝有无漏洞，防逃设施有无破损等情况；随时清除敌害（包括鸟、青蛙、鼠、蛇），要常抓不懈，以免造成不必要的损失（图 38-2、图 38-3）。

图 38-2　水质、土质抽样待检测

图 38-3　盐碱地稻田养殖中华绒螯蟹大眼幼体检查

（三）技术管理

每年都对区、乡两级水产技术人员和科技示范主体进行技术培训，达到村村有明白人，通过不断提高农民的科技文化素质和专业技能，增强自我发展能力。同时，各乡镇都设立水产专家服务电话，可以及时解决水产养殖方面的疑难杂症。

（四）捕捞

9 月中旬是中华绒螯蟹性成熟（成鱼或秋片收获）季节，利用中华绒螯蟹上岸习性在防逃墙边徒手捕捉及设置陷阱（地漏式捕蟹），可捕捉到大部分中华绒螯蟹；同时，可采取地笼捕捞、灯光诱捕、干塘捕捞等方法。操作时注意保持附肢完整。鱼的捕捞就是夜晚开始慢慢排放稻田水，第二天清早凉爽时在鱼沟中用网捕捞即可。

三、主要成效

多年来一直以生产优质洮北区稻田鱼（蟹）远近闻名，洮北区拥有优越自然条件，丰富的稻田资源和水利资源。温度、营养适宜的洮儿河水孕育了洮北稻田，"十三五"以来，共争取渔业资金 200 余万元，稻渔综合种养面积由 2000 年的 11.37 公顷发展到 2022 年的 1.07 余万公顷，累计推广 4.67余万公顷，平均每公顷产鱼蟹 225 千克以上，年产优质鱼（蟹）约 2 000吨，带动种养植农户 3 000 户以上。连续多年稻渔发展位列全省第一名，有效推动了全区绿色渔业的健康快速发展。

2017年，白城市弘博农场有限公司被评为国家级稻渔综合种养示范区，同年年底获得全国稻渔综合种养模式创新大赛"银奖"，稻米获得"绿色生态奖"。示范区稻田面积达333.33公顷，有机稻渔米价格达到每千克116元。每公顷稻田里投放蟹苗45千克，按每千克30元的成本计算，每公顷蟹苗投入资金是1 350元。从9月下旬开始起捕蟹，每公顷产蟹约150千克，市场售价30元，每公顷稻田蟹收入可达9 000元左右，去掉成本的利润是5 000多元，这5 000多元的收入是在没有影响水稻生长的过程中增加的额外收入。

2018年，洮北区立丰种植家庭农场获得省级稻渔综合种养示范区称号。示范区稻田面积达220公顷，"洮河香"稻渔米远销威海等地，价格12元/千克，稻谷和稻米年收入400多万元；稻田蟹每公顷产225千克以上，价格40元/千克，年收入50多万元。同年成立了水产苗种场，年产水产苗种5 000多万尾。

2019年，洮北区永杰家庭农场获得省级稻渔综合种养示范区称号。示范区稻田面积达293.33公顷，办公面积2.1万米^2，实现绿色食品水稻生产、加工、销售一条龙模式，绿色"胡小六"大米年收入达到600多万元。

2020年，洮北区旭丰家庭农场获得省级稻渔综合种养示范区称号。示范区稻田面积达200公顷，实现有机食品水稻生产、加工、销售一条龙模式，产品远销温州、上海等地。

在各级政府的支持和帮助下，稻渔综合种养已成为洮北区农业一大特色。其生态效益是让稻田内的水资源、杂草资源、水生动物资源、昆虫资源及其他物质能源更加充分地被鱼、蟹所利用，同时利用鱼蟹的活动可起到稻田除草、灭虫、松土、活水、通气和增肥之效果，兼顾盐碱地改造之功效。"稻渔共生"是在人工管理条件下获得稻、鱼、蟹互利双收以及体验消费三重效益的生态种养新模式。其经济效益是常规种植的三倍以上，而且生产出的稻米、鱼、蟹品质好。其社会效益是利用稻田套养鱼类，可以节约耕地，扩大稻田利用指数，同时，稻田养鱼又培肥了地力，增加了农民生产的后劲，还可减少稻田蚊蝇的危害，美化、净化环境，并有效提高土地的产出效益，切实增加农民收入，发展前景广阔（图38-4）。

图 38-4　稻渔综合种养现场观摩

四、经验启示

为大力推进《全国盐碱地水产养殖产业发展规划》和深入贯彻《水产绿色健康养殖技术推广"五大行动"》实施方案要求，全区要以市场为导向，以农业增效和农民增收为目标，围绕区域特色产业发展，坚持"政府推动、政策扶持、企业主体、市场运作、多元投入"的发展思路，以推进现代农业供给侧结构性改革为主线，以培育壮大新型农业经营主体、推进一二三产业深度融合发展为重点，通过稻渔综合种养模式，以提高稻米产业质量效益和竞争力为目标，集中力量建设以规模化基地为依托、产业化龙头企业带动促进稻渔种植、加工、物流、研发、示范、服务等相互融合。立足稻渔综合种养模式，打造弱碱稻米品牌，同时又能有效地改良盐碱地土壤土质，更能起到生态环保作用。随着该区"洮儿河灌区"等一批大型河湖连通工程的投入使用，自流灌溉稻田面积将进一步扩大。通过示范带动，按照现有面积30%可推广技术计算，有 2 万公顷稻田可推广应用稻渔种养技术，按每公顷增效 15 000 元计算，全区可增收 3 亿元。稻渔综合种养生产基地严格按照绿色、有机标准建设，基地投入品必须使用已登记的高效低残留农药、优质农肥，全过程必须建立健全生产档案和田间记录。绿色、低碳、循环发展长效机制逐步规范。通过建立与基地农户实现产业融合发展，让农民分享产业增值收益，也为乡村振兴经济持续健康发展注入新动力、新活力。

　　总之，发展稻田渔业，以渔补稻，既提高了稻田综合效益，又有效地治理了盐碱地，对推进农业产业结构调整，发展绿色、优质、高效农业和节水农业有着深远的现实意义。

白城市洮北区水产技术推广站　徐　镇

黑龙江盐碱地中华绒螯蟹养殖

按照黑龙江省渔业发展"十四五"规划的总体部署，合理开发利用盐碱地资源，为广大养殖户提供了一条致富新途径。在省水产技术推广总站、东北农业大学等科研院所的指导下，结合肇东市西南部地区盐碱地分布较广的实际情况，推动适盐碱水产养殖品种在本地区的推广应用，成为扩大肇东市水产品产能、提高水产养殖户收益的重要途径。历年来，肇东市西南部地区大量的盐碱地不适宜耕种，大多处于荒废状态，为推广盐碱地水产品养殖提供了大量土地资源。通过改造和采用科学的方法，试验示范养殖适宜盐碱水质的水产品品种。2022 年，重点推广盐碱地中华绒螯蟹养殖技术，并适当推广盐碱池塘雅罗鱼养殖，大片的废弃地有望成为"致富田"。

一、基本情况

肇东市西八里乡渔儿园渔业专业养殖合作社是国家级健康养殖示范场，位于肇东市西南部，南邻松花江，水资源丰富。现有池塘 93.33 公顷，其中，各类商品蟹养殖 46.67 公顷，池塘中华绒螯蟹扣蟹养殖 20 公顷，中华绒螯蟹扣蟹与芡实综合种养 26.67 公顷，与周边农户合作种植水稻 160 公顷，进行稻田扣蟹综合种养示范推广。年产各类商品鱼 40 多万千克，商品中华绒螯蟹 2.4 万千克，扣蟹苗种 10 多万千克，优质水稻 35 万千克。该合作社地处肇东市西八里镇中华绒螯蟹养殖区的核心地带，是肇东市水产业发展"一镇一品"的典型代表。2016 年开始进行池塘中华绒螯蟹养殖，2017 年开始试验稻田中华绒螯蟹扣蟹养殖，是稻田中华绒螯蟹扣蟹培育联合体的核心企业。2020 年，省广播电视台"田妮儿时间"栏目组到该合作社采访，宣传推广稻蟹综合种养模式。2020 年 12 月 5 日，第四届全国稻渔综合种养模式创新大赛暨 2020 年优质鱼米推介活动在安徽省合肥市举办，该合作社在模式创新大赛上获得绿色生态奖。同时，推送的"七道海"牌蟹田米在优质渔米评比活动中脱颖而出，喜获银奖。

肇东市西八里乡渔儿园渔业养殖专业合作社是市重点中华绒螯蟹养殖企业，在肇庆市渔业发展工作中起到先试先行的示范作用。在盐碱地水产品养殖示范推广工作中，以该合作社为示范基地，通过转租的方式，在66.67余公顷的盐碱池塘进行中华绒螯蟹养殖试验，取得了较好的效果（图39-1）。

图39-1　盐碱池塘

二、技术模式

该合作社在发展过程中，得到省农业农村厅渔业渔政管理局、省水产技术推广总站等上级部门的大力支持，主动对接科研推广单位，合作开展新技术新模式试验示范，探索"科研院所（推广）＋企业＋合作社＋养殖户"的融合发展模式，建成236.67公顷的稻渔综合种养模式试验示范基地（图39-2、图39-3）。

（1）主动与黑龙江水产研究所对接，引进国家重点研发"蓝色粮仓科技创新"专项落户本市，进行"黑龙江省稻蟹综合种养蟹稻配比技术""田间工程技术""精准投喂技术""绿色防控技术"等的试验示范。

（2）为有效防止辽宁盘锦当地中华绒螯蟹种源退化带来的苗种病害发生，与黑龙江水产研究所合作，首次开展黑龙江省培育的辽河水系种蟹亲本繁殖大眼幼体苗种试验。2021年，培育成辽河水系种蟹雌体2 500只，规格在100克以上；雄体1 500只，规格在125克以上，监测到雌体的抱卵率达到 95%。

（3）主动与省水产技术推广总站开展合作，利用绥芬河水系中华绒螯蟹规格大、性成熟时间晚的特性，进行中华绒螯蟹种质提升试验。引进绥芬河水系野生中华绒螯蟹 47.5 千克，平均个体重 70 克，放入池塘进行培育，选取完全成熟的雌蟹 100 克以上的有 72 只、雄蟹 150 克以上的 69 只，送到辽宁省盘锦光合蟹业有限公司，明年春季合作开展制种繁殖试验。

（4）与东北农业大学孙楠教授团队合作，开展了稻田中华绒螯蟹养殖对环境的影响监测，现已掌握了第一手数据，为推广稻蟹共作提供科学依据。

图 39-2　示范基地

图 39-3　示范模式

三、主要做法

（1）"挖环沟，高筑堤"提高盐碱地的蓄水能力，依据"盐随水来，盐随水走"的水盐调控规律，通过池塘改造、建设池内环沟、种植适宜中华绒螯蟹生长的水草等方式，加深池塘外排水沟深度，使其低于池内环沟半米，降低池塘浅水区及池水的地下水位，不断向池塘内加注新水，使池塘浅水区土壤中盐分随水渗入环沟中，排放到池塘四周的排水渠，达到有效降低盐碱的目的。

（2）采取"大灌水、大排水、换新水"等措施，使水体环境更适应中华绒螯蟹生长，移植耐盐碱的本地水草，提高水草覆盖密度，为中华绒螯蟹生长创造最佳水体环境。

（3）定期大量使用自培的乳酸菌等生物调水制剂调节水质，使水体环境呈弱碱性，针对碱性池塘虫类多的特点，通过套养花鲢等滤食性鱼类，降低水体生物含量，避免"水浑"现象发生。

（4）中华绒螯蟹苗种采用自培的辽河系扣蟹，根据中华绒螯蟹母蟹成熟早售价高的特点，调整公母投放比例，采用公 3 母 7 的比例。每公顷投放 90 千克扣蟹，每千克 120～140 只，因盐碱地需提前处理水体，放苗时间略靠后。每年 5 月 5 日前后放苗，本身苗种放养密度不高，前期通过施加酸性肥料等措施，养殖前期无需投喂或少量投喂偏植物性蟹料，养殖中后期投喂蟹料，配合煮熟的玉米黄豆等植物饲料。最后养成规格母蟹在 80 克以上，公蟹在 100 克以上，平均公顷产 525 千克左右。

（5）在对外销售时，以"弱碱水野生中华绒螯蟹"为卖点，平均销售价在每千克 50～90 元，实现提高经济效益的目的。同时，委托黑龙江华测技术有限公司对中华绒螯蟹进行监测，各项指标均达到国家对绿色食品有机食品的标准要求。

四、主要成效

通过试验示范，带动西八里镇中华绒螯蟹养殖产业的兴起，建成了西八里镇中华绒螯蟹养殖之乡，全镇盐碱池塘中华绒螯蟹养殖面积 833.33 公顷，年产商品中华绒螯蟹 41 万千克，实现销售收入 1 700 多万元。同时，带动全市稻渔综合种养面积发展到 0.29 万公顷，其中，盐碱稻田养蟹 0.15 万公顷，实现了"一水两用、一地双收"（图 39-4）。

图 39-4　盐碱地稻蟹综合种养

五、经验启示

（1）养殖户缺乏盐碱地养殖经验，导致生产过程中效益不高，希望在安全生产养殖技术、用药技术方面，能邀请专家定期对养殖户进行培训，或是能聘请专业技术人员深入一线指导工作。

（2）盐碱地中华绒螯蟹养殖过程中水草的养护技术有待提高，总结一套适合本地实施的水草品种搭配、种植时间、密度等成熟的方案。

针对全省实施的水产绿色健康养殖技术推广五大行动，希望能在中华绒螯蟹养殖水体环境改善、模式创新、种质提升等方面进行试验示范，探索田螺、黑水虻活饵配套养蟹技术，打造虫草蟹高端品质，探索打造赏蟹、钓蟹、品蟹、玩蟹的主题蟹园和科普基地。

下一步，计划将肇东市西八里乡渔儿园渔业养殖专业合作社建成该省盐碱地中华绒螯蟹智能化养殖示范基地、绥芬河中华绒螯蟹保种基地、建成本省西部最大的盐碱稻田和池塘扣蟹苗种培育基地。同时，建设全省首家蟹仓，全年销售中华绒螯蟹，建成全省盐碱地中华绒螯蟹产学研基地。

黑龙江省肇东市水产总站　张益军

40

黑龙江杜尔伯特县盐碱水域增养殖

一、基本情况

杜尔伯特县境内拥有嫩江和乌裕尔河、双阳河两大水系，河水带来的大量泥沙在水流的作用下形成了沙岗与低平地相间起伏的风沙地貌，形成大小湖泊441个，水域总面积13.67万公顷。由于排水不畅，地表水长期得不到外流，加之气候较干旱，水面年蒸发量远远大于年降水量，蒸发耗水使水溶性盐碱逐渐沉积于地表，致使该县的湖泊盐碱含量较高。经测定，湖泊pH平均在7.5～8.5，含碱量较大的湖泊pH达到9.5。

通过调查，目前该县宜渔盐碱水总面积86 667公顷，其中，已充分开发利用且产量稳定的水域面积37 191公顷，虽经开发利用但水产品产量不高的水域面积29 380公顷，近年拟开发水域面积20 096公顷。同时，该县还有苇塘湿地5.33万余公顷、稻田4万余公顷盐碱水（地）资源可用于宜渔养殖，为今后该县探索发展盐碱地水产养殖提供了巨大空间。为进一步挖掘水产养殖资源，该县在积极抓好现有水产养殖业的基础上，大胆尝试盐碱水（地）水产养殖，大幅提高了当地水产养殖效益。

二、主要做法

几年来，杜尔伯特县在盐碱水和盐碱地水产养殖方面，重点采用了盐碱地大水面增养殖、盐碱地稻蟹共作和盐碱地池塘标准化养殖模式，并取得了良好的效果。

一是调整优化养殖结构，提高盐碱地大水面效益。加快"四大家鱼"结构调整，注重提高单产效益，先后引进大银鱼、中华绒螯蟹、鳜、鲟、青虾等10余种耐盐碱品种，名特优新品种养殖比重达到21.3%，放养面积近6.67万公顷。其中，大银鱼放养面积达到4万公顷以上，年产量达到2 000

吨，占全国总产量的23％，出口日本、韩国、欧盟等国家和地区，占全国出口总量的50％；中华绒螯蟹养殖面积达到4.67万公顷，中华绒螯蟹总产量达到4 800吨。

二是依托盐碱地稻田资源，推广稻田扣蟹培育。2018年，该县开展盐碱地稻田扣蟹培育攻关，1公顷稻田扣蟹培育试验取得突破性进展，每公顷产量达到787.5千克。自此，该县在全县范围内大面积推广稻田扣蟹培育模式，2021年稻蟹综合种养面积达到0.2万公顷，大眼幼体苗种培育面积达到0.08万公顷，培育扣蟹苗种70万千克，实现产值2 000万元。2022年，落实大眼幼体培育扣蟹苗种面积0.08万公顷，建成巴彦查干乡200公顷集中连片稻田扣蟹培育基地，目前扣蟹苗种长势良好。

三是开发盐碱地资源，发展池塘精细化养殖。几年来，该县将退化较为严重的盐碱地作为开发利用对象，通过争取政策资金支持和地方自筹资金等方式，实施盐碱地池塘改造项目，发展池塘精细化养殖，走出了一条"变废为宝，以渔治碱"的生态发展之路。2018年至今，全县共开展盐碱地池塘改造5处，建成标准化池塘160公顷。这些经过新建和改造的盐碱池塘，主要用于开展苗种繁育、新品种养殖试验和扣蟹暂养越冬。2021年共繁育鲤、草鱼、鲢等各类苗种12亿尾，繁育鳜、大鳞鲃名贵鱼种200万尾。2022年，繁育鳜、雅罗鱼、大口黑鲈、花鲈、虾类苗种和池塘成蟹高密度养殖20公顷，预计产量和效果有望超过去年；破解扣蟹苗种越冬技术难题，连续2年开展扣蟹暂养越冬试验，累计暂养扣蟹15多万千克，成功摸索出扣蟹越冬暂养的关键技术。

三、主要成效

一是大水面养殖效益明显提升。目前，该县有10余个大水面近4万公顷大银鱼实现了高产稳产，年产量达到2 000吨，实现产值达1亿元；中华绒螯蟹养殖已成为该县水产业增收的新途径，2021年中华绒螯蟹总产量达到4 800吨，实现产值2.4亿元，是2016年的6.27倍。

二是稻蟹共作模式取得突出效果。2021年，该县稻蟹综合种养面积达到0.2万公顷，其中大眼幼体苗种培育面积达到0.08万公顷，培育扣蟹苗种70万千克，每公顷产量突破750千克大关，实现产值2 000万元，结束中华绒螯蟹苗种全部外购的历史。经对比，该县投放自养的扣蟹苗种成活率要比外购的高出20％以上，且成蟹产量可提高25％。

三是闲置土地资源得到有效利用。通过开发闲置、废弃盐碱地用于发展水产养殖业，极大拓展了水产业发展空间，大幅提高了养殖户的经济效益。以新开发的160公顷盐碱地池塘标准化养殖为例，通过实施标准化养殖，年产值可实现120万元，平均公顷产值达到7 500元，与耕地的收入不相上下。

四、经验启示

杜尔伯特县这一区域多属于典型碳酸盐型水体，盐度在0.44～2.06，总碱度8.83～28.01毫摩尔/升，pH在7.58～9.2，具有碱度高、pH高、冰封期长、生长周期短等渔业特点。目前，渔业生产存在着适宜养殖品种少、生产模式简单、水体环境不稳定、甚至无法有效利用等问题。近几年来，中国水产科学研究院黑龙江水产研究所在"国家蓝色粮仓"项目的支持下，在耐盐碱养殖品种的筛选上，研发了盐碱水主要养殖对象综合性能评估方法；在盐碱水养殖苗种驯养上，研发了东北盐碱水池塘鱼类适应性养殖方法；在盐碱水质调控上，研发了盐碱水养殖生物絮团水质调控技术；在"以渔改碱"盐碱水土综合利用上，研发了"双效降碱"渔农综合种养技术。通过养殖品种、养殖技术、养殖模式和养殖工程的优化和组装，解决了杜尔伯特县乃至黑龙江省盐碱水体生长速度慢、病害多发、产量不稳定等问题，经济效益提高了20%，综合效益提高了35%以上，实现盐碱水域渔业增效利用和盐碱地的生态改良。

经过多年来对盐碱水和盐碱地的开发利用，证明发展宜渔盐碱水产养殖业大有可为，不但能够大幅提高养殖效益，还能通过水产养殖治理日益退化的盐碱土地，是一项强县富民生态环保产业。建议国家、省市应加大扶持力度，引导各地做好盐碱水（地）渔业产业开发利用。

一是认真做好资源调查。将盐碱水（地）调查纳入各地重点工作，开展全面的普查工作，包括盐碱地面积、利用现状、盐碱含量等情况，为今后开发利用提供翔实的数据资料。

二是科学制定开发利用规划。聘请专业权威的部门，编制宜渔盐碱水（地）开发利用规划，科学有序推进盐碱水（地）水产养殖业。

三是加大政策支持力度。盐碱水（地）开发是一项投资高、回报周期长的产业，建议政府将此项工作纳入各级财政支持范围，通过政策资金扶持调动盐碱水（地）水产养殖的积极性。

四是加快科技研发进程。根据不同盐碱水体的渔业特点，筛选耐碱性高、抗性强、生长快、经济效益好的特色水产养殖对象；根据不同盐碱地区的生产需求，优化构建特色鱼类池塘、苇塘中华绒螯蟹生态养殖、池塘-泡沼接力养殖和异位循环水渔业综合利用模式；根据不同盐碱水体的养殖方式，熟化和完善苗种适应性驯养技术、生物絮团水质调控技术和大规格苗种培育技术等。

杜尔伯特蒙古族自治县水产总站　李金友

41 江苏盐碱稻渔综合种养

一、基本情况

稻渔综合种养是一种将水稻种植与水产养殖结合的复合生产方式，可有效利用空间资源，使共生生态系统内的物质和能量完成良性循环。在江苏，稻渔综合种养技术日渐成熟并大面积推广，已成为江苏渔业发展的重要模式之一。将稻渔综合种养技术应用于沿海滩涂开发，将当地水产养殖优势品种和耐盐碱水稻种植相结合，能最大限度利用和开发滩涂资源，扩大粮食种植面积，提升滩涂附加值，改良盐碱地土壤，提高海涂资源的科学配置水平，既可为渔区渔民转产转业提供机会，又能推动区域农业经济发展，增加土地后备资源，意义重大而深远。

江苏省如东县大豫镇新港滩涂围垦区，稻田面积 13.33 公顷，沿田面田埂内侧 2.5～3.0 米开挖"彐"形鱼沟，沟深 1.5～1.8 米，长 400 米、宽 12～15 米，坡比 1∶（2.5～3），鱼沟面积约 1.33 公顷，占田面总面积的 10%；鱼沟两侧壁用 1.8 米宽的 10 目聚乙烯网片护坡防止坍塌。稻秧品种选择耐盐性高、茎秆粗壮、分蘖力强、抗倒伏、抗病、丰产性能好、品质优的水稻品种"花优 14"。

二、主要做法

5 月上旬，对水稻种植区上水 5～10 厘米浸田，水源水为淡水，经过河沟沿途至滩涂种植区时，灌水盐度在 1.2～1.8；5 月 20—25 日，采用机播法播撒稻种，每公顷播撒稻种 60～67.5 千克，播种后，维持稻田土壤湿润，随着秧苗的生长，逐步增加水位，稻田田面最高水位≤15 厘米；7 月下旬，水稻孕穗灌浆后进行一次烤田操作，之后保持田面水位在 10～15 厘米（图 41-1）。

图 41-1 江苏盐碱稻渔综合种养模式

环沟于 4 月开始放养鱼苗，鱼苗品种为本地鲫和暗纹东方鲀，规格均为 20 尾/千克。每公顷投放本地鲫苗 52 500 尾、东方鲀鱼苗 6 000 尾。本地鲫是当地特有品种，具有耐盐性强、食性杂、生长快、口感鲜美等特点，市场认可度高；暗纹东方鲀是江苏特色广盐性养殖品种，营养经济价值高，市场认可度高，且养殖技术成熟，是适宜海水稻渔综合种养的主要水产品品种之一。

试验期间，水稻均按照海水稻的种植方法进行生产管理，不施用化肥和农药，水沟中的水产品均按照绿色水产品标准进行养殖，不使用渔药。投喂蛋白含量 30% 的鲫全价配合饲料 2♯ 料。

11 月中旬，当水稻稻叶变黄、籽粒变硬时，降低池塘水位露出田面，适时机械收稻。

12 月下旬，采用先拉网再干塘的方法，捕获环沟内水产品。

三、主要成效

水稻成熟后收获，经晾晒、蜕壳、去糙后，测定出水稻产量为 7 245 千克/公顷，按照水稻价格 7 元/千克计算，每公顷产值为 50 715 元。挑选完整饱满的稻米进行营养成分测定。结果显示，该模式下水稻的营养成分丰富均衡。检测所得包括 7 种必需氨基酸在内的 17 种氨基酸和 13 种脂肪酸，其含量与传统淡水水稻基本一致，其淀粉含量和 γ-氨基丁酸（GABA）更是比淡水水稻丰富。这表明盐碱地区综合种养模式不会降低水稻的营养价值和品质。

本地鲫产量为4 200千克/公顷，平均规格为128.82克/尾，回捕率为62%。暗纹东方鲀产量为450千克/公顷，平均规格为203克/尾，回捕率为36.7%。本地鲫按市场价格20元/千克计算，产值为84 000元/公顷，暗纹东方鲀按市场价格40元/千克计算，产值为18 000元/公顷。水产品合计产值102 000元/公顷。

盐碱地稻渔综合种养模式总效益为74.46万元，如果单纯种植水稻，面积13.33公顷，总产值为67.62万元。由此可见，综合种养模式总体收益提高近10%，增效显著。

四、经验启示

在不改变水稻产量和品质的前提下将稻田种植与水产养殖相结合，既充分利用了鱼沟水体的上下层空间和生产效能，利用鱼类的残饵以及排泄物增加稻田的营养盐成分，提高土壤肥力，改善稻田微生物环境，增加有机质含量和氮素，又加快了盐碱滩涂土壤含盐量的降低，持续改良土壤盐碱程度，对促进沿海滩涂资源的开发利用、农民增收、农业增效等方面有积极的生态、经济、社会效益，有效提高稻田的亩产效益、增加稻田的附加值。

综合种养技术能有效改善水稻种植的土壤环境，提高水稻产量。收获的本地鲫和暗纹东方鲀成鱼体型好、色泽佳、口感鲜美、市场认可度高，可以达到仿野生效果，投入回报率佳。

江苏省渔业技术推广中心　杨思雨

山东盐碱地凡纳滨对虾
"135"分级接续养殖

一、基本情况

山东省滨州市有广袤的盐碱地资源,滨州市博兴县属于沿黄内陆盐碱地,土壤以氯化物型为主,适宜渔业开发利用。近些年,博兴县实施"挖池抬田、上粮下渔"工程,累计治理盐碱地 0.8 万公顷,其中开发池塘 0.4 万公顷,主要养殖凡纳滨对虾,已成为以博兴县为代表的沿黄高效渔业主导产业,发挥了渔业降盐治碱的重要生态功能,增加了农民收入。但随着对虾产业的发展,在产业整体向好的同时,养殖病害频发、池塘综合效益低等问题制约着对虾产业的高质量发展。

盐碱地凡纳滨对虾"135"分级接续养殖是一种以凡纳滨对虾为主养对象,通过开展对虾分级接续养殖,实现盐碱地养殖对虾一年两茬,产出高效、环境友好的可复制可推广的养殖技术。该项技术被列入山东省农业农村厅和山东省科学技术厅发布的全省农业主推技术(鲁农科教〔2019〕20号)。近年来,滨州市海洋发展研究院与博兴县渔业服务中心等单位合作开展盐碱地凡纳滨对虾"135"分级接续养殖技术的示范推广和技术支撑,在内陆县区累计推广 0.33 万余公顷,通过"台田-池塘"等构建基塘渔农系统,可有效降低池塘周边土壤盐碱度,防止土壤次生盐碱化,同时提高盐碱水渔农综合生产能力。

二、主要做法

(一)池塘设置

核心示范点 6 000 个养殖池塘,面积共 933.33 公顷,水深 1.5 米,养殖水源为盐碱地地下渗水和黄河水调兑,池底平坦,底质为泥沙,每个池塘配备 1 台增氧机。4 月下旬排干池塘,使用含氯石灰(750 千克/公顷)化浆后全池泼洒。

（二）苗种淡化标粗

3月下旬，选择规格整齐、体色透明、活力强的虾苗在单池30～50米³砖混或玻璃钢材质苗池的车间进行淡化标粗，放苗密度为15 000万尾/公顷，淡化标粗时间为10天左右。

（三）温棚中间暂养

暂养池面积0.07～0.13公顷，有效水深达1.5米以上，以东西向长方形池为佳；具有较好的采光和保温、抗风、防雪能力和相配套的增氧、进排水系统；池中间搭建投饵走廊，便于投喂管理。4月初，当温棚水温达到20℃以上，投放淡化虾苗，放苗密度1 000尾/米²，中间暂养时间为30天左右。

（四）外塘养殖

5月初，当外塘水温达到18℃以上，选择晴天的下午，将中间暂养后的3～5厘米幼虾分池到外塘进行成虾养殖。放苗密度75万尾/公顷，经50天左右的养殖期即可达到商品规格。

（五）水质改良调控

针对盐碱水K^+缺少、pH较高以及前期水体清瘦和中后期蓝藻容易暴发的特点，前期进行钾钠离子平衡调节和肥水处理、中后期微生物法（利用芽孢杆菌、光合细菌、EM复合菌等）调控养殖水体，在淡水标粗、中间暂养等养殖期间使养殖水体保持良好的菌相环境。

（六）饲料及投喂管理

采取"少量多餐"的投喂方式，根据天气情况和饵料残留情况适当调整投喂量，日投喂4次，06：00、11：00、16：00和20：00各投喂一次，早晨、中午和傍晚投喂量为日投喂量的40%，夜投喂量为日投喂量的60%。每日检测水体弧菌数量和水温、氨氮、亚硝酸盐、pH，出现异常及早进行有效处置；通过设置饵料观察台实时检查对虾摄食和生长健康状况，及时调整投饵量。

（七）二茬养殖

中间暂养温棚在5月初分苗结束后，立即进行清淤消毒；6月上旬至中旬，投放第二茬仔虾进行10天的淡化标粗，淡化后的虾苗再移入已消毒进水后的暂养池中进行30天的中间暂养；7月中下旬将暂养池内标粗虾苗投放到外塘中进行第二茬对虾养殖；进入9月，根据池塘水温情况实时进行收获，完成第二茬对虾养殖（图 42-1）。

图 42-1　凡纳滨对虾温棚中间暂养

三、主要成效

以 2021 年为例，在滨州市博兴县、滨城区推广示范凡纳滨对虾"135"分级接续养殖技术 0.25 万公顷，两茬平均产量 8250 千克/公顷，较传统单茬养殖产量增加 8100 千克/公顷，总效益 18.39 亿元，单位效益 72.6 万元/公顷。盐碱地凡纳滨对虾"135"分级接续养殖的示范推广，延长了对虾生长期，有效规避了 6～7 月的当地虾病集中暴发期，实现了北方内陆地区凡纳滨对虾一年两茬的高效养殖，实现了养殖产量和效益的显著提升，对促进渔业增效、渔民增收起到了积极的推动作用（图 42-2）。

图 42-2　查看凡纳滨对虾生长情况

四、经验启示

在盐碱地水源条件较好的地区开展凡纳滨对虾"135"分级接续养殖，解决了盐碱地土地资源"非种植即荒废"的难题，实现了滨州市盐碱地的综合利用和渔民增收，促进了凡纳滨对虾产业健康绿色发展。虾苗中间暂养标粗产业的兴起，带动了虾苗淡化、养殖、饵料生产、包装运输、建筑安装等相关产业的发展，有效增加了社会就业和新兴产业的发展，对促进当地渔民增收和乡村振兴起到了很好的推动作用。

滨州市海洋发展研究院　王　冲

43

山东盐碱池塘黄河口中华绒螯蟹生态养殖

一、基本情况

黄河口中华绒螯蟹是山东省的名优水产品之一，2008 年被认定为全国农产品地理标志产品，是山东省十大渔业品牌。2020 年品牌价值达 26.12 亿元，2022 年成为第一批"好品山东"品牌。为加快推进黄河口中华绒螯蟹养殖业绿色发展，针对东营地区盐碱水离子系数与 pH 高、水质调控与生境营造困难、中华绒螯蟹增效乏力等水质特点和产业问题，在山东省淡水渔业研究院等科研院所的指导支持下，东营市优化构建了盐碱地黄河口中华绒螯蟹生态养殖模式。

本部分采用黄河口中华绒螯蟹池塘混养鳜与凡纳滨对虾的适宜放养模式。养殖过程中残饵、生物排泄物、浮游动植物残体等经沉积作用而逐渐富集于底泥，最终造成底泥严重污染。凡纳滨对虾能够摄食池塘中的残饵、有机碎屑等，加速系统中有机物质的代谢及转化过程；同时对虾对底泥的扰动，可强化底泥中有机物质的再悬浮，消耗水体溶解氧，降低底泥有机物的积累，促进氮磷营养盐的迁移，从而改善底质环境。鳜是食肉性鱼类，可以摄食因加注黄河水进入养殖池塘的麦穗鱼、鲫等鱼类，减少鱼类存塘量，降低鱼类对黄河口中华绒螯蟹的争氧、争食能力，利于黄河口中华绒螯蟹个体生长和产量提高。因此，黄河口中华绒螯蟹盐碱水养殖池塘中混养凡纳滨对虾和鳜，既可以改善养殖水体质量，提高中华绒螯蟹品质，又可以将低值鱼类转化为高值鱼类，增加养殖效益（图 43-1）。

图 43-1 黄河口中华绒螯蟹生态养殖池塘

二、主要做法

（一）耐盐水草移栽与养护

1. 耐盐水草移栽

提前在养殖池塘中移栽耐盐伊乐藻等沉性水草，适宜栽种水深20～30厘米，采取营养体（茎部）栽种方式，先将伊乐藻堆积抱团（30～50根），然后将其压入底泥（3～5厘米），株（团）距2米左右，行距3～5米；待水草成活后逐渐加深水位。每公顷移栽水草1 500～3 000千克，栽种面积占池底的30%左右。

2. 水草养护

（1）合理施肥 水草种植前，施用肥水膏等氮肥和葡萄糖等碳肥作为基肥；当水草生长活力减弱或叶子呈黄色时，及时追施碳肥和钾肥；饲养中后期不再追肥。

（2）加强水草管理 水温18～22℃时，伊乐藻生长最旺盛，当水草密度过大、生长过于茂盛时，应进行稀疏，以增加阳光照射和水体交换流通，防止局部缺氧。当水草生长超出水面时，要及时打头刈割，割除老草头，保持距水面10～30厘米，让其重新长出新草；及时捞出漂浮与腐烂的水草。

（3）重视环境管理 高温闷热天气，应及时开增氧机增氧，或使用过氧化钙等增氧剂增氧，防止伊乐藻夜间缺氧死亡。施用改底药物时，水草根部应适量多施，但不可使用消毒剂类改底药物。水草出现挂脏现象时，可泼洒吸附性活性炭等，而后用有机酸解毒杀菌，再用微生态底调水，以快速清除水草附着物。

（二）水质综合改良调控

针对黄河口中华绒螯蟹池塘盐碱水 pH 高、离子不平衡（钙、钾偏低）和氮磷营养元素含量较高等主要特点，优化集成了 pH 稳定控制、盐碱水离子平衡调控和水体营养物质调控等关键技术。

1. pH 稳定控制技术

（1）适时加注黄河水 一般每年可以补充 2～3 次黄河水。加注新水时，不宜一次性注水过深，需让水草顶端照到阳光，避免影响水草光合作用，造成水草腐烂或死亡。注入新水易造成水体浑浊，应及时泼洒芽孢杆菌以及施用离子钙或磷酸二氢钙等钙质剂，增加水体透明度。

（2）施用乳酸菌、有机酸等降低 pH 当水体 pH 高于 9.0 时，可使用乳酸菌或有机酸降低 pH，每公顷施用乳酸菌 7.5～15 千克、有机酸 3 750～7 500 毫升。

（3）定期泼洒钙制剂 泼洒钙制剂可以提高水体总碱度，增强水体缓冲能力，稳定 pH。

（4）控制水草数量，降低光合作用 伊乐藻具有耐低温、适应性强、营养丰富、生长周期长、产量高等特点，可以净化水质，防止水体富营养化，但生长密度过大，夜间会造成局部缺氧，白天晴天光合作用过于强烈，会使水体 pH 升高，因此应及时清除部分水草。

2. 盐碱水离子平衡调控技术

养殖水体中钙离子含量对中华绒螯蟹蜕壳生长具有一定的影响。中华绒螯蟹蜕壳后的硬化不仅需要体内供钙，而且还要在水中吸收钙，因此养殖水体的钙离子需要定期人工补充。盐碱水体中钙离子含量与 pH、水温等呈负相关关系，即水体中的钙离子含量随 pH、水温的升高而降低，随 pH、水温的降低而升高。为提高水体中有效钙离子含量，促进虾蟹的吸收利用效果，钙制剂的使用时间最好选择在温度较低的早晨或傍晚，而且在补钙前先采取措施降低 pH。一般每隔 1～2 周施用乳酸活性钙等钙制剂 1 次，每公顷施用 7.5～15 千克；下雨后应及时补充池水中钙离子。

3. 水体营养物质调控技术

（1）定期使用微生态制剂　高温季节，每隔 15 天左右全池遍洒 1 次光合细菌或芽孢杆菌、EM 菌等微生态制剂，最好交替使用。

（2）适时补充碳肥　高温季节，为增加对水体中过量氮、磷等营养物质的吸收利用，促进微生物和水生植物的生长，改善净化养殖水质，需每隔 15 天左右全池遍洒 1 次葡萄糖。

（3）定期底质改良　高温季节，每 10～15 天施用 1 次 20％的过硫酸氢钾复合盐，每公顷使用 3 000～3 750 克，以改善池塘底质，消毒池水。

（4）保持水体溶解氧充足　应合理使用增氧机对池水增氧，在高温闷热天气的夜间还可使用过氧化钙等增氧剂（图 43－2）。

图 43－2　黄河口中华绒螯蟹生态养殖管理

（三）强化管理与防控

（1）彻底干塘、晒塘、翻耕和消毒　放苗前 1～2 个月排干池水，清除池底过厚的淤泥，修整堤坝与环沟，对底质进行翻耕和消毒。

（2）水体消毒　蟹体大量蜕壳前或大雨过后，全池使用 1 次过硫酸氢钾或碘制剂、二氧化氯等进行池水消毒。

（3）水草管理　重视耐盐水草的种移植，适时施肥、"打头"、分割稀疏，及时捞出漂浮、腐败或死亡水草，防止水草枯萎、死亡、腐烂污染水质。

（4）控制青苔等有害丝状藻类的数量　应控制外源输入，尤其是移栽水草时的带入。可以通过肥水培藻、局部使用草木灰或腐殖酸钠等，适当降低池水透明度，抑制青苔的生长；还可局部泼洒乳酸菌等抑制其生长。青苔过多时，应及时人工捞出。

三、主要成效

山东东营盐碱地黄河口中华绒螯蟹生态养殖模式核心示范区东营市惠泽农业科技有限公司养殖面积 400 公顷，2022 年实现产值约 6 000 万元，每公顷产黄河口中华绒螯蟹 1 500 千克，每公顷产值 150 000 元。山东东营盐碱地黄河口中华绒螯蟹生态养殖模式实现了渔业增效、渔民增收，示范带动作用显著。

四、经验启示

东营市全面依靠科技进步和创新研发，加强与科研机构合作协同创新，采用"林、水、土"盐碱化综合治理措施，昔日"盐碱荒滩"蝶变"绿水青山"，探索从蟹苗到成蟹、从标准到品牌、从池塘到餐桌，全产业链跟踪研发、全过程技术创新服务、全方位配套经营管理的"三从三全"新模式、新技术、新业态，形成了一整套适合黄河口盐碱地特色水产养殖高质量发展的可复制推广的成功经验。尤其在培育发展生态产业，推进农村现代水产养殖业标准化生产、生态化治理、集约化经营、资源化利用、规模化发展，提高生态产品价值及附加值，拓展生态产品价值实现路径，助推山东现代农业与乡村振兴融合发展等方面所取得的显著成效和经验做法，值得同类地区学习借鉴。

东营市垦利区海洋发展和渔业局　张　琦　王培培

山东省淡水渔业研究院　王志忠

44

山东盐碱池塘黄河鲤养殖

一、基本情况

东阿县位于聊城市东部，东距省会济南市 50 千米，西距聊城市 25 千米，地处东经 116°02′—116°33′、北纬 36°07′—36°33′ 之间。地处鲁西平原、黄河之滨，县境依傍黄河 57 千米，南水北调东线穿黄隧洞和引黄济津工程渠首均在东阿。土地总面积 729 千米²。

20 世纪 70 年代末期，在县委、县政府领导下，东阿县人民通过挖沟排水、降低水位、引黄压碱、挖塘养鱼、抬田养鱼等措施，对盐碱涝洼土地进行了大规模治理改造，不仅粮田面积得到大幅增加，同时也规划建设形成了一大批池塘，用于养鱼和植藕，在客观上极大促进了全县水产业发展。同时，宜渔的地理环境，加持优越的气候环境和丰富的水资源，成为该县渔业蓬勃发展、打造特色渔业经济的独特优势。经 20 世纪 70—90 年代集中连片建设池塘、抬田养鱼等模式治理，如今全县剩余盐碱地面积较少，并呈零星分布状态，约为 133.33 公顷左右。

东阿县盐碱地水产养殖典型养殖案例为东阿县绣青水产养殖专业合作社，其做法概括起来就是"围绕一条鱼、树立一个品牌、打造一套标准、创新一套生产模式、做好示范和推广、取得多环节利益"。

合作社主要技术依托中国水产科学研究院淡水渔业研究中心、山东省淡水渔业研究院、省市县渔业技术推广站。中国海洋大学、烟台大学、中国水产科学研究院淡水渔业研究中心等专业院校及科研机构均在该社设立产、学、研基地，合作社与各科研单位联合攻关，为全县渔业经济绿色高质量发展夯实了基础。

二、主要做法

(一)围绕一条鱼

"东阿黄河鲤"现已成为该县主导品种。拥有"中国农产品地理标志保护产品"和"中国地理标志证明商标"双重身份,是无公害农产品。在2016中国水产年度大会上,荣获"中国水产业明星水产品"称号,是被授权使用聊城农产品整体品牌形象"聊·胜一筹!"品牌标识的"第一批聊城市重点农产品区域公用品牌",被列入2019全国乡村特色产品和能工巧匠目录。2017年,经中国品牌建设促进会审定,"东阿黄河鲤"地理标志产品品牌价值为2.81亿元。在东阿、聊城、临清、衡水、济南、上海等地扶持建成的"黄河滩渔村""阿东炖鱼""明阳大酒店""老济南四合院"和上海齐鲁壹号大酒店等多家黄河鲤旗舰店,突出了"东阿黄河鲤"饮食特色和文化特色,为这一条鱼赢得了口碑和市场。

(二)打造一个品牌

多年来,该县积极抓好原良种选育、健康养殖、精品生产等多个关键环节,融入"良种选育、专用饲料、生态育成、精品净养设施与技术"等五项专利,打造"东阿黄河鲤"品牌。

良好的技术、严格的管理,不断提升"东阿黄河鲤"品牌影响力。当前,品牌的签约供应价为30~40元/千克。东阿黄河鲤销售以鲜活配送、酒店直供、旗舰店销售为主;在上海齐鲁壹号大酒店,"东阿黄河鲤"单条售价达到268元。"东阿黄河鲤"品牌在多地唱响。

(三)创建一套标准

为推动全县品牌渔业产业化,搞好专业化引导、规模化组织、标准化生产、品牌化统揽,把"东阿黄河鲤"这一金字招牌做大做强,作为该县"东阿黄河鲤"产业领军企业,该合作社积极参与了东阿黄河鲤标准化建设工作。协助东阿县渔业协会、重点渔业企业,在县水产中心的指导下,出台制定了东阿黄河鲤系列团体标准。先后发布了《东阿黄河鲤》《东阿黄河鲤专用配合饲料营养标准》《东阿黄河鲤渔用药物使用技术规程》《东阿黄河鲤净养与冷链配送技术规程》和《东阿黄河鲤池塘标准化养殖技术规范》等5项团体标准,建立并完善了该县"东阿黄河鲤"产前、产中、产后全过程标准体系。为增强品牌标准国际化进程,2021年5月又与中国渔业协会共同编制的《东阿黄河鲤良种繁育技术规范》《东阿黄河鲤养殖技术规范》两项国家级团体标准，已于2023年1月9日发布。

（四）创新一套生产模式

自2013年，该合作社积极推广和示范水产养殖绿色生产新技术、新模式。先后示范了多营养层级放养、微孔增氧和微生态制剂调节技术、池塘鱼菜生态种养、半封闭式工厂化循环水养殖、池塘工程化循环水养殖技术；积极参加了水产养殖用药减量行动；开展了养殖尾水治理和水产种业质量提升行动，成为该县水产养殖绿色健康养殖新技术、新模式示范推广重点单位。2021年，被遴选为水产养殖绿色发展"五大行动"示范基地（图44-1）。

图44-1　黄河鲤循环水养殖设施

（五）做好示范和推广

悠久的养殖历史、先进的企业文化造就了该合作社沉甸甸的技术积累。自2012年，全县实施基层渔业技术体系改革与建设补助项目以来，该社多次承担了技术示范和推广任务，成为全县最为重要的水产健康绿色养殖新技术、新模式、新品种引进与开发的实践培训基地，仅该县科技示范主体培训和现场教学参加人次每年均不少于500人次。同时，每年还会接待其他省市县同行前来参观交流。

为搞好病害预警，确保信息精准，作为病害测报点之一，该合作社坚持国家智能渔技综合服务系统信息上传，实施数据日常跟踪记录，做到了信息完整、及时、可靠。

为夯实服务基础，完善技术手段，加大对周边养殖户、水产养殖企业的辐射带动，2020年4月，该合作社规划建设了一处功能相对完善的病防实验室。可进行寄生虫、真菌性、细菌性、病毒性疾病的诊断与判断以及药物敏感性试验。可在科学用药、精准用药、用药减量三方面提出指导性建议，最大限度地降低水产养殖对象疾病与灾害损失，保障生产安全和产品质量安全。

三、主要成效

（一）经济效益

2021年，繁育黄河鲤良种鱼苗5 200万尾，培育乌仔1 560万尾，其中销售300万尾，培育大规格鱼种6万千克；累计生产、销售东阿黄河鲤成鱼8.63万千克，白鲢0.88万千克，花鲢0.32万千克；回收合同成品鱼14.32万千克，净化后销售12.74万千克。全年累计实现销售收入672.05多万元，年创毛利润240.00多万元。

（二）生态效益

通过实施"多营养层级放养、微孔增氧和微生态制剂调节技术、池塘鱼菜生态种养、池塘流水槽循环水养殖技术；水产养殖用药减量行动；建设四池三坝开展养殖尾水治理和水产种业质量提升行动"综合举措，实现养殖用水循环利用，实现达标排放或零排放，年度总用水量减少30%，减少渔药及饲料投喂5%，进而降低生产成本，实现提高水产品质量的既定目标。

（三）社会效益

自20世纪70年代末期，全县在县委、县政府领导下，对境内盐碱地实施大规模的综合治理，上粮下鱼模式应用广泛，极大提高了粮棉产量、林业生产、畜牧水产养殖总量，提高了农民收入，也极大程度地改善了农民生活和生态环境（图44-2）。

图44-2　东阿黄河鲤大丰收

四、经验启示

一个产业的可持续发展，单靠一产远远不够，必须通过加强全产业链配套，在政策、法规范围内，打造品牌优势，精炼渔业文化，突出发展目标，深化良种选育和原种打造，进而形成"专业化、规模化、标准化、品牌化"产业形态，完善生产、加工与休闲、旅游业相结合机制。"十四五"期间，全县东阿黄河鲤养殖面积要稳定在 1 133.33 公顷，精养池塘面积 333.33 公顷，建设工程化循环水槽、陆基圆筒式循环水养殖设施 5 000 米^2，黄河鲤"净养＋孵化"车间 1 000 米^2。实现年产东阿黄河鲤苗种 1 亿尾、鲜（活）黄河鲤 0.53 万吨以上，东阿黄河鲤产业链总产值超过 2.2 亿元。合作社可带动新增创业、就业岗位 1 000 多个，人均收入每年可提高 4 000 元。

根据全县渔业水域资源特点、增殖养殖现状及发展趋势，将养殖水域滩涂规划纳入东阿县国土空间规划，按照"多规合一"要求，坚持"提质增效、减量增收、绿色发展、富裕渔民"的方针，围绕"东阿黄河鲤"品牌主线，因地制宜在全县进行产业布局，以生态高效品牌渔业为重点，开发、养殖、加工、休闲并举，规划建设东阿县现代渔业园区，构建"科、种、养、加、销、游"一体化产业链，增加产业附加值，极大促进东阿黄河鲤产业持续健康发展，实现全县现代渔业经济繁荣，全面推进乡村振兴。

东阿县畜牧水产事业发展中心　宗兆良

45

山东盐碱地生态立体综合养殖

一、基本情况

寿光市北部位于渤海莱州湾南岸的滨海盐碱地带，经过 60 多年的艰苦创业，一步一步使昔日"春天白茫茫，夏天水汪汪，旱了收蚂蚱，涝了收蛤蟆"的重度氯化物型盐碱滩涂地变成了如今绿水青山、鱼肥水美的"水上粮仓"，成为国家级水产健康养殖场、国家级休闲渔业示范区，为全国同类盐碱地水产养殖和生态保护树立了鲜活样板。

近年来，寿光市积极贯彻落实习近平总书记"关于开展盐碱地综合利用，保障粮食安全"的重要指示精神，充分挖掘寿北盐碱地开发利用潜力，肩负起破解盐碱地难题的使命，通过生态化利用、养殖模式创新，成功构建了以"生态、绿色、高效、立体、循环"为主的区域性大循环水产养殖体系，在盐碱地地区率先开创了"上林下藕、藕鱼（虾、蟹）套养、鸭鹅混养"立体种养和水资源多层次循环综合利用模式，实现了生态效益、经济效益、社会效益的稳步健康提升，走出了一条盐碱地区水产养殖业绿色循环高质量发展的路子，将昔日的不毛之地变为绿色希望之地。目前，无公害养殖面积 266.67 多公顷，年产各种商品鱼 2 500 吨，实现产值 2 000 多万元，为保障国家粮食安全、端牢中国饭碗做出了积极贡献。

二、主要做法

（一）因地制宜大力发展渔业

从 1994 年开始，在上级业务部门的科学指导和具体帮助下，寿光市本着"宜渔则渔，宜林则林"的原则，充分挖掘利用现有资源，大力发展渔业养殖生产，并不断调整养殖品种，优化养殖产业结构。经过多年的努力，探讨出了一套适合盐碱地养殖发展的现代渔业新路子。到目前，已建成露天养殖池塘 266.67 公顷，其中精养鱼池 133.33 公顷，鱼藕混养池 133.33 公顷，并打造成为农产品无公害产地，经原海洋与渔业厅认定的无公害品种 7 个，并逐步走向了规模化、产业化、精养化、品牌化发展的道路。

（二）水资源"链条式"循环利用

盐碱地淡水资源紧张，寿光市充分节约利用水资源，有效地实现了水资源的多次利用、循环增值。充分利用机械林场 2 400 公顷林地，纵横交错 20 多千米"井"字沟渠这一得天独厚的自然资源条件，将养殖用水多次循环利用后再用来浇灌林地，真正实现"变废为宝"，做到"零污染""零排放"。河水、雨水等经引水干渠引入进行淡水鱼养殖，养殖水排入藕池种植莲藕，同时套养淡水鱼和鸭鹅，多次利用的水再流入林地"井"字形循环沟渠，经过林地沟渠中密布的水杉、芦苇等植物吸收净化后再次提入引水干渠进行鱼虾蟹的养殖。林地沟渠老水底水用来浇灌林地，从而使水资源达到五次利用、五次循环增值的效果，实现循环养殖效益和绿色生态效益的双丰收。这一生态循环的养殖模式，完全符合生态、绿色、循环、高效的现代渔业发展要求，成为水资源循环增效的示范样板。

（三）渔业同农业、林业综合开发利用

以"渔"为基础，充分发展了上林下鱼、鱼藕套养、鱼鸭鹅混养等模式，促进鱼、藕、林、鸭、鹅的互利共生。鸭鹅捕食莲藕和林间害虫和杂草，在完全不施农药的情况下，有效地防治危害莲藕的食根金花虫，达到藕鱼增产和改善养殖生态环境的效果，最终养殖老水灌溉林地，既杜绝养殖水中有机物对环境的破坏，又为林区提供有机肥，促进林区根系的延伸发展，形成了水产养殖提质增效和林、农业生态环境协同发展的良好局面（图 45-1）。

图 45-1 多层次循环综合利用模式

（四）促进一二三产业融合发展

在渔、农、林综合发展的基础上，注重与生态旅游的有机结合，以休闲渔业开发带动传统渔业上档升级，走出了一条休闲渔业、养殖渔业、生态旅游协同发展共同提高的新路子。在渔业养殖发展的基础上，先后建设了东方不沉湖、休闲垂钓中心、观赏鱼展示中心、水上餐厅、水上景观大道、素质拓展中心、荷香园、槐香园服务区、果蔬采摘园、盐业观光园和天然湿地保护区等一系列游乐及科普服务设施，打造"全国休闲渔业示范基地"，并且不断完善景区软硬件服务设施。到目前，基地年接待游客 40 万人次，正努力建成以水资源休闲游乐为支持，融观光、娱乐、休闲、体验为一体的综合性旅游景区。

三、主要成效

（一）经济效益

通过生态化利用、养殖模式创新，成功构建了以"生态、绿色、高效、立体、循环"为主的区域性大循环水产养殖体系，在盐碱地地区率先开创了"上林下藕、藕鱼（虾、蟹）套养、鸭鹅混养"立体种养和水资源多层次循环利用模式，年产各种商品鱼（虾、蟹）2 500 吨以上，实现产值 2 000 多万元。推行"链条式"养殖、混养、套养模式，养殖综合生产效率高于当地单品养殖模式 30％以上；每公顷莲藕池同比节省肥料 2 250 元，产量增加 20％以上；鲢养殖池塘同比节省肥料 1 500 元，产量增加 25％。在节省水、电、肥料等资源 15％的同时，养殖渔民人均收入比当地传统单一养殖模式高 20％以上。走出了一条盐碱地区水产养殖业绿色高质量发展的路子，先后荣获国家级水产健康养殖场、国家级休闲渔业示范区、省级内陆休闲渔业公园等荣誉称号。

（二）生态效益

充分利用水资源，有效地实现了水资源的多次利用，养殖用水"零污染""零排放"，不仅保证养殖场及周边水域良好的生态环境，而且为林业生态环境的改善提供可靠保障（2020 年 6 月获批国家首批森林康养基地）。这一生态循环的养殖模式，完全符合生态、绿色、循环、高效的现代渔业发展要求，成为水资源循环增效和生态环境保护良性发展的示范样板。

（三）社会效益

从 1994 年开始，寿光市在贫瘠的盐碱地大力发展渔业养殖生产，把不毛之地变为绿色希望之地，新建设养殖池塘 266.67 公顷，进行草鱼、鲤、花鲢、白鲢、中华绒毛蟹等养殖，形成了一条集"生产、经营、销售"为一体的产业链条，促进产业链就业人员 200 余人，有效促进渔业增产、渔民增收，示范带动当地渔民走上致富路，为就业和社会稳定发展做出贡献，也为保障国家粮食安全、端牢中国饭碗做出了积极贡献（图 45 - 2）。

图 45 - 2   多层次循环综合利用模式收获

四、经验启示

盐碱地生态立体综合养殖模式，本着"宜渔则渔"的原则，因地制宜。在汛期储存河水、雨水等，用于养殖和改善盐碱地环境；在少水期，以"渔"为基础，利用养殖用水，同农业、林业、休闲旅游等综合开发，促进一二三产业融合发展，走互利共赢、环保、生态立体可持续发展之路，打造可复制、可推广的环保生态循环养殖示范园区。

在今后的发展中，寿光将继续积极探索水产养殖新品种，谋求绿色发展、高质量发展新途径，提高养殖新技术并及时推广。依靠科技、不断创新、搞好服务，在前进中完善，在完善中前进，带动周边农户共同致富。

寿光市海洋渔业发展中心   葛晓亮

山东盐碱地藕渔综合种养

一、基本情况

曹县太行堤三库占地 10.83 千米^2，库内河网密布，莲藕种植是当地传统产业，现有莲藕种植面积 533.33 公顷。莲藕种植区多为轻度盐碱地，在盐碱地挖池抬田，土壤盐分随灌入淡水淋溶到藕池中，降低了盐碱土壤中的 pH 和盐度，抬高的土壤有利于防止地下水位提升和土壤返盐，以达到改良土壤的目的。藕渔综合种养是将小龙虾或泥鳅和莲藕有机融合在一个生态系统进行共作轮作，利用物种间的正相互作用及资源的互补利用等生态学机制，发挥藕渔综合种养对土壤盐渍化改良和地力修复提升作用，将有限的土地和水资源的有效利用最大化，实现藕渔互利共生、农产品质量安全和农业可持续循环发展。2017 年起，曹县水产中心积极联合省农业科学院水生生物研究中心，在曹县魏湾镇开展了藕渔综合种养技术示范与推广，取得了每公顷增收 30 000 余元的显著效益，目前藕渔综合种养示范面积 333.33 公顷。

二、主要做法

（一）浅水藕泥鳅生态种养

1. 藕田改造

种养藕田要水量充沛、腐殖质丰富、注排水便利。在藕田四周及中间开挖"田"字形沟，沟宽 150～250 厘米、深 50～60 厘米，在外沟边角开挖若干个鱼溜，深 80 厘米，便于泥鳅避暑和集中捕捞，把田埂加固抬高至高出水面 40 厘米，埂宽 50 厘米。为防泥鳅逃逸和天敌侵入，藕池内距田埂 20 厘米处架设 20 目防逃网，底端埋入 30 厘米至硬地，上端每隔 1.5 米用竹竿固定。进水管位于田埂高处，出水口正下方设溅水板以增加溶解氧。排水管位于相对一侧鱼沟低处，通过控制 PVC 管套管高度控制水位，排水管口外围拦 20 目滤网网箱。为防水鸟，在藕田上方安装防鸟网，中间用立柱撑起，防鸟网四周与防逃网密合。

2. 莲藕定植

每年清明至谷雨栽植莲藕。排藕前要一次性施足基肥，每公顷施发酵腐熟有机粪肥 45 000 千克、复合肥 750 千克，深翻耙平。藕田、鱼沟中注水 10 厘米，用生石灰 100 克/米² 兑水趁热遍洒，曝晒 5～7 天。栽植品种为"3735""鄂莲 6 号"等，藕种选择藕身粗壮、顶芽无损、无病虫害、有 3 个藕节者。要现刨现栽，田中开沟，藕种平卧，藕头斜埋入泥 10 厘米，后把梢翘露出水面，藕种每公顷用量 3 000 千克。栽后注水至 5～10 厘米。

3. 鳅苗投放

长出 2 片立叶后投放鳅苗。投苗前要消毒肥水，鱼沟注水 40～50 厘米，用 10% 聚维酮碘 0.45 克/米³ 消毒，3 天后每公顷施氨基酸肥水膏 15 千克培育优良藻相，待水色成黄绿色准备下塘。投放品种为大鳞副泥鳅，鳅苗要健壮活泼、黏液丰富、无病无伤、规格一致，体长 4～5 厘米，每公顷投鳅苗 22.5 万尾。投放前用 20 毫克/升高锰酸钾溶液药浴 10～15 分钟，经缓苗处理后再多点投放进环沟（图 46-1）。

图 46-1 魏湾镇焦楼村藕田放养台湾泥鳅

4. 饲料投喂

藕鳅共作下，泥鳅喜食浮游生物、嫩叶杂草、水生昆虫及人工饲料。投苗初期，要对泥鳅进行一周左右的投饵驯化。开始投喂粉料和破碎料，随鱼体规格增大逐渐改投颗粒浮性料，粗蛋白要求在 30%～36%。为避免泥鳅腹胀，膨化料使用前先用净水浸泡 10 分钟，待适度软化后再多点均匀抛洒在环沟中。每天投喂 2 次，07：00 和 18：00 各一次，晚上投量要大些，以 1 小时吃完为宜，水温 25～28℃时日投饵率 3%～5%，其他温度 1%～3%，并遵循"四定""四看"投饵原则。

5. 水质水位管理

水质调控上做到"肥、活、嫩、爽"。保持水体透明度 15～25 厘米，pH 6.5～7.5，溶解氧 4 毫克/升以上。养殖前期每 7～10 天加换 1 次新水，中后期每 3～4 天加换新水 1 次，每次 10～15 厘米。每 15 天泼洒 EM 菌等微生态制剂，稳定菌相和改良水质。水位管理上做到"前浅中深后浅"。莲藕定植后至鳅苗投放前保持水层 5～10 厘米，促进萌芽生长。抽生立叶后茎叶开始旺长，鳅苗入田，田水要在 25～30 厘米，封行后逐步提高到 40～50 厘米。后栋叶抽出后降低水位至 20～30 厘米，以利坐藕。

6. 日常管理

每天早晚巡田，重点查看泥鳅活动摄食、水质变化、病害发生、防逃设施、有无浮头及鼠蛙鸟害等，做好生产记录，发现异常，及时处理。大雨时做好排水，以免水淹荷叶和泥鳅逃逸。莲藕需要大肥，在立叶抽出和后栋叶抽出后要及时追施壮苗肥和结藕肥，追肥以尿素和硫酸钾复合肥为主。追肥前降低水位，让泥鳅入沟，让肥料充分融入泥土，施后冲洗荷叶，2 天后还水。

7. 鱼病防治

以预防为主，6—9 月定期使用 10% 聚维酮碘 0.45～0.75 克/米^3 消毒水体，每 15 天投喂添加三黄散、维生素 C 和益生菌的药饵，连喂 3～5 天，可有效预防肠炎等细菌性疾病。寄生虫病用铜铁合剂或苦参末防治。

8. 捕捞收获

水温降到 15℃时用地笼起捕，捕大留小，达不到商品规格的留作下年继续养殖。9 月至翌年 4 月据行情采挖莲藕。

（二）藕虾生态种养

1. 藕田改造

种养藕田要求腐殖质丰富，注排水便利，生态条件良好。在藕田周围及中间开挖"田"字形沟，围沟宽 2～4 米，深 0.8～1.5 米；田间沟宽 0.8～

1米，深0.5米。田埂夯实筑牢，埂顶宽1.5米，高出畦面0.8米，内坡比1∶2.5。进水口建在田埂高处，排水口建在相对的围沟低处，进水口设60目筛绢网袋，排水口设20目拦截网罩，田埂四周围0.5米高内壁光滑的防逃网（图46-2）。

图46-2 曹县魏湾镇藕渔综合种养之环沟

2. 莲藕定植

气温稳定在15℃以上时开始栽植。植藕前每667米²施发酵腐熟的有机粪肥2 000千克，复合肥50千克，深翻耙平。品种选用"3735"、马踏湖白莲等，要求藕身粗壮、顶芽完整、具3个藕节，行株距2.0米×1.5米，每亩用种量300～400千克，植藕后注水5厘米。

3. 小龙虾放养

在围沟中分散移栽伊乐藻、轮叶黑藻及苦草，水草覆盖率1/3～1/2。投苗前15天，清除水绵、浮萍，用生石灰100克/米²化浆全田泼洒。投苗前7天，在围沟中泼施氨基酸肥水膏培育藻相，待水色呈黄绿色准备下塘（图46-3）。

图46-3 魏湾镇武常寨村藕田放养小龙虾

小龙虾放养有两种模式：6月莲藕封行后投放幼虾和9月投放亲虾。每 667 米² 投放 5～10 克/尾的幼虾 3 000～5 000 尾或 30～40 克/尾的亲虾 500～700 尾，要选择体质健壮、体色光亮、附肢完整、活力强、离水时间短的种苗。小龙虾下塘前要经补水处理，让鳃腔吸足水分，再分散投放于水草区。放苗当天及时泼洒电解多维缓解应激，三天后全池泼洒聚维酮碘溶液消毒。

4. 饲料投喂

藕虾共作下小龙虾喜食浮游生物、鲜嫩水草、豆谷类、绞碎的螺蚌杂鱼及配合饲料。投喂遵循"四定""四看"，当天然饵料丰富、第二天有残饵、阴雨天、大量蜕壳及发病时少投，反之多投。一般日投饵率 3‰～5‰，6— 9月每天2次，以傍晚投喂为主，春秋季每晚1次，水温低于12℃可不投。

5. 水质管理

6—9月每 7～10 天加换1次新水，春秋季每 15～20 天加换1次，每次更换水体的 1/3，保持水体透明度 30～40 厘米，溶解氧 4 毫克/升以上。每 15 天泼洒1次 EM 菌，稳定优良菌相。每 15～20 天泼洒1次生石灰，稳定 pH 在 7.0～8.5，优化良好水质。莲藕栽植后保持 4～7 厘米浅水位，以利藕芽萌生，立叶抽生后加深水位到 20～30 厘米，小龙虾入田后抬高水位至 40～60 厘米，坐藕后放浅水位，枯荷越冬期保持水位 60 厘米，确保洞穴不结冰。

6. 日常管理

莲藕需大肥，立叶抽生后追施三元复合肥 30 千克/亩，出现 5～6 片立叶追施复合肥 25 千克/亩，后栋叶抽出后追施尿素和硫酸钾各 10 千克/亩。追肥前要放浅水位，引虾入沟，并避免灼伤叶片。坚持早晚巡田，重点查看小龙虾生长情况、水质变化情况和防逃设施稳固情况，并做好生产记录。

7. 病害防治

定期用微生态制剂和腐植酸钠调水改底，用碘制剂消毒水体，注意补钙固壳，减少应激。生长旺季每半月在饲料中添加电解多维、益生菌和肝胆康，连喂 3～5 天。

8. 收获

6月投放的幼虾，8月底可陆续起捕。9月投放的亲虾，翌年3月开始捕大留小，直至5月莲藕萌发前全部捕净。莲藕在终止叶出现至翌年4月据行情采挖上市。

三、主要成效

藕鳅综合种养模式每公顷产莲藕 30 000 千克，泥鳅 3 000 千克；藕虾综合种养模式每公顷产莲藕 30 000 千克，小龙虾 1 800 千克。藕渔混作比莲藕单作每公顷增收 30 000 余元。

四、经验启示

泥鳅、小龙虾耐低氧、水位要求低，施药施肥时能钻泥躲避，具有种养上的可行性。泥鳅、小龙虾摄食藕田中的杂草浮萍、莲藕害虫，间接为莲藕除草灭虫；泥鳅钻泥疏松了土壤，粪便残饵又是莲藕的肥料；盛夏宽硕的荷叶为泥鳅小龙虾遮阳，躲避鸟害。藕渔综合种养既互利共生，又提升了莲藕泥鳅小龙虾的品质，符合国家推进水产养殖绿色发展的总要求，值得藕区农民大力推广（图 46-4）。

图 46-4　武常寨村藕渔综合种养

菏泽市水产服务中心　李建立

山东省曹县水产服务中心　李永建

47

山东盐碱地凡纳滨对虾接续养殖

一、基本情况

东营市广饶县地处渤海湾南岸，莱州湾西岸，地下水位较高，盐度超过 15，水质条件非常适宜凡纳滨对虾养殖。自 20 世纪 80 年代开始，广饶县对虾养殖产业经过中国对虾、凡纳滨对虾开发高潮，规模持续健康发展。近几年，广饶县利用当前渔业资源和产业基础实施凡纳滨对虾池塘标准化改造、工厂化养殖设施提升改造，多措并举发展对虾产业。经过多年发展，现如今广饶县淡水凡纳滨对虾养殖面积达 666.67 公顷（含丁庄街道），养殖区域主要集中在丁庄街道、陈官镇、花官镇和大码头镇盐碱地。经过多年的经验总结出：盐碱地上种植农作物效益很低，但适合凡纳滨对虾养殖。

凡纳滨对虾二茬接续养殖模式是利用温室暂养池标粗苗种，通过在外塘放养大规格苗种，缩短凡纳滨对虾生长周期，实现了北方外塘养殖凡纳滨对虾一年养两茬。

广饶县农业农村局与东营市海洋发展和渔业局开展凡纳滨对虾两茬接续养殖模式的构建，为利用盐碱地养殖凡纳滨对虾提供技术支撑。案例主体选在广饶县陈官镇群海家庭农场，该农场主要利用村边闲置多年的盐碱荒地，周边交通便利，阳光充足，无污染。养殖场现有 5.33 公顷坑塘，建设 4 个（共计 6 900 米²）的室内虾苗标粗池，配置充气设备、增氧等养殖设施。凡纳滨对虾养殖面积 4.67 公顷，生态池面积约 0.67 公顷。生态池中种植芦苇、蒲草等净水植物，水中放养花白鲢、草鱼、泥鳅、鲫等淡水鱼类。养殖用水主要是黄河水二级提水和地下卤水勾兑而成，生态池中的水体用于养殖后期的用水补给，实现养殖尾水循环利用和绿色发展。

二、主要做法

（一）养殖池塘的设置

1. 温室暂养池设置

农场建设 4 个温室暂养池。温室长 75.0 米，宽 23.0 米，温室内为养殖池，设计水深 1.2～1.5 米（东浅西深），养殖池周围设 0.5 米生产路。每个温室西侧、生产路下面建设 1 个集苗池，内径 1.5 米，深 2.5 米，底部为混凝土结构；集苗池内设置直径 200 毫米管道通温室内养殖池，集苗池设置闸阀 1 个，与外部天然池塘联通（图 47-1）。

图 47-1　温室暂养池

2. 天然池塘设置

农场现有 9 个外塘。外塘长 70～100 米，宽 40～70 米，水深 1.6～1.7米。池塘东西侧有二级坡，二级坡为砂石路，便于投喂和日常管理。池底铺设进排水管道，并通过排水管道与温室暂养池联通（图 47-2）。

（二）养殖流程

1. 一茬虾养殖流程

3 月，对池塘进行清塘消毒，消毒用生石灰（1 200 千克/公顷）化浆后全池泼洒；消毒结束后进行池塘肥水，肥水一般采用专用肥水素，直至水体达到茶褐色或墨绿色最佳；虾苗入池前 3 天，接种有益菌（谷草芽孢杆菌、光合细菌或 EM 复合菌），使之尽快形成优势菌落，从而在标粗期间保持良好的菌相环境；4 月初温室水温稳定在 20℃，购买苗种（10 天的仔虾）进

图 47-2　天然池塘

行标粗，温室暂养池放养密度 1 000～1 500 尾/米²；在温室暂养池中进行 30 天左右的集中暂养，虾苗体长可达 3～5 厘米（五月上旬），此时由温室暂养池中分出的幼虾移入室外池塘，放养密度 37.5 万～45 万尾/公顷，养殖 50 天左右（7 月初）即可达到商品虾规格出塘上市。

2. 二茬虾养殖流程

5 月上旬，温室暂养池苗种分出后，余留部分苗种进行养殖，1 个月后达到上市规格，6 月上旬商品虾出塘后，水体经过消毒和肥水后，用于二茬苗的标粗用；7 月初外塘商品虾出售后，水体经过消毒和肥水后用于二茬虾养殖。二茬虾养殖于 6 月下旬购进虾苗（10 天的仔虾），移到温室暂养池进行 30 天左右的集中暂养，虾苗体长可达 3～5 厘米（7 月下旬）。7 月下旬由温室暂养池分出的幼虾移入室外池塘进行 50 天左右（9 月上旬）的养殖即可达到商品规格出塘上市。由于二茬虾水体是重复利用，因此放养密度比一茬虾低，一般温室暂养池放养密度 800～1 200 尾/米²，外塘放养密度 30 万尾/公顷。

三、主要成效

（一）经济效益

（1）一年一茬养殖模式　经过一个生产季节的养殖，成品虾 40 尾/千克，养殖总产量达到 30 000 千克，平均公顷产 7 500 千克，经济效益达 120 万元。

（2）一年二茬养殖模式　一茬虾，外塘平均每公顷产 9 000 千克，温室棚每公顷产 15 000 千克，经济效益 184 万元。二茬虾，外塘平均每公顷产 5 250 千克，温室棚每公顷产 12 000 千克，经济效益 128 万元。总经济效益 312 万元。

由此可见凡纳滨对虾二茬接续养殖模式实现经济效益是一茬养殖的 2.6 倍，大大提高了经济效益。

（二）生态效益

养殖过程中一茬虾养殖水体不外排，通过消毒处理和微生态制剂调水后再进行二茬虾的养殖，大大减少了养殖水体的浪费和对环境的污染，生态效益明显。

（三）社会效益

（1）增加渔民收入　通过上面的经济效益对比发现，一年两茬养殖能大大提高渔民收入。

（2）避开风险减少损失　通过近几年的天气变化显示，极端天气的暴发期是 7 月底到 8 月。二茬接续养殖模式，一茬虾能成功避开极端天气的暴发期，同时极端天气暴发期内，渔民最多损失的是棚内的二茬虾苗的成本。

（3）养殖模式可复制性强　该养殖模式复制性和推广性强，自 2019 年广饶县陈官镇群海家庭农场应用该模式成功后，吸引周边很多养殖户应用该模式。该县北部地区盐碱地资源丰富，可大力推广该模式。

四、经验启示

近年来，由于大量灌溉水的不断渗入，灌溉地区较低地区地下水水位不断抬升，土壤盐碱化不断加深。由于盐碱地发展种植业很难，导致很多盐碱地弃耕撂荒。在盐碱地上利用盐碱地回归水和黄河水进行凡纳滨对虾养殖，发展特色碱水渔业，不仅能治理土地盐碱化，改善区域生态环境，更能带动群众增收致富，助推黄河流域高质量发展和生态保护。

目前，受制于土地政策的限制，很多盐碱地荒废多年不用，但土地性质还是基本农田，根据目前《中华人民共和国土地管理法》第二十六条规定"禁止占用永久基本农田发展林果业和挖塘养鱼"，该条政策限制了利用盐碱地上发展渔业养殖。建议相关部门能弹性解决水产养殖用地问题。

广饶县农业农村局　刘　群　王　军

东营市海洋发展和渔业局　杨建新

48

山东黄河三角洲盐碱地多营养级综合利用

一、基本情况

东营尚牧农业科技有限公司（简称"东营尚牧"），成立于 2018 年，位于山东省东营市现代农业示范区。公司由国际生态领域权威科学家领衔，围绕系统生态技术的转化应用，整合绿色发展智库、数智化生态渔业、安全食品加工、生态旅游等业务板块，旨在打造黄河流域生态治理与高质量发展示范项目、乡村振兴生态赋能示范产业，为生态农业的工业化提供产业服务，助力中国高质量生态水产发展。

东营尚牧在黄河三角洲盐碱地上开发建设"牧渔归·陆上海洋牧场"，占地面积 155.27 公顷，总投资 10.8 亿元，项目达产后可年产 6 000 吨以上无抗对虾，年度总产值超过 5 亿元。

二、主要做法

"牧渔归·陆上海洋牧场"采用生态修复和三产融合相结合的发展模式，创新出一套基于盐碱地生态治理与数智工厂化养殖的新型生态渔业模式，将昔日的盐碱荒滩建设成环境保护和经济发展双赢的海洋湿地生态系统。产出和应用的关键技术有：

（一）生态化与设施化结合的多营养级综合水产模式（IMTA）

"牧渔归·陆上海洋牧场"基于生态对冲的理念进行园区总体规划，将生产生活区与生态恢复区的面积设定为 2∶8。在占地面积 20% 的盐碱地区域开展设施化生态养殖，创新能源供给系统，采用水源热泵与光伏等新能源进行养殖用水温度调节，与传统养殖模式常用的火电、烧煤等方式相比，碳排放水平下降 80%，有效管理园区碳平衡账户，打造低碳生态园区（图 48-1）。

图 48-1　牧渔归·陆上海洋牧场效果图

在占地面积 80％的区域开展"覆绿-改土-调水-优景"为过程的水体与湿地修复工程，采用"多营养级综合水产模式（IMTA）"，构建"微生物（分解者）-微藻/大型藻类/海草（生产者）-底栖贝类、海珍动物（消费者）"复合型生物多样性体系，将养殖尾水进行生态净化、循环利用，避免了传统模式下养殖尾水外排造成的环境污染与水资源浪费。

（二）以"数智化工厂化"模式实现高效产出

"牧渔归·陆上海洋牧场"整合多学科前沿成果，构建了模块化的水产养殖设施（含自动导引式的饲料投喂、水样采集、调水剂投放、空间消毒等功能性单元的机器人系统），并整合人工智能技术的水质监测分析平台（环境控制、水质监测）与行为管理（饲料投喂、水质调节）等数智化管理工具，实施水产动物的智能化、精细化管理与生产（图 48-2）。

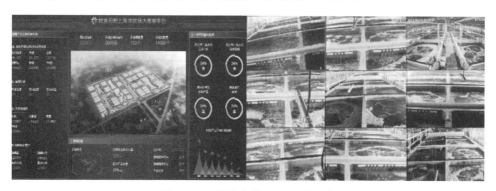

图 48-2　牧渔归数智工厂化平台

自动投喂与人工智能检测系统的应用，可以有效提升养殖的精准化。以对虾为例，饲料利用率平均提升 20％作用，减少饲料浪费和能源消耗，促进养殖车间的低碳模式。相比传统普通养殖模式投苗后不足 30％的成活率，牧渔归数智化生态养殖模式可以实现 90％以上的稳定产出，每年可产出高品质对虾 5 批，每平方米水面年产 50 千克以上，实现每公顷年产出 45 万千克以上；与周边小棚养殖（每公顷平均年产 11 250 千克）相比，年产量提升 40 倍左右；与周边传统的盐田虾养殖（每公顷年产 375 千克）相比，产出优势更加显著。

（三）以"三产融合"模式，带动区域产业高质量发展

"牧渔归·陆上海洋牧场"在规模化产出的基础上，与国际权威机构（如全球海产联盟 GEA 等）联合建立安全水产标准体系，带动当地及周边区域开展生态养殖，与北京首农集团、盒马鲜生等生鲜龙头渠道企业开展深度战略合作，实现安全水产闭环供应链，提升"黄河三角洲安全水产"的区域规模化优势与市场影响力（图 48-3）。

科普研学　　　　　　餐饮美食　　　　　　生活体验

图 48-3　牧渔归体验式科普研学基地

在生态湿地与水系的基础上，通过设施化生态育场、陆基盐碱地植物园、生态水系，通过文旅产品融合盐碱地生态修复、高效设施化养殖的成果，将"科技研发-生态治理-生态养殖-加工-消费体验-科普研学"资源开发为体验式生态文旅产品，为黄河口生态旅游区的建设提供场景式生态文旅内容。

（四）以绿色发展研究中心为平台持续研发创新

"牧渔归·陆上海洋牧场"依托"黄河口绿色发展研究中心"与牧渔归生态重点实验室构建研发平台，整合相关企业、国内外高校、科研院所在生物学、生态学、水产科学、环境科学、材料科学等技术人才力量，以黄河口区域相关产业和环境特点结合为特色，围绕产业领域的关键科学问题，结合

水产行业发展的相关行业痛点和难点，在水产品养殖技术、水产养殖水体净化技术（包括养殖原水、养殖用水、养殖尾水）、水产品鲜活长途运输技术及与之相关的湿地生态修复、盐碱地物种筛选、盐碱地生态修复技术等进行科技研发及科技成果转化与应用，为提升现代农业产业园在智慧生态水产养殖的科技水平与产业升级提供技术与人才支持。

目前，已完成自动投喂与消杀系统、三维电生化净水技术等课题的研究和应用，正在进行耐盐碱植物资源作为水产饲料添加剂、产区全方位监测系统、基于生态界面的大型海草/海藻床、海珍品种养技术等多项课题研究。拟立项功能微生物筛选与载体单元构建技术、牡蛎礁生态营造、耐盐植物湿地生态修复技术等课题。

目前，已经与中国科学院海洋研究所、中国科学院水生生物研究所、华东师范大学、浙江海洋大学、广东海洋大学、海南大学、河北大学、烟台大学、全球水产联盟、中国水产科学院东海研究所、上海工业自动化仪表研究院等科研机构建立深度合作，分别成立专项研究实验室、联合技术开发与人才培养基地。

三、主要成效

经过近 5 年的高速发展，"牧渔归·陆上海洋牧场"已被评为国家高新技术企业、山东省"十四五"渔业建设重点项目、全球海产联盟（GSA）战略合作示范基地、山东省水产健康养殖示范基地、山东省"优势产业集群＋人工智能"示范企业、东营市市级农业科技园、东营市"优势产业＋人工智能"及工业互联网试点示范（数字车间）、东营市中小学科普研学实践基地。中国新闻网、新华网、中央广播电视总台、山东电视台等多家媒体对"牧渔归·陆上海洋牧场"进行深度报道，指出公司"以高科技解决养殖痛点，通过国际领先的全生物系统化健康养殖技术，实现国际环保领域最前沿的生态对冲理念，不仅帮助水产养殖摆脱了药物困扰节省了养殖成本，提升了水产品质，从根本上解决了食品安全的问题，同时还帮助养殖地区打破'养殖污染水环境'的恶性循环，实现了经济效益与社会效益双赢。"

具体来说，体现在以下方面的生态产品的生产与输出：

（一）可食用的高品质水产品

"牧渔归·陆上海洋牧场"成功实现了凡纳滨对虾、斑节对虾等大规模量产，所养殖的产品完全无药残、营养价值和口感远超出同类产品。旗下

"牧渔归"系列安全食品包含鱼类（多宝鱼、鲈）、对虾（凡纳滨对虾、斑节对虾等）、蟹类（中华绒螯蟹、梭子蟹等）和刺参、贝类、可食用海藻等（图48-4）。

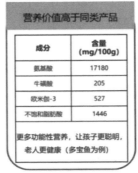

图48-4 牧渔归部分产品及特点

（二）可推广的数智化水产装备与解决方案

依托"牧渔归·陆上海洋牧场"数智化养殖模式，开发自动投喂与智能化管理系列设备（如自动投喂系统、监测系统、AI水质分析平台、大数据系统、电催化净水设备等），可通过产品或整体解决方案的形式为当地养殖企业提供服务，为传统水产养殖产业无药残、无污染、高效益的发展提供帮助，同时产生经济和社会价值（图48-5）。

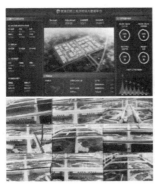

图48-5 牧渔归数智化设施（部分）

（三）可实现近海生态修复的产品与技术

以"牧渔归·陆上海洋牧场"生态水系为平台所开发的生态修复模式与产品，包括功能微生物筛选与载体单元构建技术、牡蛎礁生态营造、基于生态界面的大型海草/海藻床、耐盐植物湿地生态修复技术和海珍品种养技术。

"牧渔归·陆上海洋牧场"规划构建我国北方最大的海草种质资源库，建设 10 万米^2 海草培育区，可为相关的近海海草生态修复工程提供种子 600 万粒/年，植株 30 万株/年。通过产品输出与技术输出，可以应用到整个黄河三角洲区域海洋与水体生态修复和低碳建设中（图 48-6）。

图 48-6 牧渔归海草/海藻生态工程技术

四、经验启示

"牧渔归·陆上海洋牧场"相比传统养殖模式已体现出显著的生态环境改良与经济产出提升效益，与美国同类凡纳滨对虾设施化养殖案例相比，养殖成本节约 80% 左右，对该模式进行推广和复制，打造出一条具有中国特色的渔业解决方案。自 2018 年规划建设开始，2021 年第一期园区建设完成并投产，同时持续进行建设，发展的重点在于以下方面：

（一）数智化生态园区建设与模式推广

"牧渔归·陆上海洋牧场"在规划与运营阶段需要充分考虑生态改良与智能化设备优化，前期投资远远高于同类养殖模式。经过 3 年的迭代与优化，已进入快速复制与投产阶段。目前，我国高品质水产需求稳定且处于持续上升状态，应充分抓住市场机会，提升规模与产量。在投资充足的前提下，加快建设与投产进度有助于更好地满足市场需求，并且带动周边产业升级，实现新型生态发展模式的推广与复制。

2022 年起，投产数智化生态养殖车间将超过 60 000 米^2，年产无抗生素白对虾 200 万千克以上，年产值超过 1.2 亿元。2024 年将投产面积可以达到 40 万米^2，可年产对虾 6 000 万千克，年产值将超过 5 亿元。

（二）智能化养殖设施量产与产品输出

"牧渔归·陆上海洋牧场"自主研发、整合国际先进的养殖装备，技术与产品已经成熟，在满足自用的前提下，通过工业化量产，为同类养殖企业提供设备、方案的服务，可以极大提高传统渔业产业升级的效率与效果。

（三）生物多样性工程完善与育种基地建设

"牧渔归·陆上海洋牧场"位于黄河入海口，具有独特的生态学意义与生态治理的示范价值。在盐碱地生态恢复区，分不同功能区块进行多样化建设，一方面，完善户外人工生态湿地与盐碱地植物园，建设黄河三角洲生物多样性示范基地；另一方面，利用凡纳滨对虾尾水区域建立室内温带生态湿地，引进与复壮黄河流域适用品类开展育种、扩繁与繁育，建设高质高抗水产苗种繁育实验室、高质高抗水产苗种扩繁及养成试验场、高质高抗水产品种选育与产业应用基地，构建起黄河流域水产生态高效育种技术体系。

东营尚牧农业科技有限公司　孙乃波

49

山东盐碱地生态高效循环养殖

一、基本情况

聊城位于鲁西黄泛冲积平原，耕地面积为 59.67 万公顷，其中盐碱地 3 万公顷，占总面积的 5%，荏平区就分布有 0.13 万公顷盐碱地。本区盐碱地主要有三种类型：氯化物型、硫酸盐型、碳酸盐型等，其分布规律是沿河成线，靠洼成片，二坡地上多盐碱。山东泰丰鸿基农业科技开发有限公司（以下简称"泰丰公司"）地处荏平区菜屯镇聊夏路东、马颊河沿岸二坡地，是典型的氯化物型盐碱地，水质碱性大（11 毫克/升）、盐度高（4）。为此，泰丰公司积极探索盐碱地养殖综合利用模式，主要有使用微生物制剂（光合细菌、乳酸菌、芽孢杆菌等）调节水质、多开增氧设备曝气、养殖尾水生态处理回收利用、配置先进的循环水陆基养殖池等方式。以上模式可改善盐碱地生态环境，能够实现水清花绿、鱼翔浅底的生态友好型养殖。

山东泰丰鸿基农业科技开发有限公司成立于 2016 年 2 月，注册资金5 000万元，是华东地区大规模的工厂化水产养殖基地。公司全年生产淡水鲈 100 万千克以上，淡水鲈苗种孵化 2 000 万尾，年产值 1.5 亿元以上。公司获得资质、荣誉有"国家级健康养殖和生态养殖示范区""国家级健康养殖示范场""山东省大口黑鲈良种场""山东省水产种业领军企业""山东省智慧渔业应用基地"、山东省"海洋与渔业科技创新一等奖"、山东省"农业技术推广成果二等奖""聊城市农业产业化龙头企业""聊城市重点项目单位"等。

二、主要做法

泰丰公司所处位置水土类型是盐碱地类，在对该地类用于淡水养殖方面，泰丰公司探索研发了多种盐碱地养殖淡水鲈综合利用模式：

(一) PO膜标准化养殖池塘模式

泰丰公司了解到通过控制土壤的水分蒸发就可以减轻盐分的表聚现象，达到改良的目的，于是采用覆盖PO膜方式改良土地（图49-1）。泰丰公司有盐碱地类养殖池塘11.33公顷。所有养殖池塘从养殖池底部和立坡一直到塘埂，共覆盖PO膜约14.7万米^2。隔绝水体接触到土壤，可以明显减少土壤水分的蒸发，有效抑制盐分的表聚现象，阻止了水分与发起间的直接的交流，对于土表的水分起到阻隔的作用，有利于降低土表温度，进一步阻挡水分的蒸发，从而改良盐碱化土地。在投放鱼苗前对养殖水体采用曝晒、曝气72小时，每公顷水面泼洒4 500克微生物制剂等方式调整水体酸碱度，使养殖水体达到养殖环境要求指标。养殖密度每公顷投放75 000尾淡水鲈苗，养殖8～9个月即可达到每尾0.5千克的上市规格。

图49-1　PO膜标准化养殖池塘

(二) 新型陆基圆形养殖池模式

在工厂化车间内和室外平地安装直径7米、深1.4米的陆基圆形养殖池133个，养殖池外部是玻璃钢或钢板作为支撑体，内部是双面PVC涂层帆布专用夹网布原材料养殖袋（图49-2），可根据场地环境进行灵活定制。养殖池之间相互隔离，避免疾病交叉感染，定向精准处理，减少药物残留；不用考虑盐碱地土质的因素及池塘老化、翻土等问题；使用、拆装简单方便，清洁卫生便于维护；具有环保、气密性好、强度高、经久耐用等特点；养殖密度高，是传统鱼塘养殖密度的10～15倍。每个陆基圆形养殖池50米^{3}养殖水体，可放养淡水鲈苗2 000尾，按平均每尾0.5千克上市规格，即每立方米养成鱼20千克。

图 49-2 新型陆基圆形养殖池

（三）"三池两坝"尾水处理池

泰丰公司建设了 6 700 米² 的混凝土养殖尾水处理池，养殖尾水处理池包含"三池两坝"，即沉淀池、氧化曝气池、生态净化池和两道过滤坝及配套机械设备（图 49-3）。处理方式是 PO 膜池塘和陆基圆形养殖池的养殖尾水经养殖池→沉淀池→过滤坝→氧化曝气池→过滤坝→生态净化池→养殖池后循环利用，该方式节约用水，节省能耗，保护了水资源环境。

图 49-3   "三池两坝"尾水处理池

（四）工厂化循环水系统养殖车间

泰丰公司建设循环水养殖车间 3 幢。每幢车间 2 000 米²，配套循环水系统生产线 2 套，安放新型材料制造的圆形养殖池 24 个，每个养殖池 20 米²，可养成鱼2 000千克，是外塘养殖的30倍，极大节约了土地空间（图49-4）。

这套循环水系统是采用生物和物理方式24小时自动处理养殖水体，方式是养殖尾水经微滤机过滤残饵粪便（过滤的残饵粪便进入收集器进行发酵，制成有机肥，可用于花草种植），再通过生物包培养菌降解氨氮、亚硝酸盐等有害物，最后通过臭氧和紫外线杀菌消毒后进入到养殖池，真正实现养殖尾水零排放，保护人居生态环境。经该系统处理过的水体清澈见底，水体的各种指标适宜淡水鲈生长环境，车间是全封闭的无菌车间，没有传染源。淡水鲈在此环境中生长，没有病害，无需用药，做到真正的食品绿色安全。

图49-4 工厂化循环水系统养殖

三、主要成效

（一）经济效益

以2022年为例，泰丰公司淡水鲈总产量104万千克，平均单位产量3.92千克/米³，总效益5 200万元，平均单位效益196元/米³。淡水鲈苗总产量1 950万尾，平均单位产量74尾/米³，总效益4 485万元，平均单位效益169元/米³。

泰丰公司使用精细、科学、高效的养殖模式，不仅提高产量、降低成本，品质也相应提升。通过对盐碱地养殖数据实时监测，保证了养殖的优良环境，改善了盐碱地生态状况。根据以上多种盐碱地养殖淡水鲈模式综合测算，泰丰公司养殖环节电耗节能30%～50%，饵料投入减少5%～10%，用药投入减少40%～60%，人工减少50%，降低缺氧风险98%以上，产量提升50%～60%，同行业竞争力提升50%～80%，养殖可控性90%以上，品质提升，溢价 10%～100%。

（二）生态效益

盐碱地养殖淡水鲈综合利用模式贯彻了渔业技术开发和环境整治保护相结合的基本方针，坚持高标准、低污染、无公害、低能耗的发展方向，最大限度减少盐碱地对农业生产环境的影响。对促进渔业可持续发展、保护生态环境具有重大的生态效益。

（三）社会效益

盐碱地养殖淡水鲈综合利用模式可以对茌平区域及至全市的渔业产业结构起到优化调整的作用，可以推动聊城市经济发展，具有明显的社会效益。预计每年可提供 200 个就业岗位，缓和农村富余劳动力的就业压力，可为聊城市居民提供无公害、绿色优质水产品，丰富城镇居民的餐桌，促使产品质量上档次，提高人们的生活质量。可带动茌平区及周边地区淡水养殖农户200 户，盐碱地养殖面积达 200 公顷，年产量达 3 250 吨，每年可增加农民人均收入约 40 000 元。

四、经验启示

当前我国经济稳步发展，基础设施建设不断扩大，但可利用土地资源逐渐减少。无论是保持耕地"占补平衡"，还是扩大耕地面积、促进农业经济发展，都应优先开发未利用土地，包括盐碱地、沙地等。利用盐碱地发展水产养殖，是高效开发盐碱地土地资源的有效途径之一，既实现了"变害为宝、变废为宝"的目的，有助于修复生态环境，还能增加农民就业机会，带动农民增收。预计案例周边就能提供就业岗位 200 个，增加农民收入 40 000元/年。这是一种盐碱地改良新模式，可以有效解决农业生产和盐碱地治理改造中盐碱水出路的瓶颈问题。同时，有效拓展水产养殖空间，缓解粮食压力，增加农渔民收入，促进乡村振兴。经过多种形式的养殖，因地制宜开展盐碱地渔业综合开发利用，挖掘提升盐碱地综合利用潜力，提高了盐碱地渔业综合利用成效。把盐碱地变成"聚宝盆"，为盐碱地水产养殖高质量发展获得了成功的可复制推广经验。希望上级主管部门加大盐碱地渔业综合开发利用复制推广力度。

聊城市茌平区水产渔业技术推广服务中心　徐玉龙
山东泰丰鸿基农业科技开发有限公司　周以平

50 山东盐碱地池塘锦鲤养殖

一、基本情况

高唐县位于山东省聊城市，是山东省硫酸盐盐碱地主要分布区之一（另有夏津、临清、武城等县市），境内盐碱地面积约 0.73 万公顷。这些盐碱地大多数地势较低，有机质含量少，土壤肥力低，理化性状差，对作物有害的阴、阳离子多，作物不易成活，土地产出率和综合效益低，长期以来，几乎荒芜废弃，成了"夏天水汪汪，冬天白茫茫"的"不毛之地"（图 50-1）。

图 50-1 开发利用前寸草不生的盐碱地

盐碱地池塘锦鲤养殖模式是一种合理利用盐碱地地势较低洼，挖塘抬田易行，以当地特色品种且适宜盐碱水养殖的锦鲤为主导，产量稳定、锦鲤的品相好、优质高效、资源充分利用、环境友好的生态绿色生产模式。近年来，高唐县畜牧水产事业中心深入调研、广泛发动，指导山东多彩渔业科技有限公司开发、利用盐碱地土地资源，开展盐碱地池塘养殖锦鲤试验示范。通过建池抬田养殖锦鲤，能够起到防止土壤返碱返盐、实现渔农结合高效利用。

2019 年开始，高唐县畜牧水产事业中心培植骨干企业、选择适宜进行水产养殖的盐碱地块，挖塘抬田、开渠修路，掀起了一波波盐碱地开发热潮。到目前，全县开发利用盐碱地近 0.13 万公顷，盐碱地水产养殖面积 0.072 万公顷，占全县水产养殖总面积（0.08 万公顷）90% 以上。山东多彩渔业科技有限公司被确定为盐碱地池塘养殖锦鲤的示范点，位于高唐县杨屯镇小林村北段路东。示范点盐碱地面积 3.47 公顷，通过抬田造池综合开发，共建设室外水泥池 14 口，1 500 米² 阳光温室 1 座，室内水泥池 25 口，室外土塘 12 口，养殖水体面积 2.13 公顷（图 50 - 2）。

图 50 - 2　开发后水肥草绿的盐碱地状况

二、主要做法

2015 年高唐县荣获"中国锦鲤第一县"称号，形成了"中国锦鲤看北方，北方锦鲤看高唐"的格局。多彩渔业公司积极响应县畜牧水产事业中心的号召，投入盐碱地开发行列当中，利用盐碱地池塘养殖锦鲤。

（一）盐碱地开发模式

详细勘察拟开发盐碱地块区位、水土特征及水电路状况，结合水产养殖，特别是锦鲤养殖特点，确定了"63131"盐碱地开发建设模式，即按照盐碱地块六成面积的比例挖塘养鱼，三成面积的比例抬田造地，一成面积的比例作为路渠场房等，按照 3∶1 的比例搭配土塘和水泥池塘的建设。

（二）锦鲤养殖

1. 主要养殖品种

"高唐锦鲤"以白如瓷、墨似漆、红胜火、黄若金的独特色泽和体态丰盈、泳姿娇美的绝佳观感等典型特征，获得国家地理标志认证，是高唐县特色渔业的代表品种。多彩渔业公司盐碱地池塘养殖的主要品种首选"驼背龙"牌"高唐锦鲤"。该品种是全省唯一"省级锦鲤良种场"选育品种。孵化成活率提高15％～20％，幼鱼培育成活率达90％以上，花色组成及花纹分布均匀率达到99％，性状特征持续稳定在97％以上。

"高唐锦鲤"喜欢生活在微碱性的水中，较适合的pH为7.2～7.5。因此，利用盐碱地开发鱼塘养殖锦鲤是比较适宜的产业模式。

2. 锦鲤苗种培育

（1）池塘清整、消毒、注水　包括晒底、清淤、消毒、过滤进水、水质培养等。干塘消毒使用生石灰，用量为0.225千克/米²。消毒2～3天后，经过有效过滤，加注新水70～100厘米。

（2）水质培肥压碱　鱼苗下塘时水深控制在50厘米，随后逐渐加深至100厘米，平衡降低碱度。重点采取"幼鱼开口活饵培养控制技术"进行培肥育饵，控制并稳定轮虫峰值20～22天。

（3）鱼苗放养及密度　锦鲤苗下塘时温差不超过±2℃；苗种培育期间，根据鱼体生长情况，在每次挑选时调整合适的放养密度，见表50-1。

表50-1　锦鲤放养规格与密度关系

放养规格（厘米）		初孵仔鱼	2～3	4～5	6～7
放养密度	水泥池（尾/米²）	200～240	150～180	100～120	20～30
	池塘（尾/公顷）	1 950 000～2 250 000	180 000～225 000	90 000～120 000	22 500～30 000

（4）投喂技术　根据气候的变化和实际情况确定投喂次数，每天投喂量约占苗种重量的5％，以5～8分钟吃完为宜。鱼苗下塘前投喂熟鸡蛋黄，每10万尾鱼苗投喂1个蛋黄。鱼苗入池15天内泼喂豆浆，鱼苗入池15～20天时搭配投喂粒径为0.5毫米的破碎配合颗粒饲料，鱼苗投放20天后可直接投喂直径为0.5毫米的配合颗粒饲料，随着鱼苗的长大，调整配合颗粒饲料的粒径。每天上午、中午、下午各喂1次。日投喂量为鱼体

重的 8％～10％。

（5）日常管理　坚持巡池，观察水质变化、苗种的摄食和活动。保持池水"肥、活、嫩、爽"，养殖过程中的操作要"细、轻、慢"，在高温季节搭建遮阳网。

（6）苗种挑选　按照 SC/T 5703—2014、SC/T 5707—2017、SC/T 5708—2017 规定进行不同品种的锦鲤分级。其中，三选环节的工作，指定专人完成。

3. 锦鲤成鱼养殖

（1）池塘清整、消毒、注水　放养前 7～10 天，对池塘底、坡等进行必要的整理、维护。干塘消毒使用生石灰 0.225 千克/米²。鱼苗下池前 3～5 天，池内加注新水 50～70 厘米，进水口 80 目筛绢滤网过滤，拉空水网 1～2 次。

（2）生产工具消毒　用 3％食盐水溶液，浸浴 5～8 分钟；或 5～10 毫克/升高锰酸钾，浸浴 5～10 分钟。

（3）施肥培水压碱　施放基肥培育饵料生物，平衡降低碱度。施发酵畜粪 3 000～6 000 千克/公顷，加水稀释后均匀泼洒。

（4）鱼种放养　5 月下旬至 6 月中下旬开始放养体长≥5 厘米的优质锦鲤良种。水泥池放养密度 30～40 尾/米²；土塘放养密度根据上市等级分级饲养，A、B 级锦鲤 4 500～7 500 尾/公顷，C、D 级锦鲤 12 000～15 000 尾/公顷；另搭配 5 厘米左右的鲢和鳙 3000 尾/公顷，鲢、鳙比例为 3：1。

（5）饲料投喂　每天按鱼体重的 1％～3％掌握投喂锦鲤专用膨化配合饲料，并根据季节、天气、水质和鱼的摄食情况灵活调整。

（6）水质要求及调控管理　基本指标要求溶解氧≥4.5 毫克/升，透明度 25～35 厘米 ，pH 7.5～8.5。亚硝酸氮（NO_2^+）≤0.05 毫克/升，硫化氢（H_2S）不得检出。

A. 物理调控　高温生长季节，土塘每 7～10 天加注新水 1 次，每次不超总水体的 10％。水泥池每日在投饵 1.5～2 小时后开始排污，并连续实施尾水治理，循环利用增氧、曝气。叶轮式增氧机配套动力≥10.5 千瓦/公顷。微孔增氧（底部增氧）每公顷配套动力为 7.5～22.5 千瓦。每天后半夜至天亮阶段科学掌握及时开机；晴天 12：00～14：00 开机 1 次，每次 2～3 小时。

B. 化学调控 定期使用生石灰 225～300 千克/公顷，pH 稳定保持在 7.5～8.5。应用活性腐殖酸 15～30 千克/公顷、膨润土 75～150 克/米³ 等。

C. 生物调控 养殖中后期，每隔 10～15 天分别参照使用说明施 EM 菌、枯草芽孢杆菌等有益微生态制剂来改善水环境。

D. 生态调控 设置鱼菜共生生态浮床，浮床面积占水面面积 5%～8%。

（7）日常管理 掌握了解池塘水质、鱼的吃食、活动、病害等情况。实时对池塘水质进行监测，出现异常情况及时处理。详细填写《水产养殖生产记录》《水产养殖用药记录》等。

（8）分级遴选 严格按照 SC/T 5703—2014、SC/T 5707—2017、SC/T 5708—2017 规定进行不同品种的锦鲤分级。其中，三选环节的工作指定专人完成。

4. 病害防治

始终强化"预防为主，防治结合"的原则。保持水质清新、尽量避免鱼体受伤、生产工具专池专用。苗种入池前对鱼池进行消毒，并及时调节水质预防细菌性鱼病发生，每月投喂药饵两次，每次 2～3 天，每月对鱼池进行杀虫 1 次、杀菌 1 次，减少和控制鱼病发生。

三、主要成效

（一）经济效益

通过对 3.47 公顷盐碱地开发整理，共形成养殖水面 2.13 公顷，其中土塘 1.6 公顷、水泥池 0.53 公顷。以 2021 年为例，示范点利用盐碱地池塘养殖锦鲤，产优质锦鲤商品鱼 1.5 万尾，锦鲤苗 500 万尾，鲢鳙 3 000 千克。商品锦鲤经过严格筛选，均达到"高唐锦鲤"品牌鱼的标准，销售价格50～300 元/尾，个别精品锦鲤每尾价值超过万元。按平均价格 100 元/尾计算，商品鱼效益 150 万元。锦鲤苗平均 1 000 元/万尾，鱼苗效益 50 万元，鲢鳙效益 3 万元。总效益 203 万元，单位效益 585 000 元/公顷。扣除饲料、人工、水电、肥料、药物生产投入及承包费、开发投资资金利息等费用，单位纯效益约 300 000 元/公顷。

（二）生态效益

经过盐碱地开发，标准化的池塘、布局合理的路渠及电力设施、错落有致的管理用房、平整抬起的绿化田园，一改原来荒芜废弃的不堪面貌，呈现出现代渔业的新气象。锦鲤养殖过程全部按照绿色健康养殖技术实施，全过程无"三废"排放。养殖鱼类均达到"生态、绿色、健康"等国家要求的标准，水质保持"零"污染，创造出盐碱地开发利用、变废为宝、健康绿色养殖的生态效益。

（三）社会效益

多彩公司以每公顷 5 250 元的价格流转盐碱地进行开发整理，使原来的不毛之地直接增收近 2 万元。进行水产养殖生产安置农民工 5 人，每人年工资收入 3.6 万元，为社会贡献近 20 万元。通过推广锦鲤养殖技术，帮助、带动周边农民近百人通过养鲤增收致富，促进了产业振兴，社会效益非常显著。

四、经验启示

（一）盐碱地挖塘养殖锦鲤是可行的

盐碱地地势较低洼，挖塘建设易行，水源相对充足；锦鲤耐碱性较强，适宜在 pH 7.5～8.5 的碱性水体中生长，且产量稳定，锦鲤的品相好，优质高效。每公顷产值可达 75 万元以上，每公顷利润超过 30 万元。

（二）"63131"盐碱地开发模式是成功的

六成的盐碱地开挖鱼塘总深度 3 米左右，一般掌握下挖 1 米、抬高 2 米，挖出的土方基本满足三成抬田和一成修路等土方量所需。通过抬高，地势整体提升 2 米以上，渗透压碱效果较好，有利于树木及农作物生长。按照 3∶1 比例搭配土塘和水泥池，使前期锦鲤养殖量正好满足后期精品锦鲤的遴选需要，达到充分利用水泥池进行精养，两类鱼池的搭配相对合理恰当，使得锦鲤养殖生产平稳顺畅。

（三）多彩锦鲤"14331"特色产业发展模式是先进的、可借鉴推广的

公司以"产业特色"为发展核心，紧紧抓牢设施、品种、技术、品牌"四大要素"固本强基，创新实施研判政策、科学规划、优化资源"三大举措"提质增效，探索总结出的多彩锦鲤"14331"特色产业发展模式，可借鉴、可复制、可推广，彰显了其先进性，实现了经济、社会、生态效益同步提升。为"中国锦鲤第一县""中国锦鲤之都"的成功建设及持续发展做出了突出贡献，正稳步迈向江北地区盐碱地水产养殖开发利用样板区的目标（图 50 - 3）。

图 50 - 3　盐碱地上的多彩养鲤场一瞥

高唐县畜牧水产事业中心　臧国莲

51

山东盐碱水拟穴青蟹高效养殖

一、基本情况

正大桑田（东营）农业发展有限公司隶属于正大桑田农业集团有限公司，位于东营市现代农业示范区，可用于水产养殖盐碱水池塘面积近200公顷、稻渔综合种养面积近333.33公顷。自2019年开始，在宁波大学海洋学院海水蟹养殖团队技术指导下开展盐碱水青蟹养殖，建立了“拟穴青蟹-凡纳滨对虾”混养和“拟穴青蟹-脊尾白虾-水稻”综合种养模式，养殖面积近6.67公顷，建成低碱度水域适应型拟穴青蟹移植驯化与高效生态养殖技术示范基地1个。

二、主要做法

拟穴青蟹（以下简称“青蟹”）属于甲壳纲、十足目、梭子蟹科、青蟹属，是肉食性、广盐性和广温性海洋经济甲壳动物，具有生长快、适应性强、肉质鲜美和营养丰富的特点，广受民众喜爱，经济价值高，是我国东南沿海地区重要的海水养殖蟹类。2021年养殖产量超过16万吨。近年来，我国青蟹养殖产业迅速发展，养殖容量已达极限，而养殖产量始终不能满足国内市场需求，每年国外进口青蟹达10万吨。目前，青蟹的主要消费市场集中在江浙以南地区，北方食用蟹类多以三疣梭子蟹和中华绒螯蟹为主。近年来，随着人们对青蟹的认知增加和生活水平提高，对青蟹的需求呈现上升趋势，开拓北方青蟹养殖产业及市场具有巨大潜力和商业价值。

我国约有0.46亿公顷的低洼盐碱水域资源，仅辽东湾、渤海湾、莱州湾和江苏、浙江等沿海地区形成的滨海盐碱水面积约为211.4万公顷。研究表明，这些盐碱地区可采用地下卤水、地下盐水以及地表半咸水分别混合淡水进行水产养殖。目前，适用于盐碱水域养殖的品种主要包括尼罗罗非鱼、凡纳滨对虾、脊尾白虾等，青蟹具有较强的盐碱耐受能力，以黄河口为代表的北方滨海盐碱水域适宜进行青蟹养殖，养殖开发潜力巨大。

自 2018 年起，宁波大学海洋学院正大桑田（东营）农业发展有限公司等企业开展黄河三角洲盐碱水拟穴青蟹养殖技术开发和养殖模式的构建，并进行推广。明确了黄河三角洲盐碱水类型为氯化物型，对盐碱水和海水养殖拟穴青蟹生长和营养成分进行精确分析，发现与正常海水相比，盐碱水养殖青蟹在生长速度、肥满度及氨基酸和脂肪酸含量差异不大，部分指标占优；建立了低碱度水域适应型拟穴青蟹移植驯化与高效生态养殖技术示范基地 1 个，已构建低碱度（碱度<10 毫摩尔/升）条件下"拟穴青蟹-凡纳滨对虾"和"拟穴青蟹-日本对虾"养殖模式及"拟穴青蟹-脊尾白虾-水稻"综合种养模式；初步建立了耐盐碱拟穴青蟹亲蟹培育和规模化繁育技术。主要养殖技术研发和模式构建情况如下：

（一）黄河三角洲低碱度滨海水域拟穴青蟹-凡纳滨对虾养殖模式构建

宁波大学海洋学院在山东东营黄河口建立了低碱度水域适应型拟穴青蟹移植驯化与高效生态养殖技术示范基地 1 个，示范养殖面积 2 公顷。构建低碱度（平均碱度 5 毫摩尔/升）环境条件下"拟穴青蟹-凡纳滨对虾"养殖模式 1 个。2 公顷示范基地共分 6 个养殖池，每个面积 0.33 公顷，编号分别为 19 号、20 号、21 号、22 号、23 号和 24 号。5 月 1 日在 19～22 号池放养驯化后的 V 期〔体重（1.0±0.05）克〕拟穴青蟹幼蟹 3 000 只，23 号和 24 号作为对照组放养未驯化 V 期拟穴青蟹幼蟹 1 500 只，放养密度均为 2 250 只/公顷。5 月 12 日在 6 个养殖池放养 P5 凡纳滨对虾苗，放养密度均为 4 50 000 只/公顷。经现场验收测产，驯化组 19 号池拟穴青蟹成活率 30.3%，全甲宽、体重平均分别为 101 毫米和 262 克，凡纳滨对虾产量为 2 430 千克/公顷；未驯化组 23 号池拟穴青蟹成活率 17.4%，全甲宽、体重平均分别为 89.29 毫米和 147.6 克，凡纳滨对虾产量为 2 355 千克/公顷。

（二）黄河三角洲低碱度（碱度<10 毫摩尔/升）环境条件下"拟穴青蟹-日本对虾"混养和"拟穴青蟹-脊尾白虾-水稻"综合种养模式构建

构建了低碱度（碱度<10 毫摩尔/升）环境条件下"拟穴青蟹-日本对虾""拟穴青蟹-脊尾白虾-水稻"养殖模式。4 月 28 日分别在正大桑田（东营）农业发展有限公司、东营东八路和东营市渔沃生物科技有限公司放养拟穴青蟹 I 期幼蟹 10 000 只、50 000 只和 15 000 只，放苗密度均为 7 500 只/公顷。5 月 12 日在东八路和东营市渔沃生物科技有限公司放养日本对虾苗

（体长 1 厘米），放养密度均为 30 000 只/公顷。养殖 145 天，2021 年 9 月 25 日，经现场测产，正大桑田（东营）农业发展有限公司捕获青蟹最大个体 340.4 克，全甲宽、体重平均分别为（95±4.62）毫米和（180±10.19）克；东八路捕获青蟹最大个体 450 克，全甲宽、体重平均分别为（112±6.23）毫米和 215 克，日本对虾产量为 375 千克/公顷；东营市渔沃生物科技有限公司捕获青蟹最大个体 441.5 克，全甲宽、体重平均分别为（110±5.89）毫米和（210±12.25）克，日本对虾产量为 330 千克/公顷。

（三）黄河三角洲耐盐碱拟穴青蟹亲蟹培育和规模化繁育技术研究

在东营市三角洲养殖繁育有限公司建立了拟穴青蟹苗种繁育基地 1 个，初步建立了耐盐碱拟穴青蟹亲蟹培育和规模化繁育技术，实现亲蟹人工促抱卵率 60%，抱卵蟹孵化率 79%。2021 年，苗种培育水体 570 米³，育出 Ⅱ 期仔蟹 47.52 万尾，平均每只抱卵蟹出苗 2.5 万尾，构建拟穴青蟹苗种繁育技术规范 1 个。

2021 年 4 月开始，先后从浙江三门湾挑选交配后的拟穴青蟹亲本 40 只运输至东营市三角洲养殖繁育有限公司进行亲蟹培育、促抱卵和苗种繁育。亲蟹人工促抱卵率 60%，6 月 5 日对青蟹苗种培育进行了现场验收，培育水体 50 米³，经现场称重计数，仔蟹规格为 Ⅰ 期仔蟹，总苗量约 5.9 万只。耐盐碱拟穴青蟹规模化繁育技术的初步构建为后续北方和盐碱水青蟹养殖苗种培育季养殖奠定了坚实基础，为北方盐碱水青蟹苗种繁育高产、稳产技术奠定基础。

三、主要成效

2018 年以来，宁波大学在山东东营黄河口开展拟穴青蟹养殖技术研发实验和养殖模式构建，并进行推广。已构建低碱度（碱度＜10 毫摩尔/升）条件下"拟穴青蟹-凡纳滨对虾"和"拟穴青蟹-日本对虾"养殖模式及"拟穴青蟹-脊尾白虾-水稻"综合种养模式，为农民增加了新的创收途径。到目前为止，通过科技特派员、养殖示范和辐射推广，东营市低盐碱水域青蟹养殖总面积累计超过 666.67 公顷。其中，2019—2021 年合计养殖 533.33 公顷，新增产值 3 840 万元，新增利润 2 400 万元，取得良好经济效益。

经济效益是根据 2019—2021 年全市应用本成果的单位统计结果估算得出的：

（1）2019 年，推广面积 200 公顷。新增产值 1 440 万元，新增利润 900

万元。

（2）2020 年，推广面积 133.33 公顷。新增产值 960 万元，新增利润 600 万元。

（3）2021 年，推广面积 200 公顷。新增产值 1 440 万元，新增利润 900 万元。

四、经验启示

（1）经过 3 年多的理论探索、技术研究、养殖实验和推广实践，已初步建立黄河三角洲盐碱水拟穴青蟹的技术和适宜养殖模式，经济效益客观。但是由于自然环境与南方主养地区存在明显差异，存在养殖产量不稳定、苗种依靠南方运输、种蟹无法越冬等问题。需要培育适合北方养殖的品种，并建立原地苗种繁育技术。另外，在北方青蟹苗种中间培育技术、饵料投喂技术和模式、青蟹保活技术等方面需要继续加强科技研发力度，完善青蟹养殖相关技术与模式。

（2）加强与国内科研院所深入合作，利用本地资源优势建立青蟹研究院，吸引外部技术型人才。

（3）完善招商引资政策，扩大养殖投入和规模。

（4）积极培育实体，拉长产业链。

（5）加强青蟹宣传和知识普及，增加消费群体。

宁波大学　刘　磊

52

河南盐碱地生态循环养殖

一、基本情况

兰考地处华北平原，九曲黄河在此拐了最后一道弯。"风沙、内涝、盐碱"曾是长期制约兰考经济发展的"三害"。20世纪60年代，"县委书记的榜样"焦裕禄带领兰考人民整治"三害"的事迹感人至深。历史上，黄河兰考段频繁决口，古道断堤遍布全境，再加上整体地势低，造成现今兰考土地地下水位高、盐碱含量高的现状。2021年10月，习近平总书记提出关于盐碱地综合利用保障国家粮食安全的重要指示。因此，如果充分利用兰考张庄村的盐碱地，大规模发展科技支撑的特色水产养殖产业，将有利于乡村振兴，有利于拓宽张庄村的小康之路。

近年来，兰考因地制宜推进盐碱地水产养殖产业发展，再通过土地流转，解放了劳动力，农民成了养殖场工人，收入有了大幅度提高。目前，兰考拥有水产养殖面积1 049公顷，养殖水产品年产量10 385吨，产值约4 350万元，其中99%以上为淡水养殖品种。由于黄河滩区兰考段地下水具有盐碱水的自然属性，内陆养殖海产品成为渔业发展的新选择。2016年，在河南大学科技团队的指导下，兰考张庄村成立了兰考鑫旺张庄水产养殖专业合作社，开始尝试采用黄河水和地下水在兰考盐碱地上养殖凡纳滨对虾。经过四年的探索，现已经实践出整套成熟的海虾养殖技术，每茬每公顷产量稳定在6 000~9 000千克，与沿海地区的单位产量相当。2021年，为扩大养殖规模和规范化养殖，合作社更名为河南新四培农业科技有限公司，并在河南大学王强教授的指导下，首次引种美国鲕和黑鲷两种海洋鱼类进行内陆化养殖。据现场测量，经过8个月的生长期，美国鲕从平均400克/尾生长到平均2 000克/尾，其中最大体长52厘米，最重3 100克/尾；黑鲷从平均100克/尾生长到平均500克/尾；开创了海水鱼类内陆养殖的新篇章。

目前，河南新四培农业科技有限公司拥有养殖水域 33.33 公顷，常用标准化养殖池塘 20 个，环保型温室大棚 2 座。经过 5 年的海产品养殖实践，公司已分别建立了凡纳滨对虾、美国红、海鲈、黑鲷等水产品种的养殖技术。同时，以少用药和无尾水排放为目标，创建了"以水养藻-以藻促鱼-以鱼控藻-以藻调水"的"藻-水-渔"生态循环养殖的张庄模式。该生态渔业模式一改传统的黄河滩区水产养殖旧模式，以少用药和无尾水排放为目标，形成了基于菌藻调控技术的零排放生态化循环养殖新模式，创建了零排放新型生态循环综合技术体系，使得渔药、池塘用药等用量同比减少 20% 以上。实践证明，该模式适用于凡纳滨对虾、美国红、黑鲷等高值海水鱼和黄河鲤、清江鱼等常见滩区养殖品种，具有非常高的推广价值。

二、主要做法

围绕选择的盐碱地池塘养殖、盐碱地渔农综合利用、盐碱水域增养殖等主题，详细阐述养殖对象、种植对象、采用的技术和模式等。公司自 2016 年开始陆续改建原有土塘、新建标准化池塘、新建标准化育苗和淡化车间等，逐步完善了基础设施。在此过程中，规范养殖技术，以少用药和无尾水排放为目标，创建了多种海水养殖品的绿色生态化养殖模式，达到了提质增效的目的。

在基础设施建设方面，将原有的自然坑塘标准化，形成适合于鱼虾生长且方便排污的漏斗形池塘。具体改造措施是规范化池底径深比，池塘底部进行简单硬化，铺设防渗膜，底部漏斗形以便排出底污；池塘四周护坡加强硬化，铺三层护坡砖，加护坡网进行防护，种植护坡草固沙土；将池塘四周和厂区简单压实或原始的土路进行标准化设计改造，统一宽度，水泥硬化。经过改造和新建，目前公司拥有常用标准化池塘 20 个，养殖水面约 13.33 公顷。

此外，公司建设了环保型育苗车间和淡化车间 2 座。按照国家种植塑料大棚工程技术规范的要求，安装通风除湿以及上下水设备，保证车间温度常年维持在 $15\sim25℃$，湿度低于 80%。种苗现场保育，降低成本；无应激反应，提高成活率。按照国家农业温室结构建造规范完成拱棚改造和扩建，在棚内搭建标准化淡化和暂存池，材料为 PVC 格网布，直径为 6 米，深度 1.5 米。上述两座标准化环保型温室总面积 1 000 米²。

在完善的硬件设施基础上，形成并规范了对虾、美国红、黑鲷等海水品种的养殖技术，创建并验证了"以水养藻-以藻促鱼-以鱼控藻-以藻调水"的生态循环养殖的张庄模式，首次实现了在沿黄盐碱水域进行高经济价值的海水鱼类养殖。在前期实践和推广的基础上，公司逐渐丰富和固定了生态渔业新模式的具体技术内容，可以归纳为三个方面：精准投喂、藻菌调控和环保型尾水处理。分别介绍如下：

（1）精准投喂是指根据养殖品种在不同阶段的生长和摄食习性，结合具体养殖周期及天气、水质等条件，给出定制化的饲料投喂方案。一方面提高饲料转化率，另一方面减少饲料残留进而减轻后端循环水处理的负荷，涉及的硬件设施包括水下灯和拍摄装备、移动式投饵机等。

（2）藻菌调控是指将培养好的小球藻、小环藻、光合细菌、芽孢杆菌、乳酸菌等有益微生物定向投入池塘，培水培藻，并配合曝气等措施改变养殖水体的藻相，使之更有利于养殖品种的健康生长，进而减少化学品和抗生素的投入量，涉及的硬件设施包括封闭式光生物反应器、搅拌式发酵罐等。

（3）尾水处理是指在养殖过程中循环水处理及养殖结束后的水体处理，在养殖过程中主要通过絮凝等处理步骤，结合养殖池塘培养优秀藻相进行微藻生物减排，间歇或实时更新水质，实现全循环利用，减少水足迹，在养殖结束后的水体处理主要通过沉降方式将残饵和粪便收集并资源化利用，尾水处理涉及的硬件设施主要包括滚筛过滤机、柱式生物包和抽水泵等。

综上所述，河南新四培农业科技有限公司已基本完成标准化基础设施建设，并形成了"藻-水-渔"生态循环养殖的创新模式，该模式具有可规模化、可集成、可复制、可移植的特性，能够在未来服务于乡村振兴和地方农业经济，能够为兰考巩固脱贫成果、可持续高质量发展贡献力量，能够为全国盐碱地高值化开发提供借鉴。

三、主要成效

案例应用的面积和效果，包括经济效益（投入产出情况等）、生态效益（盐碱地治理效果等）和社会效益（增加就业、农民增收、新增耕地等）等。根据前几年以凡纳滨对虾为主的养殖模式运行效果，按照净利润计算，虾塘每公顷单茬产值为 22.5 万元，净利润约 15 万元。预计未来 2～3 年凡纳滨对虾预期实现单茬每公顷产 7 500 千克，每年两茬，每公顷年净增加收益 45 万元；美国红每公顷单茬产值为 75 万元，每年一茬，每公顷净增收益 45 万元；黑鲷每公顷单茬产值为 90 万元，每年一茬，每公顷净增收益 60 万元；

海鲈每公顷单茬产值为 45 万元，每年一茬，每公顷净增收益 15 万元。按目前 13.33 公顷养殖计算，年净增收益在未来 2～3 年将达到 550 万元。

养殖过程中，通过藻菌生态调控技术和预警预案系统，可避免水质恶化，减少用药总计 45%；每个养殖周期后水质经过简单处理即可连续使用，因此不产生尾水排放；同时，通过基于微藻的生态化养殖体系的建立可实现大量的微藻生物固碳；此外，养殖项目可进一步集成，在沿黄盐碱地实现模块化移植推广，引领大量乡村群众致富，通过科技带动地方产业，实现农业的科技化和现代化。可见，本公司创建的养殖模式具有显著的社会和生态效益，符合乡村振兴和黄河流域生态保护和高质量发展的国家战略。

四、经验启示

结合盐碱地水产养殖发展的政策、法规、平台、技术等因素，提炼推动盐碱地水产养殖创新发展的经验，并提出相关建议。目前，公司已形成了成熟的海水鱼内陆养殖的技术体系，并创建了一种可移植的生态循环养殖模式。根据公司发展经验，总结出可供管理机构和同行养殖户参考的建议：

（1）地方水产技术推广站和渔业发展管理机构，应针对本地盐碱水土资源展开广泛调研，建立盐碱水质基本数据库，与不同水产养殖品种的生长特性做对比，从而匹配合适的养殖品种。例如，本单位在引进黑鲷、美国鲕等品种之前，深入分析了所在地域（属盐碱地）地下水的盐度、硬度及各金属离子浓度，在河南大学专家的指导下，匹配到适合的养殖品种。

（2）养殖企业应该提高开发技术的能力，管理机构牵线建立技术共享平台，专家和养殖企业的交流应该常态化。本单位在建立凡纳滨对虾及后续多种水产品养殖技术期间，长期、不间断地得到来自河南大学、河南水产技术推广总站和宁波大学众多专家的指导，而且形成了相应的交流机制，提升了本单位自身的技术研发能力，如形成的中药材防病和藻菌调水技术均为业界领先。

（3）深入推进绿色生态养殖的理念。绿水青山就是金山银山，利用盐碱地进行水产养殖属于对低值地块的高值化开发，但是如果养殖尾水得不到有效处理，将进一步加剧土地的盐渍化。因此，推广和深化绿色"藻-水-渔"生态循环养殖理念至关重要。

河南大学　王　强

53

广东盐碱地池塘稻蟹生态综合种养

一、基本情况

青蟹是我国珍贵的水产品之一，具备良好的食用价值和营养价值，深受海内外消费者的追捧与喜爱，且蟹壳可制成广泛用途的工业原料。海水稻具有耐盐性强、营养丰富、倒伏性强、抗旱抗涝、生长周期短的优势，适应青蟹养殖的盐碱地。在青蟹养殖池塘中种植海水稻可调节水的 pH，降低氨氮、亚硝酸盐以及分解藻类中的有害物质，使有益微生物得以增殖，提供遮蔽物供青蟹躲藏，避免青蟹间相互残杀，能起到提高青蟹的单位产量，减少渔药使用，做到增产、增利、生态、环保的效果。海水稻-青蟹综合种养模式以台山青蟹为主导，海水稻、斑节对虾等为特色的"一主多特"的生态种养格局。

2022 年，江门市霖园生态农业开发有限公司在广东省渔业成品油价格改革补贴资金（第一批）的支持下开展了海水稻-青蟹综合种养的中试示范，建立了台山都斛盐碱地池塘稻蟹生态综合种养模式，取得了较好的经济和社会效益。

二、主要做法

（一）准备工作

（1）场地改造　提前做好场地整理，防止逃逸，蟹塘挖环沟，宽约 5 米，水深 0.8～1.0 米，用于放养虾苗蟹苗；中央浅滩种植海水稻。

（2）专用材料的准备　事前联系海水稻"黑 H-14 中秆""HBXYA 中秆""HTJA-f3-17 中秆"种子和青蟹、虾苗种供应商，根据海水稻生长特性、青蟹繁殖习性和养殖周期的特性，做好苗种购买的准备；沟通饵料供应商，确定其能够持续稳定的供应饵料；结合病害防治的内容，对青蟹常见病害，准备相应的药物，以便及时应对病害的发生。

（3）其他准备　准备水泵、鱼虾蟹笼、船只、电子秤、游标卡尺、水质分析盒等。

（二）主要技术内容

1. 场地选择

总种养面积 139.33 公顷，其中青蟹（虾）养殖面积占 70% 左右，约 99.33 公顷；海水稻种植面积占 30% 左右，约 40 公顷。示范基地分 4 个试验示范片，合石南片区 32.8 公顷，种植海水稻 9.84 公顷左右，两次放台山青蟹苗 20 万只；坭冲片区试验点 27.27 公顷，种植海水稻 8.18 公顷左右，放台山青蟹苗 15 万只；沙头冲片区试验片 33.13 公顷，种植海水稻 9.94 公顷左右，两次放台山青蟹苗 22.5 万只；独崖岛周边片区试验片 46.13 公顷，种植海水稻 13.84 公顷左右，放台山青蟹苗 19 万只，放斑节对虾苗种 80 万尾。

2. 苗种选择与管理

选择合适规格蟹苗（五指苗）约 10 克（小则放更多，大则放更少），以每公顷密度放 3 000 只为准。

管理人员进行饵料投喂、巡查，每 15 天进行 1 次水质调控监测、生长监测，关注病害防治、养殖记录等相关工作，做好相关数据的记录，填好记录表。

养殖期间每天按青蟹重量的 10% 投喂饵料，视天气情况有所增减或停喂。

三、主要成效

2022 年 11 月 15 日，专家组对独崖岛附近的养殖示范基地海水稻进行实割测产（图 53-1），测产采用 5 点取样法进行，选取 5 个点进行测产，每个点面积 1.11 米^2。收割稻谷湿重分别是 8.25 千克、6.30 千克、3.75 千克、5.70 千克、4.80 千克，折每公顷产量（湿重）4 950 千克、3 780 千克、2 250 千克、3 420 千克、2 880 千克；经晾晒后称重分别是 5.04 千克、4.5 千克、3.03 千克、3.87 千克、3.17 千克，折每公顷产量（干重）3 024 千克、2 700 千克、1 818 千克、2 322 千克、1 899 千克。每公顷产量湿重平均 3 456 千克，干重平均 2 352 千克。

11 月 18—19 日，专家组对独崖岛附近的养殖示范基地青蟹养殖情况进

图 53-1　苗壮成长的海水稻一览

行测产验收（图 53-2）。通过投放地笼的方式，捕获 33 只青蟹，总重量 10.23 千克，平均体重 310 克/只。根据该基地场地设施、生产条件、放苗量以及销售记录，测算出平均每公顷产量为 829.5 千克；周边养殖户平均每公顷为 742.5 千克，对比提高 11.7%。

图 53-2　专家测产（青蟹）

四、经验启示

海水稻-青蟹综合种养模式的养殖塘中种植海水稻有助于调节水中的pH，海水稻-青蟹综合种养塘 pH 稳定，养殖过程不需要泼洒生石灰调节pH。夏天能降低水温，减少青蟹病害，还能降低氨氮、亚硝酸盐以及分解藻类中的有害物质。这不仅为养殖青蟹提供了天然饵料，更为重要的是净化了青蟹生态环境，提高青蟹自身免疫力，抑制病原微生物，从而降低青蟹病害的发生率。同时，种植海水稻形成的浅滩，可供青蟹栖息，也可作为遮蔽物供青蟹躲藏，避免青蟹间的相互残杀。因此大大提高了青蟹存活率。

海水稻-青蟹共作养殖模式通过改良水质、为蟹提供遮蔽场所以及夏季降低高温危害，提高了青蟹产量，经济效益显著。青蟹平均每公顷产量提高10%以上，项目的实施每公顷能提升 24 000 多元效益，经济效益良好；同时，海水稻的种植扩大了粮食种植面积，也有利于国家粮食安全。实验通过提供种苗、病害防控、创新养殖模式以及技术培训等方式，带动农民 50 户。通过订单农业有效解决农户销售难的问题，实现了小农户与大市场之间的对接，降低了农户参与市场竞争的风险度，提高了农户的契约精神，有效实现利益共享、风险同担（表 53-1）。

表 53-1　2022 年度稻蟹生态综合种养模式与 2021 年度养殖效益对比

项目	2021 年度	2022 年度
青蟹每公顷产量（千克）	744	829.5
青蟹总产量（千克）	132 332.8	115 577
青蟹单价（元/千克）	200	200
青蟹每公顷产值（元）	148 800	165 900
每公顷动保产品投入（元）	2 250	0
是否种植海水稻	否	是
海水稻每公顷产量（千克）	—	2 352
海水稻单价（元）	—	2.4
海水稻每公顷产值（元）	—	5 644.5

江门市霖园生态农业开发有限公司　陈志龙

陕西盐碱地温棚对虾苗种生态养殖

北京健康院（大荔）食品基地是专业从事凡纳滨对虾类科研开发、培育、养殖及销售为一体的科技创新型养殖区，位于陕西省大荔县范家镇营田村，由北京健康院医学研究院有限公司投资和负责养殖生产，是大荔县盐碱地渔业生态改良示范区。

一、基本情况

北京健康院（大荔）食品基地盐碱土地面积 8 公顷，保温养殖连体产研车间两栋，计 5 824 米^2，供氧系统处理能力为 550 米^2/时，水源为黄河水和地表盐碱水，拥有较为完善的备用电源 130 千瓦；养殖水体系统 120 余套，配备磁化红外灭菌水体处理系统，养殖区水土属硫酸盐型，配备系统水温调控管道循环系统、增氧设备管道系统和水源控阀给水系统等。

二、主要做法

（一）购买虾苗

购买健康虾苗，虾苗生产场应出具虾苗生产许可证和虾苗检验检疫证。健康虾苗体表洁净有光泽，肢足完整尾扇分开，虾体无变白、变红，晚上不发荧光。用水瓢舀起时，虾苗能迅速向瓢边游去并紧靠瓢边静止不动，用手指绕圈搅动瓢水，虾苗能逆水游动。观察虾苗两条触须能并拢，或偶尔分开一下又合并者佳；若两条触须经常分开，甚至无法并拢，则虾苗健康状况较差，不能用于放养。

虾苗淡化采取逐级淡化法。地表盐碱水 pH 9.0，盐度 23，总碱度 720 毫克/升，总硬度 5 500 毫克/升，日温差 4℃。先将地表水用黄河水将盐度调至 18；杀菌、消毒、曝气后，加入微量元素将 pH 调至 7.8~8.3，水温保持 22~28℃；放入虾苗，每天盐度淡化下降 2~5，每降一个梯度稳定 1~

2 天再进行下一步淡化；当盐度降至 5 时，每天下降盐度 1~2，稳定 1~2
天再降，直至和养殖地盐度基本一致。

（二）投喂方法

凡纳滨对虾应投喂通过国家质量认证并符合国家有关标准的对虾硬颗粒
饲料，饲料质量符合《无公害食品 渔用配合饲料安全限量》（NY 5072—
2002）要求。养殖前期每天投喂 2 次，即 08：00 和 20：00 时；养殖中期每
天投喂 3 次，即 08：00、19：00、23：00 投喂；养殖后期每天投喂 4 次，
即 07：00、12：00、19：00、0：00 投喂。前期日投喂量为虾总重的 8.1%，
中期为 6.8%，后期为 4%~5%。投喂时在塘边水域均匀干撒，夜间投喂量
占日投喂总量的 50%。

（三）调水改底

凡纳滨对虾池塘的水色以黄褐色或绿黄色为好。养殖前期，透明度控制
在 30 厘米左右，后期 40 厘米左右。养殖期间每周追施发酵碳源 1 次，每公
顷用量为 75~225 千克；每两周泼洒小球藻藻液 1 次，每公顷用量 15~30
千克；每 15 天换水 1 次，换水量 10~15 厘米，注意换水量不宜过大，谨防
换水造成的应激反应。每 0.13~0.2 公顷配备水车式增氧机 1 台，坚持“四
开三不开”原则。每 15~20 天改底 1 次，可使用季膦盐颗粒或冻干芽孢杆
菌颗粒，养殖中后期加强底部充气增氧措施，防止池底恶臭现象的发生。

（四）补钙抗应激

每次蜕壳前泼洒“活力钙宝”，促进凡纳滨对虾正常蜕壳生长。天气突
变及时泼洒“维生素 C 应激宁”，增强凡纳滨对虾的抗应激能力。

（五）病害防治

凡纳滨对虾一旦发病，很难治愈，应以预防为主。预防方法：使用二氧
化氯或二溴海因消毒，每 10~15 天使用 1 次，每立方米水体用量为 0.1 克，
溶水全池均匀泼洒。治疗方法：使用二氧化氯或二溴海因消毒 1 次，每立方
米水体用量为 0.2 克；若病情严重，隔 2 天换部分水后，再使用 1 次，每立
方米水体用量为 0.1 克，消毒隔日泼洒 EM 菌和小球藻等。对虾防病治病工
作要在渔业乡村兽医或国家水生动物执业兽医师的指导下进行，药物使用符
合 NY 5071—2002 中的规定，严格执行休药期制度，发现病虾采取无害化
深埋消毒处理。

三、主要成效

北京健康院（大荔）食品基地一期建成科研实验区和育种育苗区，累计投放凡纳滨对虾虾苗 3 000 万尾，成活率 90% 以上。2022 年，计划投资 6 000万元，建设占地 200 公顷的养殖核心区，投产后产量可达 6 千吨，年销售收入 3 亿元。项目将不断提升对虾盐碱地养殖技术，有效改善盐碱地土质，提高土地利用率和产出率，持续带动周边群众养殖和就业收入。

四、经验启示

凡纳滨对虾对水质具有很强的适应性，但突然过度变化会应激死亡，需逐级缓慢过渡。另外，有些指标凡纳滨对虾要求比较严格，需要科学改良盐碱水与之相适应，当地盐碱水质 pH 过高、总硬度超标、硫酸根离子含量高、钾离子超标等问题通过黄河水调及人工改良得以解决。项目通过虾苗的淡化适应生长处理，更为适应当地盐碱水的养殖，为大面积推广凡纳滨对虾养殖提供了有力的苗种保障，同时提供了凡纳滨对虾生态养殖的模式经验，为开发利用盐碱水实施凡纳滨对虾养殖打下坚实的基础。

大荔县水产工作站　张忙友　王富平　郝满义

陕西盐碱池塘黄河中华绒螯蟹生态养殖

黄河中华绒螯蟹生态养殖基地位于陕西省大荔县范家镇下辛村东1千米处，是范家镇政府于2016年引进的一家名优特色水产养殖项目，属光头水产养殖公司投资建设的盐碱地渔业生态改良示范区。

一、基本情况

黄河中华绒螯蟹生态养殖基地原始总投资1 300余万元，拥有80人的技术团队和10人的销售团队，核心基地占地面积达146.67公顷，水土类型属硫酸盐型，土质盐碱度较高，无法耕种，水质苦寒而无法饮用和灌溉。

二、主要做法

（一）防逃设施

在盐碱地挖池抬田，池塘加注黄河水和地下深井水，池塘四周要用铝皮、加厚薄膜网或钙塑板等做好防逃设施，材料埋入土中20～30厘米，高出埝面50厘米，每隔50厘米用木桩或竹桩支撑，四角作成圆角，防逃设施内留出1～2米的堤埝。

（二）种植水草

苦草和轮叶黑藻的种植在清明前后，池塘水位20～30厘米，每公顷用草籽750～2 250克，播种前草籽先用水浸泡1～2天，然后用细泥拌匀，全池散播或条播，播种后一个月即可长成5厘米以上的幼草。伊乐藻种植在3—4月，池塘水位40厘米，采用分段无性扦插的方法，每公顷种草量75～150千克。水花生的放养在3—4月，割取陆生水花生，在池塘四周离塘边1米处设置宽约2米的水草带。养殖水域栽植水草面积宜占水面的1/3～1/2。7—8月是中华绒螯蟹摄食水草的高峰期，应密切注意，既要保证中华绒螯蟹的吃食利用，又要有较高的存储量。不够时要采取措施补足水草，但水草切忌捞入太多，腐败水草易引起水质恶化，诱发中华绒螯蟹疾病。水草过多，尤其是类似伊乐藻的单一品种过多，极易引起底层水体不流动，进而造成底层水变坏，应及时疏出水体通道，有利于进排水流动，改善蟹池水质，否则易发生黑鳃或水肿等疾病。

（三）移植螺蛳

螺蛳是中华绒螯蟹最喜食的鲜活动物性饵料，螺蛳底栖，行动缓慢，净水能力强，在成蟹养殖池中，4 月底前每公顷水面投放活螺蛳 1 500～3 000千克，让其自然繁殖，这样可为中华绒螯蟹的整个生长过程提供源源不断的适口、活性蛋白饵料。

（四）蟹苗放养

购买种苗应出具中华绒螯蟹苗种生产许可证和中华绒螯蟹苗种检验检疫证，以确保苗种的质量安全。

蟹种放养时间宜在上年的 11—12 月底和当年的 2 月底至 4 月初，以初春放养更为适宜，放养水温 4～10℃应避开冰冻严寒期。放养密度为每公顷一龄蟹种 7 500～10 500 只，蟹种规格每千克 120～200 只，要求规格整齐，无断肢，无性早熟。设置"蟹种暂养区"，蟹种放养的初期，在池塘的深水区，用网围拦一块面积占池塘总面积 1/3～1/5 的暂养区，将蟹种先放在暂养区培育到 4 月底至 5 月初，待池塘的水草生长和螺蛳繁殖到一定的数量，再将蟹种放入池塘中。蟹池中搭养适量的鲢、鳙鱼种，可调节水质，减少蓝绿藻数量，增加池塘产出。每公顷池塘放养一龄鲢、鳙鱼种 750～1 500 尾，鱼种规格为每千克 10～20 尾，鲢、鳙比例为 5∶1，放养时间 2～3 个月。

（五）投饲管理

中华绒螯蟹的专用商品饲料选择通过国家质量认证并符合国家有关标准的中华绒螯蟹人工专用配合颗粒饲料，饲料质量符合《无公害食品　渔用配合饲料安全限量》（NY 5072—2002）要求。池塘中培育有螺蛳、水草等天然饵料，可解决中华绒螯蟹部分饲料来源，而大部分则依赖于人工投饲。目前，中华绒螯蟹养殖所用的人工饲料包括植物性饲料、动物性饲料和人工配合饲料 3 大类，除黄豆、玉米、小麦等投喂前需煮熟外，其他各种饲料一般无需加工，但以多种饲料混合为好。投饲总原则"荤素搭配，两头精中间粗"，即在饲养前期（3—6 月），以投喂颗粒饲料、鲜鱼块、螺蚬为主，同时摄食池塘中自然生长的水草；在饲养中期（7—8 月），正值高温天气，应减少动物性饲料投喂数量，增加水草、大小麦、玉米等植物性的投喂量，防止中华绒螯蟹过早性成熟和消化道疾病的发生；在饲养后期（8月下旬至11月），以动物性饲料和颗粒饲料为主，满足中华绒螯蟹后期生长和育肥所需，适当搭配少量植物性饲料。投喂的饲料要求新鲜不变质。控制投饲量，日投饲量控制在池蟹总重的6%～8%，每日投喂1～2次。饲养前期每日1次；饲养中后期每日2次，上午投总量30%，晚上投总量70%。精饲料与鲜活饲料隔日或隔餐交替投喂，均匀投在浅水区，坚持每日检查吃食情况，以全部吃完为宜，不过量投喂。

（六）水质管理

整个饲养期间，始终保持水质清新、溶解氧丰富，透明度控制在35～50厘米，前期偏肥，后期偏瘦。养殖初期（3—5月）池塘水深0.5～0.8米；6月后逐步加深水位，每5～7天添加新水1次；到高温季节，池塘水深保持1.2～1.5米，并每天灌注外源河水20厘米左右。水草的覆盖率达池塘面积30%，以降低水温，保持中华绒螯蟹良好生长的水环境。当池塘水质不良时，应及时换水或采取其他的措施改善水质。经常使用生石灰来调节水质，使池水呈微碱性，增加水中钙离子含量，促进中华绒螯蟹蜕壳生长。一般每公顷每米水深每次用生石灰45～90千克，化浆后全池均匀泼洒，注意在高温季节减量或停用。施用复合生物制剂（EM菌、枯草芽孢杆菌等）可改善池塘水质，分解水中的有机物，降低氨氮、亚硝酸盐、硫化氢等有毒物质的含量，保持良好的水质，特别在换水不便或高温季节效果更加明显。

（七）病害防治

中华绒螯蟹发病后的诊断和治疗要在渔业乡村兽医或执业兽医指导下进行，防治工作以生态控制和免疫防控为主，药物使用符合NY5071—2002中的有关规定，严格执行休药期制度，病死中华绒螯蟹采取深埋法作无公害化处理。中华绒螯蟹病害防治应坚持"防重于治"的原则，做到早发现、早治疗、无病先防、有病早治，在不同生长阶段采取不同的方法进行预防。选用光合细菌、EM菌等微生物制剂调节水质。高温季节定期使用生石灰、二溴海因等预防。在纤毛虫高发期每隔15～20天用过氧化钙颗粒改底1次，使用蜕壳促长粉泼洒1次，可有效消除寄生虫的危害。

三、主要成效

黄河中华绒螯蟹生态养殖通过3～5年的技术推广，带动周边盐碱地水产养殖区。目前，总养殖面积已发展至666.66余公顷，年产量达到260吨，年效益达 2 800 余万元。黄河中华绒螯蟹的每公顷产量为 1 500～2 250 千克，投入产出比 1∶2.3，每公顷纯利润 75 000～90 000 元。黄河中华绒螯蟹养殖利用水草吸收盐碱，中华绒螯蟹啃食水草，有效降低了盐碱度，达到了综合利用和变废为宝的生态效果。中华绒螯蟹养殖增加了就业人超千人，增大了当地渔民的收入，新增台田种植面积 200 余公顷，具有明显的社会效益（图 55-1）。

图 55-1　养殖的中华绒螯蟹

四、经验启示

黄河中华绒螯蟹生态养殖不仅改良了盐碱地，也有效呵护了湿地，而且有效发展了渔业生产。黄河中华绒螯蟹生态养殖创出了"黄河中华绒螯蟹"品牌，中华绒螯蟹成品可达每只 150 克左右，蟹黄好、光泽黑亮、口感淡鲜香，具有广阔的发展前景。下一步将在政策上大力支持范家镇黄河中华绒螯蟹生态养殖的基地建设，组建专班跟踪，整修田间大路，帮助配套水电等基础设施，将该基地打造成休闲、垂钓、餐饮、娱乐为一体的生态化渔家乐旅游中心。

大荔县水产工作站　张忙友　王富平　郝满义

56

陕西盐碱地渔业生态改良

大荔县盐碱地扎根池塘渔业生态养殖基地位于陕西省大荔县范家镇营田村东，成立于 2008 年 6 月，主要从事水产立体生态混养，是大荔县盐碱地渔业生态改良核心示范区。

一、基本情况

大荔县盐碱地扎根池塘生态渔业是大荔县推广池塘鲖生态立体混养技术的示范基地。盐碱地扎根池塘生态渔业现有员工 150 人，注册资金 1 000 万元，资产总额 2 565.9 万元，实施池塘鲖生态立体混养技术，公司养殖面积 1 333.33 余公顷，配有鱼病诊断室及水质检测设备，年产值 2 500 万元，形成了基地辐射农户和苗种带动渔业的发展格局。基地水土类型属硫酸盐型，土质盐渍化严重，无法实施农业耕种，地下水无法供生活饮用，基地大量引入了黄河水，养殖尾水采取三池两坝技术达标排放。

二、主要做法

利用深挖池塘和抬高台田来有效降低台田的盐渍度，采用清塘池底淤泥来升高台田，利用曝晒风化来松动和肥化台田，经过改良的台田种植油菜和草类作物来增大农民收入。春季清塘后大量加入黄河水，水深保持 2.5 米左右，有效压制地下盐碱水的渗透进入。养殖期通过肥水培藻，泼洒乳酸菌和丁酸梭菌，施用发酵的鸡粪或牛粪等来控制池水盐碱度升高。

（一）池塘条件

要求水质清新，溶解氧丰富，pH 为 7.0～8.4，因此池塘应选在靠近水源、水源水质符合《渔业水质标准》（GB 11607—1989）、排注水方便、环境安静、交通便利的地方。池塘面积一般为 0.53～1.00 公顷为宜，水深 1.5～2.0 米，长方形，东西走向，池塘边坡比 1∶（1.5～3），池底淤泥不超过 10 厘米,每 0.13～0.27 公顷池塘配备 3 千瓦叶轮增氧机 1 台。

(二)鱼种放养

选用人工驯化培育的一冬龄鱼种,体质健壮,规格整齐,体表完整。每公顷放 75～100 克鲴鱼种 12 000～18 000 尾,搭配 150～200 克的白鲢 3 750～4 500 尾、200～250 克的鳙 1 125～1 500 尾、20～30 克新品种鲫 450～750 尾,另外可投放 20 克左右的鳜或鲈鱼苗 75～120 尾控制池内野杂鱼。不可投放鲤、草鱼、罗非鱼等争食性强的鱼类。鱼种放养时间 2～3 月,在鱼种放养前 10 天,用生石灰 1 500～2 250 千克/公顷化浆全池泼洒清塘,7 天后放水至要求水位。鱼种放养前,用 3‰～5‰ 食盐水浸洗鱼体 15 分钟,驱除鲴体表的病原体。苗种来源必须出具苗种生产许可证和苗种检验检疫证。

(三)饲料投喂

鲴经过苗种阶段转食驯化后,以人工配合颗粒饲料为主,饲料选择经过国家质量认证,并符合国家有关标准的人工配合鲴专用配合饲料,质量符合《无公害食品 渔用配合饲料安全限量》(NY 5072—2002)要求,其粗蛋白含量 40‰～45‰,主要原料为进口鱼粉、肉骨粉、豆饼、花生饼、麦麸、酵母粉、矿物盐和维生素等,制成硬颗粒饲料,粒径为 3 毫米、4 毫米、5 毫米。开始阶段饲料粒径为 3 毫米,随着鱼体的增重,以后改为 4 毫米和 5 毫米。投饲要做到定点、定时、定质、定量,在池塘一边中间部位搭建饲料台。鱼种放养后进行驯化,先在饲料台处用声音训练,使池鱼形成条件反射,然后采用手撒慢慢投饲;正常后使用投料机投喂,每天投喂 2 次,时间为 08:00 和 19:00,上午和下午投饲量比例为 4:6,每次操作要细心,直到鱼群吃饱 30 分钟全部离去为止。日饵率一般为 1‰～3‰。

(四)生长调节

鲴喜爱水质清新、溶解氧较高的池水,平时应加强水质管理,坚持定期加注新水,日常科学开机增氧,合理使用生物制剂调节水质。6～9 月是鲴生长旺季,应每隔 7 天冲水 1 次,每月排污换水 1 次,换水量为池水的 1/4。养殖中后期增加增氧设备,适时开动增氧机,开机时间为晴天中午开、阴天清晨开、连绵阴雨半夜开、晴天傍晚不开、浮头早开、生长旺季天天开,运转时间为中午短、夜晚长、凉爽短、闷热长、负荷大、时间长,负荷小、时间短。定期施用光合细菌或 EM 菌,用量为 2～5 克/米³。定期泼洒生石灰水,养殖期间每 20 天左右泼洒一次,每公顷用量为 45～75 千克。始终保持池水昼夜溶解氧不低于 5 毫克/升,pH 为 7.2～8.2,水体透明度为 30～40

厘米为宜，并根据季节和池塘水质肥度灵活掌握，水质不宜过于清瘦，应以中等肥度偏淡为好。如果水源充沛，温度适宜，也可用微流水辅以定时换水等方法。

（五）日常管理

巡塘要勤，坚持每天上、中、下午巡塘，清除残饵、污物和清洗料台，观察池鱼有无浮头现象。酷暑季节、天气突变还要增加夜间巡塘次数或安排夜班管理。早开食，鱼种放养后第二天开始投饲驯化。投喂量结合巡塘，每天看天气、看水色、看鱼的吃食情况等灵活掌握。每 15 天随机抽查鱼体，检查鱼的摄食、肥瘦情况并通过称重，计数，推算鱼的生长速度、塘鱼的总量与饲料的效价，确定下一阶段的投饲量。日常管理要填写好池塘日志备案。养殖投入品严格使用白名单范围内的兽药、饲料和饲料添加剂，投入品具有独立分开的仓库标准化储存。养殖废弃物分类环保处理，病死鱼类采取深埋法，并作无公害技术化处理。

（六）鱼病防治

坚持"预防为主，治疗为辅"的原则，每 20 天左右全池用生石灰泼洒一次，用量 45～75 千克/（公顷·米）；生长旺季饲料内定期添加大蒜素和三黄粉，连续 3 天，每 10 天 1 次，预防肠炎和肝胆综合征。每月用聚维酮碘和戊二醛溶液交替消毒，1 米水深每公顷使用 10% 聚维酮碘溶液 3 750 毫升，20% 浓度戊二醛溶液 3 000 毫升。高温季节每 25 天料台水域用硫酸铜挂袋驱虫 1 次，每袋 250 克药粉共 3 袋，三角形布局，袋间距 10 米左右为宜。在饲养管理中，随时注意观察鱼群摄食情况，发现异常反应或病鱼，应在渔业乡村兽医或国家执业兽医师指导下，尽早对症治疗。药物使用符合 NY 5071—2002 中的规定，不使用禁药、农药、原粉药、人药等，严格执行休药期制度。

（七）注意事项

1. 改底增氧

鲫大部分时间生活在鱼池底层，而底层也是首先出现氧债的区域，所以在养殖过程中对底部的溶解氧要求比较高，如果出现底层溶解氧不足，亚缺氧会影响饲料的消化吸收，提高养殖成本，也会给鱼机体带来一些隐性损伤，情况过度严重，就会直接浮头或泛塘死鱼等。

2. 生态混养

在鱼种放养前一周做好清池及消毒工作。混养鲢鳙净化水质，混养鲫摄食粪便，混养鳜小苗摄食野杂鱼，如此放养生态作用明显，养殖轻松快乐。日常定期加注新水和泼洒益生菌，可保持水体藻相和菌相的平衡，杜绝水质老化。科学开机增氧，加强上下水的对流；定期改底，保持充足的溶解氧，促使水质的生态稳定性。

3. 控料护肠

一是越冬前，不要过早停食，以防越冬后由于体质差造成越冬困难；二是早春开食期，要控制投喂量，切记不能投喂量太大造成肠胃道应激，从而引起套肠厌食等。鲫的肠道短，投料做到少量多餐，定期拌用内服中草药，保持肠道健康，有效降低饵料系数。

4. 保肝排毒

在生长旺季强直投喂会致使肝脏的负担过重，水体中过多的有毒物质进入鱼体后，也要通过肝脏降解排泄，更加重了肝脏的负担，要定期排解体内毒素，修复受损肝脏，有效降低出血病和败血症的发生（特别是在5月和9月、10月小鲫养殖时期，要重点预防出血败血病的发生）。

5. 谨防摔伤

春季谨防拉鱼受伤，杜绝烂身的发生，继发水霉或丝囊菌。日常要防止过度施肥引发蓝藻、甲藻或裸藻的泛滥；养殖中后期鱼的密度大则及时增加投料台，避免摄食亚缺氧和抢食创伤等。

三、主要成效

盐碱地扎根池塘生态渔业经过多年不懈努力，大力加强池塘鲫生态立体混养技术，已拥有1 333.33余公顷鱼塘（其中成鱼精养面积1 133.33余公顷，鱼种培育塘200公顷），成鱼塘每公顷产量达22 500千克，鱼种池每公顷产量达15 000千克，年总产值2 566万元，投入产出比1：1.67，每公顷纯利润45 000元左右。扎根池塘生态渔业利用控池抬田的方法有效改良了台田的土质，可耕种台田达266.67公顷。通过加注黄河水和培藻培菌有效降低水体的盐碱度，依靠放养花白鲢等鱼类来消耗水中盐碱度，达到了节能减排、水体的立体利用和有效降低土壤盐渍化的生态效果。扎根池塘生态渔业，推广池塘鲫生态立体混养技术，带动周边养殖鲫面积533.33余公顷，增加就业人员2 000余人，提升了当地人民收入，具有显著的社会效益。

四、经验启示

大荔县盐碱地扎根池塘生态渔业，推广池塘鲴生态立体混养技术，不仅改良了盐碱地的土质，而且利用盐碱来促进渔业发展。盐碱地池塘应具有一定的深度（池深 3.5 米），尽量加高台田排碱和保持一定的台田面积（为以后清淤放泥作好准备），加强进排水设施建设，采取立体生态混养等。盐碱地鱼池春季要加强硅藻和益生菌肥水工作，有效保护益生虫的繁衍生息，谨防裸藻和绿藻的盛行，否则会造成 pH 居高难降和气泡病的暴发。夏季要保持水的足够肥度，透明度 20～25 厘米为宜，一旦水瘦，便会转水，导致水体盐碱毒性的加强，养殖困难就会升级。今后扎根池塘生态养殖渔业依托县水产工作站的技术力量，不断升级完善池塘鲴生态立体混养技术，加大基础设施建设，完善标准化池塘改造，全力带动周边养殖户增产增收。

大荔县水产工作站　张忙友　王富平　郝满义

57

陕西盐碱水养殖良种培育

一、基本情况

国家级陕西新民家鱼原种场隶属陕西省水产研究与工作总站，地处合阳县黄河滩生态渔业基地，是陕西省唯一通过全国水产（原）良种审定委员会验收、农业农村部批准挂牌的国家级家鱼原种场，也是西北五省区首个国家级家鱼原种场。

国家级陕西新民家鱼原种场位于合阳县黑池镇团结村五单元，全场占地面积 76.13 公顷，标准化养殖池塘面积 32.4 公顷。其中，亲鱼池 6 公顷、鱼种池 8 公顷、微流水池 0.8 公顷、流水池 375 米^2、成鱼养殖池 17.53 公顷。保有四大家鱼原种亲本 2 600 余组，其中，草鱼 900 余组、鲢 1 000 组、鳙 700 组，建设标准化苗种繁育车间 1 200 米^2，年繁育能力 6 亿尾，是西北唯一一家四大家鱼原种场，是陕西四大家鱼苗种主要的供应基地以及最重要的良种供应新品种、新技术推广及应用的基地。建有多功能会议室 2 个，实验室、资料室、档案室、标本室等设施齐全，配套鱼病远程辅助诊断系统、水产品质量安全追溯、水质在线监测等现代化技术管理设备。

二、主要做法

新民场以原种场的职责职能为基础，发挥自身的公益性职能，履行好原种场的职责，落实自身的推广责任的同时，积极主动加大人才引进力度，充分解放思想，理顺发展思路，由传统养殖向高端产品及技术发展；加大引进新产品、新技术的力度，提升自身的养殖产品品质，引进先进的产业发展技术，使新民场由低端低产值产品向高端高品质产品发展；优化产业结构，使产业发展更具生命力，加大资本引进力度。该场自 2020 年初以来，大力引进资本投入生产基础设施。建成标准化鲈驯化车间 1 座，白对虾淡化标苗车间 12 座，极大提升了特种水产养殖能力，为进一步推广特种水产产品及技术打下坚实基础，其中鲈驯化苗种 300 万尾以上各种规格，对虾一级、二级及完全淡化苗种 4 500 万尾以上。对于新技术的推广，结合该场实际情况，在总站和合阳县渔业发展中心的帮助下，该场以自身养殖为根本，大力向广大养殖者提供优质的苗种，积极开展技术指导、网上答疑解惑、24 小时不间断的技术服务等多种模式。并与上级水产部门及省内外多家兄弟单位建立良好的沟通和交流机制，互相学习，提升新民场的管理水平、技术水平，逐步发展为陕西省新品种、新技术及高新人才的供应和培训基地，成为一个服务型为主的水产企业（图 57 - 1）。

图 57 - 1　凡纳滨对虾淡化标苗车间

三、主要成效

　　新民场自 2020 年以来，以家鱼繁育、苗种培育为主，大力推动新产品、新技术的发展。在此过程中成效显著，社会效益及影响力有较大的提高。

该场每年向广大养殖工作者提供了 300 万尾以上各种规格鲈苗种，扩大到 66.67 公顷以上的推广面积，充分发挥温泉优势，进行鲈早苗标粗、驯化工作。在每年冬季 12 月左右引进苗种进行培育，使全省鲈上市时间提前 2～3 个月，成为陕西最主要的、最优质的苗种供应基地。该场克服白对虾在陕西合阳养殖技术的瓶颈，根据当地盐碱滩涂地地理、水文条件，总结出一整套适合本地对虾养殖技术规范，每年向全省提供了近 3 000 万尾以上各级淡化苗种，推广近 66.67 公顷以上水面，极大提高了渔民的效益。

四、经验启示

因地制宜，结合自身条件，根据养殖的各项政策、法规，找到一条适合自身发展的养殖品种，丰富自己的养殖技术，提升自身的养殖技能。大力发展名、特、优等新品种，提高效益，输入新技术，增强自身竞争力，提高自身的生命力。经过数年的养殖探索和总结经验教训，逐步形成了整套适合本地对虾养殖技术操作规范，极大提升了合阳水产养殖的产业结构，丰富了当地的饮食文化，为广大养殖者探寻出了一个致富的门路。

合阳县渔业发展中心　张小军

陕西盐碱池塘多元化养殖

一、基本情况

陕西省渭南市合阳县渔业养殖基地位于县城东部黄河西岸，该区地处渭北奥灰质熔岩水排泄区，地热水资源极为丰富，有 7 眼天然喷泉和 34 眼自流热水井源，时涌水量 7 620 米^3，水温常年恒定 30～35℃，属于严重偏碱性地质，以砂质地为主，其中 30% 属于中度偏碱性，70% 属于重度偏碱性，常年 pH 在 8.0～9.0，随着温度的变化酸碱度有所不同。该区地理位置优越，交通便捷，沿黄旅游专线横贯南北，区内有平坦开阔黄河滩涂 1.05 万公顷，其中宜渔面积 0.39 万公顷，渔业从业人口 3 000 余人。根据市场经济发展和国家渔业战略方针要求，坚持科学规划、因地制宜的原则，坚持生态优先、底线约束的原则，坚持合理布局、转调结合的原则。目前，开展盐碱地水产养殖水面 0.3 万公顷，水产品产量 4.8 万吨，年繁育鱼苗 5 亿尾，渔业综合产值 6.5 亿元，占到全县农业产值的 10%。水土类型为碳酸盐型。主要养殖品种有四大家鱼、澳洲淡水龙虾、凡纳滨对虾、小龙虾、乌鳢、鲈、鲴、罗非鱼、螃蟹、大鲵、中华鳖等，水产品总产量占全市产量 1/3。种植品种为九眼莲。采用养殖模式为混养技术模式、鱼莲共养等模式。

陕西鑫黄河生态养殖有限公司地处合阳县渔业基地 23 单元，是一家集水产养殖、水产饲料加工、水产品销售为一体的水产养殖企业，是陕西省水产产业化龙头企业，被评为陕西省先进水产企业。公司坚持主业产业化发展战略，与广东南海百容水产良种场、广东湛江辉腾水产养殖有限公司建立长期合作协议，致力于打造"优质淡水绿色水产品生产商、供应商、服务商"。陕西鑫黄河生态养殖滩涂地属于严重偏碱性地质，以砂质地为主，随着温度的变化酸碱度有所不同，5—10 月整体 pH 为 8.5～8.8，11 月至翌年 5 月 pH 为 8.0～9.0，冬季过高的 pH 对鱼类的越冬有着重要的影响。公司现有水域养殖面积 200 公顷，标准化养殖池 48 个，苗种培育池 20 个，主要养殖品种有鲤、草鱼、鲢、鳙、鲈、鲫、鲴、罗非鱼等。公司具有专门水产品配送网络，辐射陕西、河南及山西等地区，终端商超达 300 余家。

2021 年，陕西省水产研究与推广总站和上海海洋大学合作项目，在合阳县鑫黄河水产养殖公司开展耐盐碱草鱼养殖 2 公顷。2022 年 3 月放养鱼种 1 683 千克，6 月 29 日现场测量，体长 25～35 厘米，尾重 0.2～0.3 千克，长势良好。10 月底测产，平均规格 1 150 克/尾，平均产量 20 475 千克/公顷。"草鱼耐盐碱新品系"比普通草鱼生长速度提高 35.6％～39.8％，耐盐碱能力提高 41％，成活率高且体型好。委托农业农村部水产品质量监督检验测试中心（上海）对耐盐碱草鱼进行了检测，结果符合绿色水产品标准要求。

二、主要做法

鑫黄河水产养殖公司针对盐碱地偏碱性砂质地，采取了多种养殖模式和新技术引进：

（1）引进了耐盐碱草鱼品种：2021 年 5 月中旬从上海海洋大学引进了耐盐碱草鱼水花 100 万尾，分别放进 0.27 公顷（30 万尾）和 0.67 公顷（70 万尾）；12 月底分苗，共分苗到 1.33 公顷池 2 万尾（尾均重 250 克）；0.67 公顷池 1 万尾（尾均重 250 克）；到 2022 年 8 月中旬草鱼上市，共收获草鱼 4 万余千克，上市价格为每千克 13.6 元，直接净利润总计 14.4 万元；苗种成活率 80％左右，全程发病率基本为零，相比当地普通草鱼"三病"（出血病、烂鳃病、肠炎病）高发、生长速度缓慢、成活率低等突出问题上，新型耐盐碱草鱼苗有着举足轻重的前景，为当地适养品种的选择上指明了方向。

（2）结合当地优越环境条件—自喷式温泉水（出水温度 30～35℃）养殖广盐广碱性热带罗非鱼。公司从 2018 年至今，从广州市增城区引进罗非鱼鱼苗每年约 30 万尾，每年 5 月 1 日引进苗种，经过驯化、分池（每公顷放养 30 000 尾），当年 12 月底长到 700～1 000 克/尾，达到上市规格，常年上市价格为每千克 14～18 元，每公顷利润 105 000 元左右。罗非鱼冬季利用温泉水优势顺利过冬，大大缓解了当地冬季热带鱼市场供不应求的局面，用温棚培养越冬罗非鱼苗，辐射带动周边 40 余户渔农从事成品罗非鱼养殖，为其提供罗非鱼鱼苗 50 余万尾及养殖技术与方案，增加了农民收入。

（3）利用发酵设备大量发酵乳酸菌。公司从 2016 年开始购入了自动化恒温发酵设备，平均每公顷鱼池每周泼洒发酵液 150 千克左右，常年坚持泼洒，在养殖高峰期适当增加了乳酸菌的用量，很好地改善了水体环境，降低了 pH，使水体 pH 常年维持在 8.0～8.5，使养殖水体达到酸碱平衡，为鱼类的生长环境提供了有力保证，为增养增量打下坚实基础（图 58-1）。

图 58-1　盐碱地池塘多元化养殖

三、主要成效

陕西鑫黄河生态养殖有限公司，通过鲤草鱼池中套养花白鲢等滤食性鱼类，提高对水质的调节，以增强对盐碱的适应。利用发酵设备大量发酵乳酸菌，降低 pH，达到水体平衡，从而提高生产效益。引进了以黄河超级鲤为亲本的耐盐碱子二代黄河鲤为主要养殖品种：全年累计投放各类苗种 1 000 万尾，其中鲤每公顷产量达到 15 000 千克以上，每公顷纯利润在 30 000 元以上；花白鲢每公顷产量达到 3 750 千克以上，每公顷纯利润在 15 000 元以上；草鱼每公顷产量达到 11 250 千克以上，每公顷纯利润在 30 000 元以上；罗非鱼每公顷产量达到 11 250 千克以上，每公顷纯利润在 30 000 元以上。

全年产量累计达到 2 000 吨，产值 2 500 万元左右。今后计划加大投入耐盐碱草鱼品种的养殖试验，争取取得更大的成果。

四、经验启示

因地制宜，结合本地优越条件，找到一条适合自身发展的养殖品种，丰富自己的养殖技术，提升自身的养殖技能，大力发展名、特、优等新品种，提高效益，输入新技术，调整养殖结构，采用适合盐碱环境品种多元化养殖，增加四大家鱼、鲈、罗非鱼、耐盐碱草鱼等多种鱼类的养殖量，以增加生产效益。一是多利用乳酸菌、芽孢杆菌、EM 菌等对水质进行调节，降低水中 pH，提高鱼体在生长过程中的适应能力，从而提高生产效益。二是调整养殖结构，采用适合盐碱环境品种多元化养殖，增加鲈、罗非鱼、鲫的养殖量，提高名贵品种的养殖量，以增加生产效益。三是通过套养对虾来改善池底环境，充分利用虾对轮虫、枝角类、桡足类等浮游动物的好食性，消灭水中破坏水体的天敌以及对饲料残饵的充分利用，增加水体肥度，稳定水质，从而提高生产效益。

合阳县渔业发展中心　张小军

陕西盐碱地凡纳滨对虾温棚养殖

一、基本情况

蒲城县卤泊滩区域占地面积 0.71 万公顷，其中宜渔盐碱地 0.13 万公顷，该地水土类型为硫酸盐型，地下水盐度为 8～20，非常适合凡纳滨对虾生长。

富新村凡纳滨对虾养殖基地建设项目位于蒲城县陈庄镇富新村，属于卤泊滩区域，由蒲城县盐渭水产养殖有限公司具体实施，总投资为 1 800 万元，采用"小棚养殖凡纳滨对虾模式"，建设水产种业育繁推一体化养殖基地，年产商品对虾 160 吨，辐射带动周边 150 户群众发展凡纳滨对虾养殖。

该项目一、二期占地 66.67 公顷，建成塑料大棚 700 个，虾池面积 20 000 米^2，配套增氧设备 12 套，加温设备 1 套，完成道路、水源、电力设施配套等基础设施建设。三期计划占地面积 66.67 公顷，目标是凡纳滨对虾养殖总面积达到 133.33 公顷，建成西北地区最大的凡纳滨对虾育繁养、冷链运输、深加工基地。该项目有效拓宽了渔业产业发展空间，有效降低周边土壤的盐碱程度和改善了生态环境，并增加了后备耕地资源，为盐碱地设施水产养殖做出了有力的探索。

二、主要做法

主要采用凡纳滨对虾"小棚养殖"模式。根据江苏养殖实践经验，从技术上保证了凡纳滨对虾小棚养殖模式在北方盐碱地落地成功，具有适应性广、成熟度高的特点，且具有较好的规模效应和示范带动效应。

（一）虾棚建设

1. 养殖池建设

单池面积 400 米^2，长 40 米，宽 10 米，深 1.2 米。棚高大约为 1.8 米，池坡上盖塑料薄膜防止在养殖过程中泥土塌方，池中设置 1 条宽 30～35 厘米架空在水面上的走道，以利于投饵及虾生长等情况日常观察（图 59-1）。

图 59-1　虾棚和排水渠道

2. 进排水及增氧系统设置

养殖池每 0.4～0.47 公顷打一口深 30～35 米的地表咸水井，并配备每小时出水 10 吨左右地下水的水泵及配电系统，地下水通过管道系统分送至各养殖池内，排水系统中排水口设置成可以调节的，可根据养殖季节高度调节养殖水位；增氧系统采用养殖底部增氧技术，每公顷设置 11.25 千瓦左右的风机 1 台，每 2 米^2 左右设置 1 个曝气盘，配备发电机临时停电使用。

3. 池上搭建钢架温棚

保温性好，淡化池设双层薄膜保温，便于提前投苗（图 59-2）。

图 59-2　虾池

（二）小棚养殖模式的优势

（1）温度好控制。小棚养殖模式升温快、降温慢，可提前放苗和延迟出虾。

（2）地下水盐度、总碱度合适，换水时可以保持水质总碱度和盐度平衡，降低虾应激反应。

（3）养殖面积小，生产过程好控制，增氧投料均匀，水质好调节，疾病好控制，单位面积产量高。

（4）反季节销售，售价高，经济效益好。

（5）养殖密度高，每棚放养 4 万～6 万尾，一年可养两茬。

（三）养殖技术要点

1. 虾苗选择

选购优质虾苗是养虾成功与否的关键，只有选购不带致病细菌和病毒的虾苗，才能保证养殖工作的顺利进行。选用海大一代苗，成活率高。凭肉眼进行观察，健康虾苗有以下特征：虾苗活力强，游泳有明显方向性，对外界刺激的反应相当灵敏，体表光滑透明，肌肉不浑浊，全身无病灶，特别是大触鞭不发红，鳃部不变黄、不变黑，肠管饱满而不混浊，体长大于 0.5 厘米，苗种的盐度和养殖池内盐度差小于 3%，且规格整齐的优质虾苗。

2. 苗种淡化

凡纳滨对虾虽然可以在淡水中生长，但其所要求的养殖技术参数与淡水虾有所不同。幼苗期，可在虾池一角用无毒、不渗水的塑料膜围成一个独立的虾苗池，用来培育和淡化虾苗之用；虾苗池的盐度必须与虾场淡化终止时的盐度相当。目前出售的虾苗一般淡化至 6～10，进入虾苗池后，必须逐渐加水淡化。用 10～15 天时间淡化至 1～2，时间过短会使虾苗生长受阻；pH 在幼虾期须保持在 8.0～8.6 范围内。

3. 虾苗试水

放苗前，用原池塘的水进行试水，通过试水确定消毒水是否安全以及苗种质量情况，确保正式放养时的成活率。

4. 虾苗运输

虾苗的运输方式，应根据路途的远近及交通条件，采取陆运、水运或空运等。在一般情况下，当水温 20℃左右，容量 10 升的聚乙烯透明薄膜袋，内装 1/3 海水、2/3 充氧，装全长 1 厘米虾苗 1 万尾，在气温 20℃左右，可连续运输 10 小时以上。

5. 虾苗放养

池水深达 40～60 厘米，水质肥活，水色正常，以绿藻、硅藻、金藻为优势相形成的绿色、黄绿色或褐绿色，透明度为 30～40 厘米时即可放苗。虾苗放养密度的确定，首先应根据养殖池面积、水深、水的交换条件，饵料的质量和数量、管理措施及经济市场信息预测，确定合理的单位面积产量及商品虾规格，并根据虾苗的质量和规格，参照历年经验和拟定的当年的生产条件，准确预估养殖成活率。计算公式为：放苗密度（尾/公顷）＝计划每公顷虾产量（千克）×计划每千克商品虾尾数/养殖预计成活率（％）。虾苗运回后，应立刻打开尼龙袋，袋内倒入部分池水，使袋内水温和池水温度差不多时，再将虾苗放入虾池。注意应该在池的上风头、清水处放苗，以减少损失。放苗的同时最好以相同的密度放 100 尾虾苗于池内的网箱中，投饵养殖 5～7 天，跟踪观察其成活情况，以进一步评判虾苗质量，以此推测虾池内虾苗的成活率。

6. 饲料投喂

投苗后应尽早投饵，凡纳滨对虾在仔虾和幼虾初期阶段，多数全日摄食，可均匀等量投喂。随着凡纳滨对虾的长大，凡纳滨对虾夜间摄食的习性渐趋显露，白天可投饵料总量的 40％，夜间为 60％。一般每天投喂 3～4 次。为了观察凡纳滨对虾摄食情况，可在虾池内设几个饵料台，放入饵料，以观察凡纳滨对虾的摄食情况。凡纳滨对虾的实际投饵量应根据天气、水温、水质以及对虾的本身生理因素如蜕壳、疾病等情况进行调整。一般早期以投饵后 1.5 小时吃完、中后期 1 小时吃完为标准进行增减（图 59－3）。

7. 水质管理

（1）换水　在凡纳滨对虾养成中，添换水是改善水质的最直接和最有效的措施。通过添换水，可促进凡纳滨对虾蜕壳和生长，并能补充一些饵料生物。在半精养虾池中，养殖初期，可逐日向池内添水，每天可添加 5 厘米左右，在 20～30 天内加满池。养殖中期（7—8 月）是高温期，每 2～3 天换水 10～20 厘米；养殖后期（9—10 月），水温适宜，但池底污染加重，可根据水质状况，维持或增加换水量。

（2）合理施肥　繁殖单胞藻类，使之维持合理的种群密度和旺盛的生长状态，是进行生态调控、保证水体正常的物质循环和能量流动的关键环节。

图 59-3　虾苗生长情况

适量换水，适时投入生石灰等水环境保护剂，保持正常的浮游生物密度，是避免其大量死亡的关键措施。

（3）光合细菌应用　光合细菌投入虾池后，能迅速消除水体中的氨氮、硫化氢、有机酸等有害物质，平衡酸碱度，改善池水质量。光合细菌在养虾生产中作为水环境保护剂使用，即在养殖中、后期按每公顷 15～75 千克的用量泼洒于池中。也可将菌液加入配合饲料中，做营养成分投喂，或与饵料搅拌后趁鲜投喂。

（4）EM 菌的应用　净水 EM 菌是由多种异养活菌组成，具有改善水质功能的活菌产品。它们克服了光合细菌不能直接利用大分子有机物，不能分解生物尸体、残饵、粪便等不足，兼有氧化、硝化、反硝化、解磷、固氮等作用。不仅能净化水质，又为单胞藻的繁殖提供了大量营养。上述细菌的大量繁殖，在池内形成优势菌群，可抑制病原微生物的滋生，减少虾病。EM菌活化：一瓶 EM 菌种（1 千克）、1 千克红糖、0.1 千克尿素（红糖先用热水溶化）、10 千克的水。先取出 2～5 千克的水，把水加热到 100℃后加入红糖或白糖，而后继续加热 5 分钟，冷却到 40℃时加入 EM 菌种，密闭发酵（35～37℃）3～5 天。打开容器口闻到有酸甜味即活化成功，pH 4.0～5.0。密闭保存可以作为液体菌种使用。

8. 养殖大棚的藻相和菌相平衡

大棚养殖中掌握透明度 20～40 厘米，水体中的藻类以小球藻或硅藻为主，要保持藻相和菌相平衡，通常使用 EM 菌和芽孢杆菌或光合细菌来调节水质；必要时施肥，主要是氨基酸，控制好碳氮比，可以追施糖类补充碳源。

三、取得成效

(一) 经济效益

全年养殖两茬凡纳滨对虾，产成虾 72 100 千克，全年总产值 432.6 万元、利润 305.2 万元、单棚效益 16 954 元。第一茬 3 月 19 日放养虾苗 600 万尾，7 月 4 日起捕，生产出成品虾 28 400 千克；第二茬 7 月 16 日放养虾苗 1 100 万尾，生产出成品虾 43 700 千克，10 月 20 日起捕。全年投入虾苗、饲料、人工及其他费用等生产直接费用支出 127.4 万元（设备投入和折旧未列入生产成本）。

(二) 社会效益

辐射带动周边养殖户农民发展凡纳滨对虾水产养殖，提供 100 多个就业岗位，吸收当地富余劳动力，当地农民在家门口就能挣到钱同时照顾了家庭，户均年增加收入 1 万元，同时带动了周边地区的交通运输、休闲旅游等第三产业的发展。

(三) 生态效益

盐碱地农业无法直接利用，绝大多数处于荒芜闲置状态，以前采取覆盖黄土的办法进行改造，几年后又返碱形成次生盐碱土壤还是不能耕种，现通过采取"以水压碱、以渔降盐"的方法利用滩区丰富的盐碱水，实现变废为宝、生态治理，实现渔农综合利用。

虾池中间开挖排水渠，经过养殖尾水处理后汇入排碱渠，开挖池塘后周边地区地下水位下降明显，土壤盐分随水汇聚到池塘中，土壤盐分明显下降，适合多种耐碱植物的生长。并通过实行鱼虾生态立体养殖，二次利用，有效利用水体空间实现互利共存，鱼吃剩余的残饵和排泄物可被利用，减少饵料浪费，不仅降低生产成本，而且可以减少对水体的污染（图 59-4）。

图 59 - 4　凡纳滨对虾收获

四、经验启示

（一）政策方向

2021 年 11 月 12 日，国务院印发《"十四五"推进农业农村现代化规划》指出，加快渔业转型升级，推进水产绿色健康养殖，稳步发展稻渔综合种养、大水面生态渔业和盐碱水养殖。2022 年 2 月，农业农村部印发《关于做好 2022 年水产绿色健康养殖技术推广"五大行动"工作的通知》，明确提出要加快推进养殖模式转型升级，因地制宜试验推广陆基设施化循环水养殖、多营养层级综合养殖、稻渔综合种养、大水面生态增养殖、盐碱地渔农综合利用等水产养殖技术模式，把盐碱地渔业绿色养殖提升到重要高度。《渭南市"十四五"渔业高质量发展规划》也将盐碱地渔业养殖尤其是凡纳滨对虾养殖作为推动渔业高质量发展的重要举措。

（二）应用前景

凡纳滨对虾是适合广大人民群众对优质蛋白需求的新品种，发展凡纳滨对虾养殖对于调整渔业产业结构、推进农业供给侧改革，促进渔业高质量发展，具有十分重要的现实意义。盐碱地发展种植业效果不佳，因地制宜发展水产养殖可以拓展渔业发展空间，而且可以降低盐碱度和改善生态环境，具有广阔的应用前景。

（三）技术经验

盐碱地发展凡纳滨对虾养殖，需要因地制宜，不能一哄而上，必须考察好当地的水质和土壤情况，尤其是地下水的类型，如硫酸盐型盐碱水测出的盐度并不全是氯化钠的浓度，后期很容易造成亚硝酸盐超标，影响凡纳滨对虾生长，对水质管理提出了更高要求。同时，小棚养殖不能片面追求高产，随着养殖密度的提高，养殖的风险也成倍提高。同时小棚养殖必须配套进行养殖尾水处理，在规划建场时就应该留足尾水处理池和设施所需要的土地。

（四）意见建议

利用盐碱地发展凡纳滨对虾养殖，应充分发挥龙头企业技术优势，发挥辐射带动作用，因地制宜推广小棚养殖模式、工厂化养虾模式、外塘养殖模式，积极引导社会资本、当地农民等各种经营主体开发盐碱地凡纳滨对虾养殖。同时，要制定统一的发展规划，防止行业无序发展。

蒲城县水产工作站　张英旗　王瑞玲

甘肃景泰盐碱地池塘凡纳滨对虾养殖

一、基本情况

甘肃省景泰县总面积 5 483 千米², 总人口 24 万人, 长期以来深受土地盐碱化危害, 全县近 1.8 万公顷耕地受到不同程度的盐碱化危害, 其中, 中重度盐碱地 1.09 万公顷, 弃耕撂荒地 0.43 万公顷。景泰县水质类型为氯化钠、硫酸钠型。为破解制约经济社会发展的瓶颈, 遏制土地盐碱化趋势, 彻底治理土地盐碱化, 2016 年景泰县委、县政府在实地调研、专家论证的基础上, 大胆创新, 提出了利用撂荒弃耕盐碱地和盐碱回归水发展水产养殖的战略举措, 并在实践中总结出了"挖塘降水、抬田造地、渔农并重、修复生态"的 16 字工作思路。

几年来, 在各方科研人员的大力支持和景泰县渔业技术人员的努力下, 渔业养殖技术不断提高, 特别是探索创新了一些适合景泰县盐碱水域的养殖技术。景泰县盐碱地池塘凡纳滨对虾养殖示范区位于五佛乡兴水村, 充分利用五佛光热资源、盐碱地资源、水资源, 大力发展水产养殖业, 建成以中国水产科学研究院盐碱水域渔业工程技术研究中心景泰分中心为中心的 66.67 公顷盐碱地凡纳滨对虾养殖示范基地, 探索出"车间淡化＋小棚标粗＋外塘养成"的凡纳滨对虾养殖模式。

二、主要做法

1. 池塘设置

示范区凡纳滨对虾养殖面积共 26.4 公顷, 40 个养殖池塘, 水深 1.5 米; 罗氏沼虾养殖面积共 12 公顷。标准养殖池塘 8 个, 育苗棚 4 座, 养殖水源为盐碱水、黄河水, 池底平坦, 底质为砂质, 每公顷养殖水面配 22.5 千瓦负荷的增氧机 (图 60-1)。

图 60 - 1　盐碱地池塘凡纳滨对虾养殖示范区

2. 苗种驯化及放养

4 月下旬至 5 月上旬进苗，选择规格整齐、活动能力强、刺激反应灵敏、逆水能力强、有附壁行为的虾苗，每个淡化池（30 米²）放苗 100 万尾，淡化车间配套加热设施。淡化后的对虾苗在温棚进行标粗 20 天左右，选择晴好天气，投放大池饲养，放养密度 45 万尾/公顷。

3. 水质调控

养殖前期，每 10 天添加 5 厘米新水，随着水温的提高，水位逐渐调整至最高水位后根据池水蒸发等情况少量补水。在养殖过程中每隔 10～15 天交替泼洒 10～15 毫克/升的光合细菌、芽孢杆菌、乳酸菌、EM 菌等有益微生物制剂，使用微生态制剂要注意需在使用消毒剂 3 天以后方能使用。底部过脏用底质改良剂进行处理。

4. 饲料及投喂管理

饲料选择正规厂家全价配合饲料，日投饲率为虾体重的 3%～8%，日投喂 4 次，转肝期饲料拌护肝宝、肝复康、免疫多维等，拌 3 天停 3 天。养殖中后期傍晚和早上投饲量占日投饲量的 70%。生产过程中应根据水温、天气、生理阶段、水质指标、料台吃料时间等因素按照"快减慢增"的原则进行控料。放苗后 10 天左右，虾以浮游生物为饵料，不可盲目投喂饲料，防止饲料在池塘发酵导致水质恶化。

5. 尾水治理

示范区建成了"生态拦截＋农田灌溉回用"养殖尾水处理系统，利用现有的池塘收集养殖尾水，配置人工浮岛和水生植物，投放生态鱼种，对盐碱水渔业养殖尾水中 COD、总氮、总磷和悬浮物的拦截和消纳，再利用高扬程提升泵调到农田进行灌溉，为农田补水补肥，实现养殖尾水高效利用。

三、主要成效

以 2022 年为例，示范区凡纳滨对虾总产量 71 280 千克，平均公顷产2 700 千克/公顷，总效益 2 772 000 元，单位效益 105 000 元/公顷。通过利用地表盐碱水，一方面降低了水位，遏制了盐碱扩大趋势，另一方面，充分运用了荒芜的盐碱沼泽地增加了收入。经过多年开展盐碱地水产养殖，使盐碱沼泽地变为美丽的养殖池塘，成功降低了周边农田的盐碱化程度，使周边超过 20 公顷因盐碱化严重弃耕的农田复耕。

四、经验启示

实践证明，"挖塘降盐、以渔治碱"能够解决盐碱地治理过程中洗盐排碱水的出路，同时盐碱地渔业治理模式具有新增投入少、治理周期短、提高产业效益的优势。景泰县通过引进凡纳滨对虾这一名特优水产品，在五佛乡的盐碱水中养殖，建成盐碱水凡纳滨对虾养殖技术示范点，建设凡纳滨对虾虾苗淡化标粗车间，构建对虾全产业链，围绕区域主导品种产业，将养殖生产、加工、销售、体验、消费、服务等各个环节、各个主体连接成紧密关联、有效衔接、协同发展的有机整体。初步形成了南美白对虾养殖产业，进一步提升养殖户的经济效益。

景泰县始终坚持以科技为支撑，在上级部门的大力支持下，先后与中国水产科学研究院东海水产研究所、渔业机械仪器研究所、黑龙江水产研究所，西北生态环境资源研究院等科研院所建立了战略合作关系，并在中国水产科学研究院的支持下，在景泰县建成了"中国水产科学研究院盐碱水域渔业工程技术研究中心景泰分中心"，以此为平台与多个科研院所、大学进行技术交流、培训。技术人员坚持服务下行、不断创新。目前，景泰县盐碱水养殖凡纳滨对虾取得成功，养殖模式日趋成熟，养殖技术不断提高，养殖效益也越来越明显，盐碱渔业已成为景泰县的一个特色产业。

景泰县渔业技术推广中心　　葛文龙　　徐　丽

61

甘肃景泰盐碱地池塘罗氏沼虾养殖

一、基本情况

景泰盐碱地池塘罗氏沼虾养殖示范区位于五佛乡泰和村，基地通过流转盐碱地，建设养殖基地面积 21.67 公顷，建设标准养殖池塘 8 个，育苗棚 4 座。充分利用五佛光热资源、盐碱地资源、水资源，建设集养殖、销售于一体的示范园区发展罗氏沼虾产业。

二、主要做法

（1）池塘设置 示范区罗氏沼虾养殖面积 12 公顷，基地建设标准养殖池塘 8 个，每个池塘均建成独立的进排水系统，配备叶轮式增氧机 22 台、水泵 10 台。养殖水源为盐碱水、黄河水，池底平坦，底质为砂质。

（2）温棚建设 示范区建设有钢架育苗温棚 4 座，棚高 1.5 米，配备加热炉 1 台，增氧泵 1 台，微孔增氧。

（3）虾苗培育 幼虾培育采取虾苗分批放养、分级培育的方式进行，同一批次投放虾苗规格一致。每年 4 月，基地引进虾苗开始培育。虾苗投放密度 3 000 尾/米^2。

（4）水质调控 养殖前期，每 5 天添加 5 厘米新水，随着水温的提高，水位逐渐调整至最高水位后根据池水蒸发等情况少量补水。在养殖过程中每隔 10～15 天交替泼洒 10～15 毫克/升的光合细菌、芽孢杆菌、乳酸菌、EM 菌等有益微生物制剂，使用微生态制剂要注意需在使用消毒剂 3 天以后方能使用。底部过脏用底质改良剂进行处理。

（5）外塘养殖 常温下，当池塘水温稳定在 20℃以上，即可将培育的幼虾放入养殖外塘饲养。

（6）饲料及投喂管理 饲料选择正规厂家全价配合饲料，日投饲率为虾体重的 3%～8%，日投喂 4 次。养殖中后期傍晚和早上投饲量占日投饲量的 70%。生产过程中应根据水温、天气、生理阶段、水质指标、料台吃料时间等因素按照"快减慢增"的原则进行控料。放苗后 10 天左右，虾以浮游生物为饵料，不可盲目投喂饲料，防止饲料在池塘发酵导致水质恶化（图 61-1）。

图 61-1　景泰盐碱地池塘罗氏沼虾养殖示范区收获成虾

三、主要成效

以 2022 年为例，示范区罗氏沼虾总产量 22 500 千克，平均每公顷产 2 812.5 千克，总效益 960 000 元，单位效益 120 000 元/公顷。通过利用地表盐碱水，一方面降低了水位，遏制了盐碱扩大趋势；另一方面，基地流转盐碱地 26.67 公顷，土地流转费 17 万元，带动贫困户 30 户，通过就近务工、土地入股等方式带动周边群众脱贫致富。

四、经验启示

盐碱地池塘罗氏沼虾养殖出苗率较高，技术基本成熟，在景泰完全可以推广，这一模式效益突出，而且在养殖中发现罗氏沼虾适应不良环境的能力比较强，养殖风险低。

景泰县渔业技术推广中心　葛文龙　徐　丽

62

甘肃景泰盐碱地渔农综合利用

一、基本情况

景泰县盐碱地池塘渔农综合利用示范区位于草窝滩镇三道梁村，在盐碱地区开挖渔塘，使地下水迅速汇集并形成水面，用于水产养殖，开挖的池塘周围地下水位明显下降，土壤盐分溶解到渔塘中，降低盐碱土中的 pH 和盐度，抬高的土壤也可以防止地下水位抬升和土壤返盐，以改良土壤物理性状，同时养殖产生的有机质可以培肥，可种植大麦等多种耐盐碱和耐低盐碱植物。现有渔农综合利用面积 80 公顷，池塘养殖以凡纳滨对虾、大宗淡水鱼类为主。

二、主要做法

1. 台田

抬高土地耕作层，取土修筑高 1.5～2 米的台田，在台田耕层土（耕作的土壤部分）底部（一般距台田顶部 30 厘米左右）铺设秸秆；在台田底部处铺设弧形薄膜和带有孔隙的管道（暗管），拉大与地下水位的距离，利用台田较高易淋盐碱的原理，使盐碱不能到达台田表面，且由于人为灌溉或天然降水的作用，使台田中的盐分下降并随水排走，达到改善土壤耕作层的目的。基地台田种植耐碱作物 24 公顷，栽植绿化树木 2 000 棵，台田种植的葡萄、芹菜、甜高粱、番茄等农作物长势良好。

2. 池塘设置

池塘开挖 1.8 米深，基地修建高位虾棚 2 座、玻璃温室 1 座、12 个标准化池塘，养殖面积达到 19.33 公顷，池底平坦，底质为泥沙，水深 1.5 米，池塘配备水车式增氧机，同时，基地配套建设渔家乐、垂钓区、人工湖、生态采摘区、烧烤休闲区、观景台等休闲旅游服务项目（图 62-1）。

图 62-1　盐碱地池塘渔农综合利用示范区

三、主要成效

以 2022 年为例，示范区种植耐碱作物产量 90 000 千克，平均每单位产量 3 750 千克，总效益 432 000 元，单位效益 18 000 元/公顷；凡纳滨对虾总产量 3 000 千克，平均每公顷产 2 250 千克，总效益 140 000 元，单位效益 105 000 元/公顷；大宗淡水鱼总产量 60 000 千克，平均每公顷产 9 000 千克，总效益 1 100 000 元，单位效益 16 500 元/公顷。盐碱区开挖渔塘后，"挖一方池塘，改良一片耕地，修复一片生态"的作用已经显现，已抬田新建耕地 24 公顷，新抬田和周边耕地地下水位迅速下降、pH 由 8.8 下降至 8.2、盐度由 1.40 下降至 0.60，已能符合各种耐碱作物的生长。

四、经验启示

在景泰县草窝滩镇盐碱地池塘渔农综合利用示范基地，利用弃耕盐碱地开挖池塘将挖出的泥土抬高成田地，形成台田种地、池塘养鱼；抬高的田地中种植枸杞、辣椒、番茄等果蔬，田里的盐碱渗漏到池塘中降低土壤盐碱，池塘中的底泥回田肥地。盐碱地渔农综合利用技术典型模式，不仅"变废为宝"实现盐碱水土资源化利用，提高盐碱水渔农综合生产能力，而且"以渔治碱"改善土壤结构，实现盐碱地复耕，改善生态环境，走出一条盐碱地综合治理可持续发展之路，为综合治理盐碱地和解决土壤次生盐碱化提出了新途径。

景泰县渔业技术推广中心　葛文龙　徐　丽

63

甘肃景泰盐碱地冷水鱼养殖

一、基本情况

景泰县盐碱地池塘冷水鱼养殖示范区位于芦阳镇响水村、中泉镇崇华村，充分利用丰富的盐碱水资源发展工厂化高密度流水养殖，主要养殖虹鳟、金鳟、鲟等冷水鱼，养殖面积5.55公顷。这种模式将废弃的盐碱水加以利用，变废为宝，养殖技术简单，养殖模式成熟，养殖产量高，效益显著。

二、主要做法

1. 场区建设

盐碱地冷水鱼养殖示范区有养殖企业6家，面积共5.55公顷。通过利用废弃盐碱水开展高密度流水养殖，按照现场实际情况全程设计养殖池，养殖池应能便于供水、排污、清理池塘及成鱼出塘。池塘建设标准化，要耐盐碱、抗冻。

2. 冷水鱼养殖管理

冷水鱼最适水温16℃，适温范围7～20℃，对盐碱水适应性较强。养殖用水要求水质澄清，无杂质和悬浮物，溶解氧充足。注水量每池控制在800～1 200升/分，定时清理池底淤泥，注意饲育环境的清洁卫生。

三、主要成效

以2022年为例，示范区冷水鱼产量336 000千克，平均单位产量105 000千克/公顷，总效益2 688 000元，单位效益840 000元/公顷。在发展冷水鱼养殖基地的过程中，发挥产业带动作用，吸引村民返乡就地就业，通过产业入股分红模式带动周边贫困人口脱贫，实现持续稳定增收，让冷水鱼养殖成为促进区域经济发展和助推乡村振兴的富民产业（图 63 - 1）。

图 63 - 1　盐碱地池塘冷水鱼养殖示范区

四、经验启示

　　在景泰县中泉镇、芦阳镇，建立了鲑鳟养殖、育苗基地，使废弃的盐碱回归水资源得到利用，产生了显著的经济效益。通过产业分红、增加就业等形式带动当地农民增收，产生了良好的社会效益。在撂荒的盐碱地上建池塘使当地荒芜环境得到明显改善，有利于把盐碱区建成美丽乡村。

景泰县渔业技术推广中心　葛文龙　徐　丽

64

甘肃景泰盐碱地冷水鱼苗种培育

一、基本情况

景泰盐碱地池塘冷水鱼苗种培育基地主位于五佛乡兴水村和芦阳镇响水村，现有苗种生产企业三家，每年培育冷水鱼苗 600 万尾。景泰冷水鱼苗培育企业主要利用打井抽取的地表盐碱水发展苗种繁育产业，既保证了稳定的养殖用水（抽取的地下水水温稳定在 15℃），又明显降低周边耕地的地下水位，使因盐碱撂荒的耕地得到恢复，盐碱地治理效果显著。

二、主要做法

1. 场区建设

景泰县景中景渔业科技有限公司建设有苗种孵化车间 1 200 米²，稚鱼培育池 600 米²，幼鱼培育池 3 600 米²，配备鱼苗孵化玻璃钢鱼缸 96 个、全自动液氧供气系统 1 套，建设 5～7 米浅井两眼，设施设备齐全。

2. 发眼卵的孵化及仔稚鱼的管理

养殖区井水温度常年恒定在 15℃，正好满足冷水鱼苗种繁育水温要求。每年 4 月，基地引进发眼卵孵化，以孵化虹鳟、金鳟、鲟鱼苗为主，同时开展柳根鱼亲鱼人工催产。孵化用水要求水质澄清，无杂质和悬浮物，溶解氧充足。

桶式孵化器内开始出现破膜仔鱼时，把桶内的卵移入平列槽中，每个小槽放卵苗 8 000 粒（尾），每个平列槽容纳 5 万粒（尾）。注水量每槽控制在 40 升/分左右。及时清除卵皮和死苗，注意饲育环境的清洁卫生。经常刷洗小槽的多孔篦子，保持水流畅通，严防缺氧窒息，使仔鱼在槽内不受碰撞地吸收卵黄囊直至上浮。该企业全年可培育冷水鱼苗种 400 万尾，苗种孵化率达到 90% 以上。

三、主要成效

以 2022 年为例，养殖区冷水鱼苗种生产量 400 万尾，总效益 5 250 000 元，纯利润达到 300 万元。另外，通过打井抽水可明显降低地下水位，有利于周边盐碱地的治理，目前周边原来撂荒的盐碱地已恢复耕种。长期雇佣附近村民 6 人，生产高峰期雇用临时工人达到 12 人，年支付农民工工资超过 20 万元。企业技术人员为周边养殖户供应水产苗种，提供技术指导，使养殖户养殖技术提升，推动冷水鱼养殖产业健康发展（图 64-1）。

图 64-1 盐碱地池塘高效流水养殖示范区繁育车间

四、经验启示

景泰盐碱地池塘冷水鱼苗培育产业利用丰富的恒温地下盐碱水，引进先进设备，加强疫病防控，打造甘肃无疫病的冷水鱼苗种繁育基地，向甘肃省内及周边省区供应高质量的冷水鱼苗，产生了良好的经济效益；同时开展新品种、新技术引进试验示范，通过构建苗种繁育产业链，做给农民看，带着农民学，引导农民参与水产养殖，通过示范也培育了一批本地的养殖龙头企业，形成了盐碱水特色养殖产业。

景泰县渔业技术推广中心 葛文龙 徐 丽

65

宁夏盐碱水资源养殖加工螺旋藻

一、基本情况

宁夏吴忠市盐池县地处宁夏东部，毛乌素沙漠边缘，陕西、甘肃、宁夏、内蒙古四省份七县交界地带，总面积 8 522.2 千米²，属典型的大陆季风性气候，干旱少雨、光能丰富、日照充足，年平均日照时数 3 046 小时，日照率 69%，太阳辐射总量 594.6 焦/厘米²。年降水量约 200 毫米，蒸发量却高达 1 500 毫米，干燥的自然条件使这里盐湖众多。盐池县拥有 0.31 万公顷高盐碱地、0.27 万公顷盐湖资源，水土类型为氯化物型。盐碱水养殖是增加水产品供给和耕地资源的重要途径，是贯彻落实"大食物观"的重要举措，对拓展渔业发展空间、保障粮食安全都具有重要意义。

螺旋藻属蓝藻门，颤藻目，颤藻科，螺旋藻属；分布于非洲、南北美洲的碱性水中及亚洲（我国最早在 1935 年于青岛发现）。形态结构为多细胞无真正的核和叶绿体，藻丝呈螺旋形及直线形，断裂繁殖。在适宜 pH 8.3～10.3，可耐受 pH 7.0～12.0 的水体中均能生长；水培（培养液）25～35℃为佳。营养要求以碳源为主，氮及其他元素为辅，室内和室外均可培育。盐池县气候条件和盐碱地、水资源适宜螺旋藻繁育养殖对高温、高照、高盐碱等条件的生长需求。

盐池县怡健生物工程有限公司成立于 2012 年，注册资金 2 000 万元，总占地面积 66.67 公顷。公司位于盐池县惠安堡镇老盐池村村部东侧 6 千米处，为国家级水产健康养殖和生态养殖示范区和自治区农业产业化重点龙头企业，是宁夏最大的螺旋藻养殖加工外贸出口企业，是全国最大的藻蓝蛋白生产企业。经营范围为食用藻类种植，藻类原材料收购、培育、加工及销售，藻类养殖相关技术服务与养殖机械设备销售等。公司拥有员工 65 人，小球藻、螺旋藻养殖日光温室大棚 49 万余米²，打造 8 000 米的盘绕式养殖玻璃管道，实现一体化循环养殖。安装螺旋藻养殖及加工设备1套、藻蓝蛋白提取设备1套，其他配套有厂区道路、供电、给排水环保及绿化等设施。

二、主要做法

（一）螺旋藻养殖

首先选择优质藻种进行培养，螺旋藻的养殖过程：藻种培养→接种→生产大棚。藻种经筛选后进行培养，然后接种至生产大棚进行培养。培养液需经常调节，保证螺旋藻生长所需盐碱度（螺旋藻生长环境为碳酸盐性碱水，pH 9～11），深度一般控制在25厘米，搅拌机不停搅拌，保证池内培养液的流动，并根据螺旋藻生长的需要添加适量的氮、磷、钾等营养成分。培养过程水温一般控制在26～32℃，保证有充足的阳光照射。每年的4月15日至10月15日进行养殖，冬季养殖达不到螺旋藻生长所需的温度及光照强度（图65-1）。

图65-1　利用盐碱水养殖螺旋藻

（二）采收和烘干

养殖大棚内螺旋藻浓度达到要求后进行采收，每隔4天采收1次。经过过滤、洗藻，然后烘干。筛网上的螺旋藻泥用新鲜水进行冲洗，以洗去附着在螺旋藻丝体表面的盐碱，螺旋藻清洗废水返回养殖池继续进行螺旋藻培养（年底进行过滤作为第二年的螺旋藻养殖液，少量死藻作为发酵螺旋藻的原料），筛上物螺旋藻泥（可以直接进行藻蓝蛋白提取）或送至高速离心喷雾烘干机干燥，干燥过程中产生的粉尘均为螺旋藻，通过二级旋风分离器分离出产品回收，废气通过排气筒排入环境，然后进行筛选，筛下的螺旋藻粉经检验合格后包装入库，筛上的螺旋藻粉和藻泥进行生产藻蓝蛋白（图65-2、图65-3）。

图65-2　收获螺旋藻

图65-3　干燥螺旋藻

（三）藻蓝蛋白提取

螺旋藻粉和螺旋藻泥进行混合浸泡破壁，通过板框粗滤陶瓷膜、卷式膜过滤浓缩，干燥，生产高附加值的藻蓝蛋白（图65-4）。

1. 藻蓝蛋白提取工艺流程

螺旋藻粉→检测藻蓝蛋白含量→破壁→粗滤→微滤→超滤→干燥→筛选

（80 目）→检测→入库。

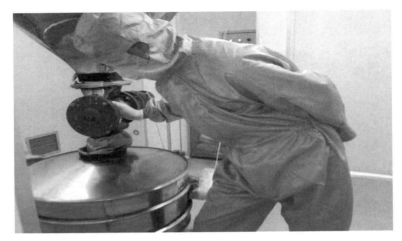

图 65-4　藻蓝蛋白的提取

2. 藻蓝蛋白提取操作程序

（1）螺旋藻破壁　将藻蓝蛋白含量高的新鲜藻泥或者螺旋藻粉分装到容器中，置于不高于 7℃ 的环境放置过夜，直至螺旋藻细胞膜完全破裂；这时螺旋藻和其他一些可溶性蛋白质流出，以利于充分抽提。

（2）藻渣过滤　破壁后绝大多数藻细胞壁破裂，呈细小的碎片状，用板框过滤机分离藻渣和流出物；亦可采用微滤机过滤。用超滤器对流出物进行过滤，去掉其中的许多小分子可溶性有机物，得到纯度较高的藻蓝蛋白。

（3）干燥　超滤后的滤出物（藻蓝蛋白）经离心喷雾干燥后为成品。

操作的环境条件：藻蓝素是蛋白色素，对光、高温和氧气敏感，操作中室温需要低于 17℃，避光，尽可能使操作流程时间缩短。

三、主要成效

盐池县怡健生物工程有限公司年生产螺旋藻粉剂、片剂 1 000 吨，藻蓝蛋白 80 吨，产值 525 万美元，利税 300 万元人民币。绿色食品加工量占企业总加工量的 90%，产品达欧美有机认证标准，建立了 HACCP、ISO22000 等先进管理体系，农产品质量安全检测合格率达 100%。产品 98% 出口欧洲、巴西、俄罗斯和日本等国家和地区，深受国内外客户的青睐，是全球主要的微藻供应商。

四、经验启示

以螺旋藻为主的养殖池可将天然盐碱地下水、盐碱荒地变为养殖水面，并可作为保护当地盐湖资源的防风固沙带，既能保护当地盐湖沼泽地区周围自然生态环境，又能改善当地盐湖沼泽地区的气候环境，对生态环境有着积极影响。曾经百无一用的盐碱地、苦咸水，也能创造出巨大的经济、社会和生态效益。沙漠和水藻的神奇结合带来启示：深入挖掘当地资源，大力推进技术创新，坚持走资源节约型、环境友好型、质量效益型的可持续发展路子，就能化劣为优、培优增效，实现经济发展和生态保护的双赢。面向更广阔天地、更具潜力空间，因地制宜、精准施策，切实把资源优势转化为发展优势，高质量发展之路必将越走越宽广。

宁夏回族自治区水产技术推广站　李　斌　张朝阳　郭财增　白富瑾

66

宁夏银北盐碱地"设施养鱼+稻渔共作"生态循环种养

一、基本情况

宁夏是北方稻作区最佳粳稻生产区之一，2022年全区水稻种植面积3.07万公顷。重、中度盐渍化稻田主要分布在银北地区，占银北地区耕地面积的60.45%，贺兰县、兴庆区有部分重、中度盐渍化稻田，其他区域耕地基本属轻度盐碱地。近年来，全区渔业紧紧依托自然资源禀赋，把稻渔综合种养作为改善土壤结构、增加土地肥力、降低土地盐碱化程度、促进渔业结构调整、绿色循环发展、渔农增收的重要抓手，不断探索完善种养模式，提升种养水平，在治理土壤盐渍化、提升土壤质量，稳定水稻产量、保障粮食安全、促进三产融合和乡村振兴中发挥了积极作用。2020年6月，习近平总书记来宁夏考察，对宁夏"稻渔空间"发展模式给予充分肯定。

"设施养鱼+稻渔共作"是将"设施养鱼"和"稻渔共作"二者有机结合，形成"水稻+水产"的综合种养模式。其中，"设施养鱼"是指在稻田中或稻田岸边建设流水槽、玻璃钢或砼制养鱼池等工程化养鱼设施，将优质鱼类高密度集中圈养实现高产高效养殖，养鱼设施中的养殖尾水进入稻田进行净化。"稻渔共作"是指稻田中种植水稻，同时建设宽5米、深1.5米的"宽沟深槽"养鱼环田沟和防逃设施，进行稻田养中华绒螯蟹（鱼、泥鳅、鸭）等不同养殖模式的稻渔共作。两者厚植互利发展优势，促进渔业转型升级，达到了土地资源和水资源综合利用率提高、稻田土壤质地得到改良、水稻产量稳定、水稻品质提升、集约高效养殖尾水零排放的目的。"一水两用、一地多收"，符合农业农村部提出的"稳粮、促渔、增效、提质、生态"的要求，目前，宁夏"设施养鱼+稻渔共作"综合种养技术主要有"稻田镶嵌流水槽生态循环综合种养""陆基玻璃钢设施配套稻渔生态循环综合种养""陆基高位砼制池配套稻渔生态循环综合种养"和"池塘工程化流水槽配套稻渔生态循环综合种养"4种类型。

二、主要做法

(一)设施养鱼

1. 稻田镶嵌流水槽生态循环综合种养模式

在稻田环田沟拐角处，以集中或对角分散的方式修建长22米、宽5米、深2.2米的标准化流水养鱼槽。流水槽配套推水、投料、增氧、物联网等设备，养殖鱼类高密度圈养在流水槽养殖区，养殖水体通过推水装置始终处于流动状态，鱼类的排泄物和残饵通过水流进入稻渔综合种养的稻田中净化，实现水产养殖水体的原位修复（图66-1）。稻田种植水稻并养蟹（鱼、鸭、泥鳅、鳖等）。一条流水槽鱼产量控制在10吨，配套稻田0.67～1.33公顷。

图66-1　稻田镶嵌流水槽生态循环综合种养模式

2. 陆基玻璃钢设施配套稻渔生态循环综合种养模式

在稻田进水、排水比较集中的岸边组装直径5米、深2米的养殖玻璃钢养殖池，配套进水、增氧、排污、机电等设施设备，养殖池中集约化养鱼，养殖水体通过管道与稻田进水渠连通，进入稻田中，净化后再通过稻田排水口进入排水沟，消毒、杀菌后用水泵抽入养殖池，完成循环水生态养殖过程（图66-2）。一个玻璃钢养殖池鱼产量约2 500千克，配套稻田0.33～0.67公顷。

图 66 - 2　陆基玻璃缸配套稻渔生态循环综合种养模式

3. 陆基高位砼制养鱼池配套稻渔生态循环综合种养模式

该技术和陆基玻璃钢设施技术原理相同，只是将玻璃钢养殖池更换为高位砼制养鱼池。砼制养鱼池建设需高出地面 1.5 米、直径 30 米、深 2.5 米，一个砼制养鱼池鱼产量约 15 吨，配套稻渔综合种养的稻田 2～3.33 公顷（图 66 - 3）。

图 66 - 3　陆基高位砼制养鱼池配套稻渔生态循环综合种养模式

4. 池塘工程化流水槽配套稻渔生态循环综合种养模式

该技术是将池塘工程化循环水养殖和稻渔综合种养两种技术相叠加，即池塘工程化循环水养殖流水槽集约化养鱼，其净化外塘通过沟渠和稻渔综合种养的稻田进、排水沟相连，池塘工程化循环水养鱼水体经净化外塘原位修复的同时又经稻田循环净化实现异位修复（图 66 - 4）。

（二）稻渔共作

（1）田间工程防逃改造技术　将小块稻田平整为 1.33 公顷左右大块田

图 66 - 4　池塘工程化流水槽配套稻渔生态循环综合种养模式

并进行围栏。稻田的"宽沟深槽"环田沟上宽 5 米、深 1.5 米、下宽 1 米，田间工程面积占比在 10％以内。

（2）水稻种植技术　推广有机水稻旱育稀植种植技术，穴数不少于常规种植，且为水生动物提供活动空间，通风透气。

（3）种养茬口衔接关键技术　水稻定植一周且稻苗达到 20 厘米时，水产苗种适时投放，或者前期将水产品放养在稻田水沟中，做到种植和养殖的时间茬口衔接合理。

（4）稻田水产品养殖关键技术　采用"四定"法投喂饲料，晒田时降低水位露田，使用微生物制剂及底质改良剂调控水质，以防为主、防治结合的方式综合防控病虫草害。

（5）种养施肥技术　采取测土配方施有机肥和微生物肥料，基肥为主，追肥为辅。

（6）产品质量控制技术　按照无公害产品、绿色产品、有机产品生产标准生产。

（三）产品收获

（1）设施养殖产品　流水槽、玻璃钢、水泥砼制池中水产品根据生长情况适时上市销售。

（2）稻渔共作　稻田中养殖的水产品种 9 月中旬以后根据其生物习性，采取抓捕、网捕等方式进行捕捉、育肥、暂养和线上线下销售。水稻 9 月底收割。

三、主要成效

截至 2022 年，全区累计推广稻渔综合种养面积 7 万公顷，建立示范点示范"稻田镶嵌流水槽生态循环综合种养技术"流水槽 13 条，配套稻田 26.67 公顷；示范"陆基玻璃缸配套稻渔生态循环综合种养技术"玻璃钢 70 口，配套稻田 66.67 公顷；示范"陆基高位砼制养鱼池配合稻渔生态循环综合种养技术"砼制养鱼池 4 口，配套稻田 13.33 公顷；示范"池塘工程化流水槽配套稻渔生态循环综合种养技术"流水槽 15 条，配套稻田 23.33 公顷。

"设施养鱼＋稻渔共作"生态循环综合种养技术经济、生态和社会效益提升显著。设施养鱼的产量为每立方米水体 100～150 千克。水稻平均每公顷产 8 250 千克，水稻不减产；稻田每公顷产扣蟹 600 千克（或商品蟹 20 千克、泥鳅 100 千克、鱼 100 千克、鸭子 20 只）。平均每公顷产值达到 237 150 元，是稻渔综合种养 62 565 元的 3.8 倍，是单作水稻 22 545 元的 10.5 倍；平均每公顷利润达到 61 035 元，是稻渔综合种养 32 505 元的 1.9 倍，是单作水稻 4 230 元的 14.4 倍。

与单作水稻相比，化肥减少 35.4%，农药减少 38.6%，甲烷排放降低 7.3%～27.2%，二氧化碳排放降低 5.9%～12.5%，养殖水体中的氨氮、亚硝酸盐、总磷、总氮分别降低 72%、70%、49%、40%，水资源利用率提高 50% 以上，实现了"千斤稻、千斤鱼、万元钱"的目标。

四、经验启示

"设施养鱼＋稻渔共作"生态循环种养模式，进一步提高了洗盐排碱水资源利用率、土地利用率和土地产出率，提升种养效益，增加农民收入，取得"1＋1＞2"的效果。其中，"设施养鱼＋稻渔共作"新模式，水稻每公顷产量稳定在 7 500 千克以上，实现亩产收益"千斤稻、千斤鱼、万元钱"，化肥、农药、人工、用水"四减少"，水资源利用率、土地资源利用率、亩产值、亩利润"四提高"。破解了养鱼水体面源污染、水稻种植灌田盐碱水直接外排等生态环境污染问题，为建设黄河流域生态保护和高质量发展先行区开展了积极有效的探索。

宁夏回族自治区水产技术推广站　李　斌　张朝阳　郭财增　白富瑾

宁夏盐碱地"设施养鱼＋温室蔬菜"综合利用

一、基本情况

宁夏回族自治区固原市位于宁夏南部，下辖原州区、西吉县、隆德县、彭阳县、泾源县5个县（区）。现有日光温室约0.19万公顷，土壤多为轻中度盐碱地，土质较为贫瘠。年平均气温6.2℃，日照充足、降水稀少，年蒸发量是年降水量约3.5倍，水资源短缺。受气候等自然条件影响，利用日光温室种植蔬菜是当地农民耕作方式之一。浇灌蔬菜的水源为深度地下水，无污染，水质符合渔业水质标准，但受到土壤盐碱化影响，种植效益不理想。充分利用宝贵的水资源、增加土地产出、提高农民收入、发挥水资源最大效能始终是农技人员的不懈追求。

"设施养鱼＋温室蔬菜"综合种养模式是基于氮元素循环理论而设计。一是在系统构建上做"加法"，在不改变蔬菜日光温室原有性质、不影响蔬菜生产为原则，将日光温室原有蓄水池改建循环水养鱼设施，新增水产养殖系统，系统占用温室内面积不超过15%，将水产养殖和蔬菜种植有机结合，构建鱼菜共作生态综合种养系统。二是在污染排放上做"减法"。系统运行过程中，水处理设施将高浓度养殖尾水（以残饵与粪为主）收集发酵后浇灌菜地，为土基种植蔬菜提供生长所需营养，低浓度尾水利用物理过滤、水培蔬菜净化、生化降解、紫外杀菌、微孔增氧等措施得到净化处理，实现循环利用，养殖过程不向外界排放废水，一般不使用抗生素，蔬菜种植基本不使用农药。三是在生产效益上做"乘法"。该系统通过饲料这一种投入品，同时生产商品鱼和蔬菜两种产品，有限水资源先用于养鱼，后用于浇菜，水资源利用率提高了100%；利用养鱼产生养殖尾水为蔬菜生长提供营养，节省化肥使用量，降低了部分肥料成本，蔬菜品质得到提升，实现了"一水两用，一地双收"，综合种养效益明显提高。

该模式最早于 2020 年在位于固原市原州区彭堡镇姚磨村的现代农业产业园区内试点，在全国水产技术推广总站、中国水产科学研究院渔业机械仪器研究所的技术指导下，该模式日趋成熟，逐渐显现出较强的种养优势，呈现出较好的经济效益、生态效益、社会效益，应用此模式温室数量逐年增加。截至 2022 年，全区已有 40 余座温室开展了"设施养鱼＋温室蔬菜"综合种养，还有部分县（区）目前正在温室内兴建此系统。主要养殖大口黑鲈"优鲈 3 号"，水培蔬菜主要栽培生菜，土基蔬菜主要种植普罗旺斯、千禧等番茄品种，种菜养鱼用水均来自地下水。

二、主要做法

（一）种养条件

2021 年，选择位于原州区彭堡镇姚磨村的现代农业产业园日光温室开展试点，该基地土质较为贫瘠，为中度盐碱地；水源为地下水无污染。在基地蔬菜日光温室内设计建设水产养殖系统。以 10 号温室为例，在温室内建设圆形镀锌钢板养殖池进行大口黑鲈商品鱼养殖试验，养殖池材质为镀锌钢板，内衬 PVC 篷布，直径 7 米、池深 1.15 米，养殖水深 1 米，有效养殖水体 38 米^3。选择大口黑鲈"优鲈 3 号"作为养殖品种。

（二）试验设计

1. 试验目的

研究如何高效利用蔬菜日光温室和有限的水资源，一年四季种植蔬菜的同时还能养鱼，提高单位面积土地综合产出，实现"一水两用、一地双收"，增加农民收入，发展绿色高效生态农业。

2. 试验前的准备

首先安排技术人员熟悉水产养殖系统技术原理、设计理念和工艺流程。在蔬菜日光温室内建造的鱼菜共作生态综合种养系统由中国水产科学研究院上海渔业机械仪器研究所设计、制作、安装。我们对技术工人进行了岗前培训，让他们懂原理、会操作。

（1）理解技术原理　在温室内，构建鱼菜共作生态综合种养系统，利用水处理系统、土基蔬菜、水培蔬菜对养殖尾水净化处理，促使养殖尾水循环利用，实现温室内既养鱼又种菜，达到生态环保、节能减排、高效产出的目标。

（2）熟悉工艺流程　循环水养殖单元和蔬菜种植（水培）单元共同构建鱼菜共作综合种养系统。该系统利用竖流沉淀器（过滤尾水中存在的较大固体颗粒）、发酵罐、菜地（土基种植蔬菜）、微滤机、水培槽（用于栽培蔬菜）、泵池、生物移动床、紫外线杀菌灯、罗茨风机、蓄水池等设备对养殖尾水进行净化，实现循环利用。整个系统水体循环分为3路：一路为纯循环水养殖单元；另一路鱼池水通过底排经竖流沉淀器沉淀过滤，含较大固体颗粒水进入发酵罐经发酵后浇灌菜地，含较小固体颗粒的水经微滤机过滤后净水进入泵池，污物返回发酵池；还有一路鱼池水通过侧排经微滤机（固体颗粒过滤）进入泵池，利用水泵池水进入水培单元（有2种模式：浮筏模式和管道模式），水中营养物质被蔬菜吸收后返回泵池，经水泵提升进入生物移动床（内部安装微孔增氧设备），采用生物膜法，利用附着生长在滤料表面的硝化细菌和亚硝化细菌等分解去除养殖水体由鱼类代谢产生的氨氮、亚硝酸盐等有毒有害物质后，通过紫外线杀菌消毒后水回流到养鱼池，完成池水循环过程（图67-1）。

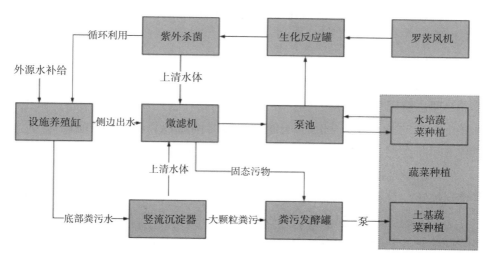

图67-1　"设施养鱼＋温室蔬菜"综合种养工艺流程

（3）掌握操作系统　放养鱼种前，管理人员和技术人员要了解各个设备的用途，熟悉操作要领。要对整个渔菜共作生态综合种养系统涉及所有仪器设备均能正确操作，确保整个系统运行平稳。

（三）种养过程

1. 蔬菜种植及收获

（1）种植　2021年5月15日，10号蔬菜温室水培栽培生菜和土基种植千禧番茄1 300株，43垄，每垄2行32株，行距50厘米、株距40厘米、垄宽1.5米。定期高浓度养殖尾水发酵后营养液浇灌蔬菜，每天浇1次6垄，约7天一个周期能把番茄全部浇完，往复循环，满足植物生长对肥料的需求，不额外施化肥。

（2）收获　7月下旬开始出售千禧番茄，9月上旬结束，单个大棚出售4 000千克，每千克6元，收入24 000元；水培蔬菜（生菜）750千克，每千克7元，收入5 250元，共收入29 250元。综合2个蔬菜大棚蔬菜平均收入27 270元。

2. 大口黑鲈的养殖

（1）系统运行养水　投放鱼种前先将系统注满水，循环5～7天，同时调节各个设备，不仅使整个系统处于正常运行状态，而且促进了生物浮床上附着足够数量的硝化细菌和亚硝化细菌，具备一定的水质净化处理能力，为投放鱼种创造有利条件。

（2）科学放养鱼种　2021年5月27日，投放大口黑鲈"优鲈3号"鱼种2 000尾，鱼种平均规格每尾200克，放养前采用3%食盐溶液对鱼种浸浴消毒8～10分钟。

（3）加强水质管理　每日10：00点进行水质数据监测，做好检测记录。当水质出现问题时适当投放光合细菌、硝化细菌、水产专用水质调节剂进行水质处理，慎用杀菌消毒药物。使用杀菌药物，会造成生物移动床中微生物菌群死亡，失去了自身净化水质能力，短时间难以恢复，故慎用。每天24小时不间断排污，养殖池水会有损耗，可适当补水。

（4）科学精准投喂　定人、定时、定量，投喂时保持环境安静，避免鱼类受到惊吓，根据鱼类吃食情况科学投喂，日投饵率一般在1.0%～1.5%。

（5）定期保养设备　对各类水阀、接头、水泵、罗茨风机、供电系统定期例行检查，及时保养维修，使整个系统保持正常运行状态。同时，必须要有柴油发电机作为备用电源，并能随时启动。

三、主要成效

以2021年该基地10号日光温室综合种养情况为例，截至2021年9月29日，经过122天的养殖，大口黑鲈商品鱼平均规格600克，养殖池产量1 176千克，每立方米水体产量31千克。7月开始出售番茄，截至9月下旬，出售4 000千克。

（一）经济效益

1. 生产成本核算

鱼种 24 000 元（放养 2 000 尾、平均规格 200 克、投放 400 千克、每千克 60 元）；养鱼饲料成本 12 583 元（饲料用量 1 176 千克：9 月底规格达到 600 克、成活率 98％、净增重 400 克、饵料系数 1.5、饲料价格 10 700 元/吨）；菜苗 1 600 元；基肥 3 600 元；蔬菜授粉熊蜂 3 箱，400 元/箱，计 1 200 元；单个大棚用电 55 度/天，0.48 元/度，合 26.4 元/天，共计 3 960 元；人工 3 000 元/月，计 15 000 元；养殖系统折旧按 10 年计算，每年 15 000 元，每年 2 个生产周期，每个生产周期承担折旧 7 500 元。生产成本合计约 69 443 元。

2. 种养收入核算

番茄（千禧）产量 4 000 千克，6 元/千克，共 24 000 元；大口黑鲈"优鲈 3 号"1 176 千克，每立方米水体产量 31 千克，以每千克 49 元出售，共 57 624 元；水培生菜产量 750 千克，以每千克 7 元出售，收入 5 250 元。产出合计 86 874 元。

3. 种养利润核算

单个温室一个生产周期产生经济效益约为 17 431 元，一年按生产两季计算，单个温室经济效益约为 34 862 元。

4. 利润分析

养殖效益稍显逊色原因有 3 个：一是鲈鱼种市场价格较高，二是鲈饲料上涨幅度较大，三是劳务费较高。三者叠加挤压了利润空间。

（二）取得成效

"设施养鱼＋温室蔬菜"综合种养模式取得 6 项主要成效：一是改良了土壤，改善了原州区姚磨村温室盐碱地土壤质量，土壤不易板结，使得原来不适宜种植蔬菜的温室可以种植蔬菜，低产变稳产高产。二是水资源利用率提高 100％，有限水资源先用于养鱼，后用于浇菜。三是减少化肥的使用量，利用鱼类粪便等物质为蔬菜生长提供部分养分，蔬菜长势旺盛。四是蔬菜质量优价格高，比如番茄价格高出单种番茄市场价 1 倍以上。五是水产品品质有保障，适时加入微生态制剂，利用微生物分解发酵调节水质，保证了鱼类正常生长，没有发生鱼病，基本不施用渔药，减少了渔药费用，水产品品质较好。六是扩大就业，为周边农户提供了更多就业机会，增加其工资性收入，带动农户增收致富，促进乡村文明，确保农业农村经济社会和谐稳定

（图 67 - 2、图 67 - 3）。

图 67 - 2　菜棚渔菜共作生态循环综合种养建设全景

图 67 - 3　菜棚渔菜共作尾水浇灌水培蔬菜实景

四、经验启示

（一）该模式发展空间较大

盐碱地（水）是宁夏重要的后备耕地资源，广泛分布于宁夏各地，尤以银北、银川地区分布最为集中，利用盐碱地开展"设施养鱼＋温室蔬菜"综合种养模式，可充分利用盐碱地资源，挖掘盐碱地生产潜力，改良盐碱地土壤，提高土壤肥力和土地产出，增加农民收入。

（二）综合种养效益较好

结合工厂化循环水养殖理论，集成循环流水养鱼技术与温室蔬菜种植（水培）技术，利用有限的温室空间，没有额外增加用水量的情况下，增加了水产品产出，做到了养殖尾水循环利用，实现了"一水两用、一地双收、生态环保、节能减排"的目标，体现了"1＋1≥2"的综合效益，逐渐引起广大农民兴趣，应用范围逐年扩大。

（三）该模式的不足

一是初期设计养殖密度 80 千克/米³，导致系统总体建设成本较高，前期投入较大。通过前期运行试验和优化后，现在将养殖密度调整为 50 千克/米³，建设成本 9 万～10 万元/套，后续如果进行大面积推广，建设成本有望进一步下降。二是该模式涉及许多设备的维护及保养，对管理人员和技术人员的要求较高。

总的来讲，"设施养鱼＋温室蔬菜"综合种养模式超过了温室单一种植蔬菜的效益，在宁夏地区具有较为广阔的应用前景。

宁夏回族自治区水产技术推广站　李　斌　郭财增

新疆"生物法调水质"还水域绿色生态

一、基本情况

（一）公司情况

新疆瑞雪水产养殖有限公司，位于福海县乌伦古湖大湖区——布伦托海东岸，距福海县城 32 千米，距县城工业园区 4 千米。新疆瑞雪水产养殖有限公司拥有水产品加工车间 500 米² 及加工生产线一条，库容 200 吨冷库一座，精养塘 100 公顷，大中水面 0.4 万公顷。企业现有资产总值 3 670 万元，是一家以水产养殖生产为主，集水产品捕捞、加工、贮藏、养殖、开发等为一体的自然人独资民营企业。水产品产量 500 吨，年产水饺 900 吨，现有就业人员 50 余人。企业年产值预计达到 1 500 万元。

（二）池塘、水面自然情况

公司 100 公顷精养塘、1 333.33 余公顷大水面（原来是一个取盐坑）区域全部是雅丹地貌，硫酸盐土质，属于重度盐碱土质。水质属于矿化度高的水。鱼类生长速度慢，有些鱼类生长几年就会慢慢死去，有些鱼类甚至很难存活。基于水面、池塘生态条件，多年来，公司采取多种方式方法，如循环水、曝气、施农家肥等，经过多年实践，总结出了一整套生物治碱、以水压碱法进行土质和水质的改良，效果明显，适用于渔业生产实际。

二、主要做法

首先对土质进行改良，土质的好坏直接影响到水质的优劣，对精养池塘进行施底肥，改善底质土质环境，降低盐碱性，主要用一些发酵腐熟的农家肥，对池塘实行堆肥，将腐熟的粪肥堆放在水域比较浅的地方，或者干式压碱法，利于饵料生物的生成。然后看水色及水生生物的量进行追肥，施肥方法为"三看施肥法"：看水色、看天气，看鱼类生长情况。一般情况下每半个月追施一次化肥，按照水生生物饵料所需的营养成分追施氮磷钾等无机肥，还可以添加一些肽类肥料。在这一过程中定期注水补水。现将池塘干式压碱法报告如下：

（一）池塘干式压碱法

1. 底质改良法

初春有机肥底肥加培养基施法：利用有机肥料搅拌生石灰，加生物培养基，扣上塑料薄膜进行发酵。干池清整后，苗种放养前 10～25 天（看天气、水温），每公顷施有机肥 7 500 千克，加注水 1 米深，配施 75 千克磷肥，培肥水质，肥水下塘鱼苗。

2. 池塘苗种放养

看水色、看天气、看水温投放苗种，每公顷投放 2 厘米以上大乌仔花鲢 16 500 尾、白鲢 3 000 尾、鲤 7 500 尾、草鱼 1 500 尾。

3. 水质调控

（1）施追肥　早春后，水温渐高，抓时机施追肥每公顷 3 000 千克，隔 7～10 天施 1 次（看水色、天气），为提高施肥效果，同时采取搭架、挂袋施药（漂白粉）预防病害，即用木杆作支架，在池中深水区搭成几个架子，将药袋挂在架子上预防鱼病。

（2）看水色化肥追施法　塘用化肥以氮、磷、钾为主，看水质藻相，施用比例为 1∶2∶0.5。尿素每公顷施 37.5 千克，磷肥 75 千克，钾肥 18.75 千克，可按计算数量混合在一起，先溶化在水中，然后均匀地泼洒全池。5～7 天施 1 次。夏秋季节温度高，施有机肥不宜过量，以防水质恶化，导致鱼类泛塘。同时，每施 1 次肥，最好加 1 次清水。早肥促草发。

（3）秋末大水大肥　九月上旬以后，天气转凉，水质变淡，鱼病流行季节已过要大量施肥。每公顷施有机肥 3 000 千克配施 37.5 千克的无机肥（氮肥）。9 月 15 日施肥结束，保持水质、活、爽，使成鱼肥满上市，鱼种肥满越冬。

（4）冬季封冰前，适量投无机肥，保证安全越冬　在冬季封冰前，遇天气晴朗，气温较高时，酌情少量施无机肥。每公顷施尿素 15 千克、磷肥 30 千克。增加池水溶解氧，保证鱼类安全越冬。由于雅丹地貌土质盐碱含量高，底质释放有害气体多，冰封后利用罗茨风机、水泵等曝气，保证鱼类安全越冬。

（二）调节水质注意事项

1. 有机肥料必须充分发酵

春季鱼塘水温较低，水中含氧量相对丰富，合理施用有机肥不仅成本低，而且可以达到很好的养殖效果。鱼塘施用有机肥料，事先必须经过充分发酵。有机肥料经过发酵腐熟、有机物质分解，施入鱼塘后既可减少水中氧的消耗，又能较快地被浮游植物吸收利用。

2. 施肥原则

少施、匀施、勤施。所谓"少施"，即每公顷每次施用有机肥几百千克到 1 500 千克。所谓"匀施"，透明度保持在 20 厘米至 30 厘米。所谓"勤施"，即随着鱼类的摄食，每当塘水肥度下降、透明度大于 30 厘米时，立即再施肥。

3. 施肥时间

晴天上午为好。要注意收听（看）天气预报。不在阴天、雨天施肥。浮游植物通过光合作用繁殖生长，在连续 2～3 天晴朗天气的上午施肥，能最快最好地促进微生物增殖，最大程度地降低有机肥料对水质的污染，保证鱼塘物质的良性循环。

4. 因鱼制宜确定施肥数量

不是主养鲢、鳙的鱼塘，由于投喂饲料，春季施肥量需相应减少，使透明度保持在 30～40 厘米；随着气温的上升，鱼塘水的肥度会越来越大。养高产鲤、精养高产草鱼的鱼塘，虽然混养了部分鲢、鳙，但是春天不宜施肥。

5. 定期换水保持水质清新

若鱼塘中有机物和各类生物的代谢废物积累过多，水中的含氧量下降、浮游生物组成不良，就会影响养殖鱼类的生长。因此，要定期换注新水，以免鱼塘水质过肥，始终保持水质"肥、活、嫩、爽"。

三、主要成效

通过几年来的土质、水质改良，池塘已经变成一个盛产各种土著鱼类及一些经济鱼类的养殖基地（图 68 - 1、图 68 - 2）。

（1）原来无论是精养塘的水，还是外来水源盐池的水都不能用于灌溉，现在精养塘的尾水可以用于灌溉，做到了一水多用，循环利用。

（2）pH 是水域酸碱度的重要指标，pH 超过 9 鱼类很难存活，农业灌

图 68-1　养殖池塘出鱼

图 68-2　盐池出鱼

溉也不能利用，经过上述改良，pH 明显降低，原来池塘春季 pH 都在 9 以上，现在 pH 稳定在 8.7 左右。

（3）水产品产量显著提高，由于水质改善，鱼类天然饵料丰富，鱼类的单产大幅提高，精养塘每公顷产量增加 750 千克，每公顷效益提高 10 500元。

（4）鱼类越冬成活率大幅提高，由于底质的改善，部分有毒有害气体被分解吸收，同时应用曝气系统进行底泥曝气，将残余的有害气体进行充分曝气，水体有害气体放出，提高鱼类越冬成活率。

四、经验启示

通过这些年治理水面池塘，启示在治理盐碱地上要做到三点：一是以水洗碱，以水压碱。二是碱水集中，生物法治碱。三是改良后的水综合利用。

盐碱地一般都是在一定的自然条件下形成的，其形成的实质主要是各种易溶性盐类在地面作水平方向与垂直方向的重新分配，从而使盐分在集盐地区的土壤表层逐渐积聚起来，所以首先用水将盐碱地中盐类溶化，排盐、洗盐、降低土壤盐分含量；具体的改良措施是：排水，灌溉洗盐，放淤改良，生物法培肥土壤，培肥改良，平整土地，种植耐碱植物。如果低洼地放水后形成泡沼，改良泡沼水质、底质，放养耐盐碱鱼类，综合开发利用水体。建议如下：

一是盐碱地农、林、牧、渔综合开发利用，在利用的过程中不能形成次生生态破坏。二是在政策上给予扶持，在盐碱地承包、水电等给予优惠政策。三是集中连片开发，形成小的生态闭环系统，达到改良快、收益快、生态保持好。四是由于改良土质必须用到水，同时改良后利用也需要水，这样盐碱地改良的模式可按照农渔、林渔、牧渔、鱼渔模式进行。

福海县农业农村局水产技术推广站　景胜天

新疆生产建设兵团盐碱水罗非鱼养殖

一、基本情况

新疆生产建设兵团（简称"兵团"）第一师阿拉尔市土地多为高氯化物、高硫酸盐的盐碱地，为改良土壤保障农业生产，每年要定期进行洗盐压碱，洗盐"废水"进入排碱渠，排碱渠渠水最终均汇入 14 团天鹅湖。如此大量的盐碱水如不加以利用就会自然流入沙漠，不仅浪费了水资源，也会加重流入区域土地的盐碱化程度，从而破坏生态环境。

近年来，为合理利用盐碱地废弃的洗盐排碱水，兵团水产技术推广总站以罗非鱼、凡纳滨对虾、草鱼、鲤、鲫等适宜盐碱水养殖的品种为对象，与第一师养殖企业和养殖户合作，开展排碱渠-排碱湖渔业综合利用模式的养殖试验和示范。2021 年，进行凡纳滨对虾、罗非鱼、大口黑鲈、河鲈等品种的试养，通过各品种苗种供应、养殖条件和技术、市场效益等方面的综合比对，将罗非鱼确定为养殖初期鼓励养殖的品种。2022 年，兵团下达资金1 100万元，用于盐碱水渔业产业发展所必需的育苗车间建设、水产品加工、冷链物流等全产业链培育。2023 年，培育罗非鱼从车间培育到商品鱼上市的本地化盐碱水养殖产业，不断完善水产品加工和冷链物流等产业链。同时，尝试盐碱水养殖叶尔羌高原鳅、石斑鱼、乌鳢等更多耐盐碱品种，以筛选出最为适宜的盐碱水养殖品种；根据不同的盐碱水环境和水质条件，进行棚塘接力、田塘综合利用、设施养殖、湖塘生态养殖等不同模式的养殖试验，因地制宜，探寻出最优的盐碱水养殖模式。

二、主要做法

（一）盐碱水资源调查

发展盐碱水渔业，必须以充足的盐碱水资源作为保障。为此，兵团水产技术推广总站人员在第一师阿拉尔市农业农村局相关人员的协助下，对阿拉尔市周边团场的盐碱水资源进行了实地调查，调查结果表明：阿拉尔市各团场每年2—3月都会进行春灌，采用打埂大水漫灌的方式进行洗盐排碱，以确保农业种植顺利进行。盐碱水顺着排碱渠汇集至沙漠，在排入沙漠前进入天然的坑洼地区，形成盐碱湖，即现在的14团4连天鹅湖，盐碱水水量充足（每年流入天鹅湖的水量达9 000万米^3）。根据农业灌溉水量的季节变化，排碱渠水的盐度春季较高，夏季较低，但下游天鹅湖的水盐度较稳定，一般在10～15。同时，对各团场的盐碱水进行了水质检测，检测指标包括pH、溶解氧、盐度、总碱度、总硬度、Ca^{2+}、Mg^{2+}、K^+、Na^+、CO_3^{2-}、HCO_3^-、Cl^-、SO_4^{2-}、氨氮、亚硝酸盐、常见重金属等，经检测，水中不含有毒有害物质，除盐碱度、SO_4^{2-}较高外，水质各项指标均符合渔业水质标准，有力保障了其中的水产品质量安全。

（二）罗非鱼高硫酸盐盐碱水养殖模式试验示范

罗非鱼属热带鱼类，不耐低温，水温10℃以下会冻死。尾重为50克左右的罗非鱼鱼种，在水温为20～33℃水体中，经过4个月的生长可养成尾重700克左右的商品鱼。新疆地区室外池塘1—3月为冰封期，4月水温多低于20℃，5—9月水温可保证在20～33℃，10月水温多下降到20℃以下，11—12月进入冰封期。因此，为充分利用5—9月罗非鱼宝贵的生长适温期，需要2月从内地引入罗非鱼鱼苗，在温室大棚中培育大规格鱼种，约在4月底、5月初育出规格为50～100克/尾的鱼种，后转入室外池塘养殖。

1. 池塘准备

根据2021年新疆兵团罗非鱼养殖试验情况，2022年确定以盐碱池塘、盐碱湖泊围栏等方式继续进行罗非鱼养殖。共有罗非鱼示范池10个，面积5.33公顷，水深1.5米；网箱1个，面积200米^2，水深1.5米。室外池塘冬季干池，4月中旬用750～1 500千克/公顷生石灰化浆全池泼洒清塘消毒，4月底蓄水备用。养殖水源为棉花、稻田盐碱地洗盐排碱水。养殖池塘池底平坦，底质以泥沙为主，每0.53～0.67公顷配备3千瓦增氧机1台。

2. 苗种培育及放养

根据阿拉尔市气候条件，2月中旬从海南良种场引进全长2厘米的鱼苗，在温室大棚内培育罗非鱼大规格鱼种，将水体盐度调至12，水温保持

26℃以上，采用循环水养殖，"鱼马桶"和微滤机结合排污，用介质挂膜（培养微生物）降低养殖水体氨氮和亚硝酸盐。培育至5月初，罗非鱼鱼种规格达到50～100克/尾，其间密切关注鱼种养殖密度，及时分池。当室外池塘水温稳定在20℃以上时，将罗非鱼鱼种移至外塘养殖，放养密度为30 000～45 000尾/公顷。鱼种下塘前用3%的食盐水药浴8分钟，杀灭体表及鳃上寄生虫、病原菌。

3. 商品鱼养殖

新疆室外池塘养殖罗非鱼生长期短，为防止低温死鱼，确保当年生长期内达到商品鱼规格，须保证水质条件良好、饲料品质优良，加快生长速度。

（1）饲料投喂及管理　罗非鱼商品鱼养殖需投喂粗蛋白30%以上的专用颗粒饲料，池边架设投饵机，每天09：00、14：00、19：00各投喂1次，每次投喂饲料量为鱼体总重的1%～2%，依据吃食情况进行适当调整，每月测定1次罗非鱼的生长情况。

（2）水质调节　养殖水深应保持在1.5米以上，测定并记录养殖水体每日08：00和20：00的溶解氧浓度、水温、pH，08：00的溶解氧浓度一般要保持在4毫克/升以上，20：00 pH不能超过9.5。高温季节14：00～16：00开动增氧机，搅动水体以消减底水氧债。03：00左右开动增氧机，防止早上缺氧。整个养殖季节换水两次，每次换水量为池塘总水量的40%～50%。养殖中后期为抑制蓝藻暴发，光合细菌与枯草芽孢杆菌交替使用，可明显改善水质，提高养殖产量。

三、主要成效

一是经济效益显著。2022年，10个示范池5.33公顷共计投入罗非鱼鱼种15万尾，饲料142吨，产出罗非鱼商品鱼89吨，平均上市规格为750克/尾，平均每公顷产量16 680千克，其中最高每公顷产量为26 250千克，每公顷效益约18万元。二是创新养殖领域。用农业无法利用的盐碱水进行渔业养殖，开辟了新的养殖领域，尤其对于南疆盐碱水资源丰富的地区意义重大，将会推动南疆地区渔业发展取得突破性进展。

四、经验启示

新疆南疆地区每年农业耕地均要排放大量洗盐压碱的废弃盐碱水，许多地区地下水也是居民生活、农作物、畜禽均无法利用的盐碱水，进行盐碱水养鱼试验示范，不仅不与农业争水，还能"变废为宝"，产出高品质的水产品，增加渔民收入，带动当地群众创业就业。

新疆生产建设兵团水产技术推广总站　胡伯林

杭锦旗巴拉贡"上粮下渔"池塘-台田结构

水车运输的红螯螯虾虾苗

地笼捕捞红螯螯虾

大宗淡水鱼池塘全自动风送投饵机和叶轮式增氧机

凡纳滨对虾苗种标粗温棚

大宗淡水鱼收获

凡纳滨对虾收获

凡纳滨对虾虾苗投放

凡纳滨对虾成虾

仿生态渠

凡纳滨对虾工厂化标粗

凡纳滨对虾棚塘池二次标粗

稻渔综合种养

对虾池饵料台

哈尔淖水库收获鲢鱼

吉林盐碱地稻蟹共养模式

水产苗种发放现场培训

水质、土质抽样检测

多层次循环综合利用模式

多层次循环综合利用模式收获

曹县魏湾镇藕渔综合种养的环沟

武常寨村藕渔综合种养

专家测产（青蟹）

虾　池

凡纳滨对虾收获

利用盐碱水养殖螺旋藻

收获螺旋藻

稻田镶嵌流水槽生态循环综合种养模式

菜棚鱼菜共作生态循环综合种养全景

菜棚鱼菜共作尾水浇灌水培蔬菜实景

养殖池塘出鱼

盐池出鱼